计算机类专业人才培养内涵建设项目系列教

U0667990

SQL Server 2012 数据库实训教程

主　编　朱景德　余蝶琼
副主编　徐仙明　陈　伟　陆嘉敏

WUHAN UNIVERSITY PRESS
武汉大学出版社

图书在版编目(CIP)数据

SQL Server 2012 数据库实训教程/朱景德,余蝶琼主编. —武汉:武汉大学出版社,2016.9

计算机类专业人才培养内涵建设项目系列教材

ISBN 978-7-307-18563-0

Ⅰ.S…　Ⅱ.①朱…　②余…　Ⅲ.关系数据库系统—高等学校—教材

Ⅳ.TP311.138

中国版本图书馆 CIP 数据核字(2016)第 203424 号

责任编辑:张　欣　曲生伟　　责任校对:王小倩　　装帧设计:张希玉

出版发行:**武汉大学出版社**　(430072　武昌　珞珈山)

(电子邮件:whu_publish@163.com　网址:www.stmpress.cn)

印刷:虎彩印艺股份有限公司

开本:787×1092　1/16　印张:19.25　　字数:493 千字

版次:2016 年 9 月第 1 版　　2016 年 9 月第 1 次印刷

ISBN 978-7-307-18563-0　　定价:48.00 元

计算机类专业人才培养内涵建设项目系列教材
编写委员会

前　　言

本书从导入 Access 数据库和 Excel 数据信息开始实训,降低学习门槛,同时结合实际需求开展后续相关实训。书中以导入的图书馆数据库和提供的证券交易数据库为主要训练内容,不断拓展读者的思路,引导其向企业进销存数据库应用迁移,特别是对证券交易数据库配备了网上应用环境,可以使读者在学习数据库时通过证券交易的模拟操练了解相关的业务需求,激发读者对数据库操作和管理的欲望,促进其尽快进入角色。

本书共分 12 个项目对 SQL Server 2012 数据库进行实训,每个项目最后均配备实训任务、拓展任务、项目小结和课外练习。侧重于为读者求职数据库管理员或者网络和数据兼管的管理员提供一定的指导,在数据库的建立、数据的备份恢复、数据库用户和权限的设置,以及数据库服务器的性能监控等方面都有一定的篇幅以供操作训练。因此,本书也可作为人力资源和社会保障局数据库管理员考证的实训参考书。

本书的编写团队具有丰富的中高职教学和项目实践经验。上海行健职业学院的朱景德副教授和上海工商职业学院的余蝶琼讲师从事高职的数据库教学多年,徐仙明老师有着多年的中职学校教学经验,陈伟老师是数据库管理员,陆嘉敏是大智慧信息科技有限公司的数据库工程师,此外,朱景德老师还是微软认证的数据库管理员和系统工程师,并具有多年的数据库信息系统开发经验。

本书由朱景德、余蝶琼担任主编,徐仙明、陈伟、陆嘉敏担任副主编。具体编写分工为:朱景德编写了项目 3、7、9、10;余蝶琼编写了项目 5、6、8;徐仙明编写了项目 1、2;陈伟编写了项目 11;朱景德、徐仙明合作编写了项目 4;朱景德、陆嘉敏合作编写了项目 12,也合作完成了小智慧股票交易信息系统的设计,作为本书附加的实践体验平台,帮助学生进入股票信息系统情境。

由于时间仓促,加之编者水平有限,不足之处在所难免,真诚希望得到广大读者的批评指正,以便在适当之时补充修订。

编　者

2016 年 6 月

目　　录

项目 1
数据库的迁移

当要将 Access 数据库扩展到网上使用时,SQL Server 2012 会是一个不错的选择,而原先在 Access 数据库中的数据需要迁移到新的环境中。这方面的知识和能力可以通过本项目的学习来获得。为此,本项目设立的学习目标和对应任务如下。

◈ 知识目标

❑ 了解 SQL Server 2012 数据库的基础知识;
❑ 掌握数据库迁移的方法;
❑ 验证所建数据库的可用性。

◈ 技能目标

● 学会进入 SQL Server 2012;
● 学会使用联机丛书;
● 学会在 SSMS 导入、导出不同来源的数据;
● 学会分离与附加 SQL Server 数据库的文件。

◈ 任务列表

任务 1.1   了解 SQL Server 数据库,使用联机丛书
任务 1.2   将 Access 数据导入 SQL Server
任务 1.3   将 SQL Server 数据导出到 Excel
任务 1.4   证券交易数据库的移入(附加)
任务 1.5   证券交易数据库的移出(分离)

任务 1.1 了解 SQL Server 数据库,使用联机丛书

需求分析

要使用 SQL Server 2012 数据库,首先要熟悉 SQL Server 2012 数据库的操作环境,了解其中的各种组件,特别是要熟悉联机丛书的使用。

实现过程

(1)点击【开始】→【Microsoft SQL Server 2012】→【SQL Server Management Studio】(简称 SSMS)。

(2)弹出【连接到服务器】窗口,如图 1-1 所示。

图 1-1 【连接到服务器】窗口

(3)输入 sa 对应的密码(如果是空密码,就不用输入),点击"连接"进入 SSMS 窗口,如图 1-2 所示。

(4)点开【数据库】前面的"+",可以看到已经有几个数据库,如图 1-3 所示。

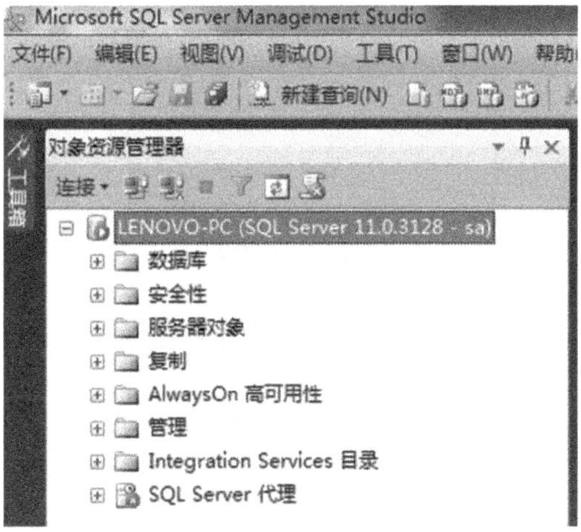

图 1-2　SSMS 窗口

图 1-3　展开数据库

（5）展开【系统数据库】可以发现如图 1-4 所示的 4 个系统数据库和用户数据库样板。

（6）展开【ReportServer】数据库可以发现其包含表，展开【表】可以发现其包含很多数据表，如图 1-5 所示。

图 1-4　显示系统数据库和用户数据库

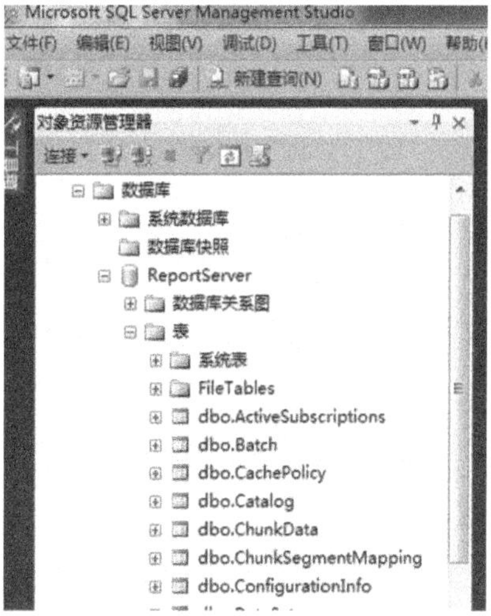

图 1-5　显示数据库中包含的表

（7）选中【表】下面的某一项，如 users，单击鼠标右键，弹出快捷菜单，点击【选择前 1000】，显示 users 表数据，如图 1-6 所示。

	UserID	Sid	UserType	AuthType	UserName
1	C1965C34-94A2-4B13-9A50-2353E4AA5A59	0x01010000000000100000000	1	1	Everyone
2	3D7F96FC-AE92-4FB4-B963-7EE2EA2A3957	0x01010000000000512000000	0	1	NT AUTHORITY\SYSTEM
3	E2D64BA9-CB0E-4DC7-B184-503C995A7EC3	0x01020000000000520000000200020000	1	1	BUILTIN\Administrators

图 1-6　显示表中信息

（8）点击【SSMS】菜单栏的【帮助】，弹出如图 1-7 所示的选项。

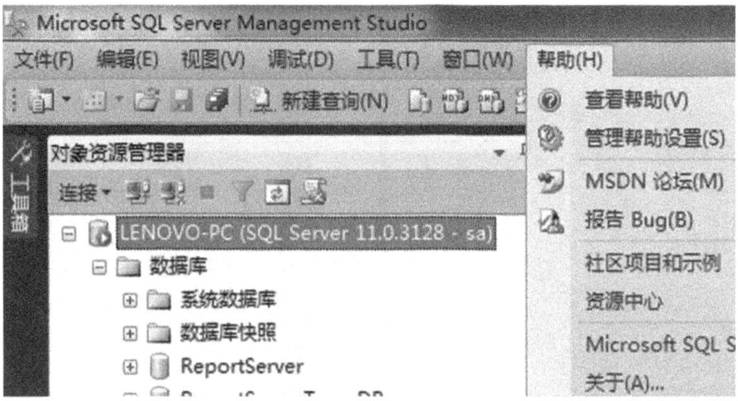

图 1-7　查看帮助

（9）点击【查看帮助】，弹出【联机丛书】，在右上方的文本框中输入要搜索的内容，即可搜索。

知识储备

1. SQL Server 数据库简介

SQL Server 是由 Microsoft 公司开发和推广的关系数据库管理系统（DBMS），它最初是由 Microsoft、Sybase 和 Ashton-Tate 三家公司共同开发的，并于 1988 年推出了第一个 OS/2 版本。Microsoft SQL Server 近年来不断更新版本，1996 年，Microsoft 公司推出了 SQL Server 6.5 版本；1998 年，SQL Server 7.0 版本和用户见面；SQL Server 2000 是 Microsoft 公司于 2000 年推出的，2012 年 3 月又推出 SQL Server 2012，2014 年 4 月推出 SQL Server 2014，目前最新版本是的 SQL Server 2016。

本书应用的是 SQL Server 2012。SQL Server 2012 对 Microsoft 公司来说是一个重要产品。Microsoft 公司把自己定位为可用性和大数据领域的领头羊。其主要优点如下：

（1）AlwaysOn——这个功能将数据库的镜像提到了一个新的高度。用户可以针对一组数据库而不是一个单独的数据库做灾难恢复。

（2）Windows Server Core 支持——Windows Server Core 是命令行界面的 Windows，使用 DOS 和 PowerShell 来做用户交互。它的资源占用更少，更安全，支持 SQL Server 2012。

（3）Columnstore 索引——这是 SQL Server 独有的功能。它们是为数据库查询设计的只读索引。数据被组织成扁平化的压缩形式存储，极大地减少了 I/O 和内存使用。

（4）自定义服务器权限——DBA 可以创建数据库的权限，但不能创建服务器的权限。比如说，DBA 想要一个开发组拥有某台服务器上所有数据库的读写权限，他必须手动的完成这个操作。但是 SQL Server 2012 支持针对服务器的权限设置。

（5）增强的审计功能——所有的 SQL Server 版本都支持审计。用户可以自定义审计规则，记录一些自定义的时间和日志。

（6）BI 语义模型——这个功能是用来替代"Analysis Services Unified Dimentional

Model"的。这是一种支持 SQL Server 所有 BI 体验的混合数据模型。

(7)Sequence Objects(序列对象)——对于使用 Oracle 的用户,这是他们长期希望拥有的功能。序列(sequence)仅仅是计数器的对象,一个好的方案是基于触发器表使用增量值。SQL 一直具有类似功能,但现在显然与以往不同。

(8)增强的 PowerShell 支持——所有的 Windows 和 SQL Server 管理员都应该认真地学习 PowderShell 的技能。Microsoft 公司正在大力开发服务器端产品对 PowerShell 的支持。

(9)Distributed Replay(分布式回放)——这个功能类似于 Oracle 的 Real Application Testing 功能。不同的是 SQL Server 企业版自带这个功能,而用 Oracle 的话,还得额外购买这个功能。这个功能可以让用户记录生产环境的工作状况,然后在另外一个环境重现这些工作状况。

(10)PowerView——这是一个强大的自主 BI 工具,可以让用户创建 BI 报告。

(11)SQL Azure 增强——这和 SQL Server 2012 没有直接关系,但是 Microsoft 公司确实对 SQL Azure 做了关键改进。Azure 数据库的上限提高到了 150GB。

(12)大数据支持——这是最重要的一点。在 PASS(Professional Association for SQL Server)会议,Microsoft 公司宣布了与 Hadoop 的提供商 Cloudera 合作,共同提供 Linux 版本的 SQL Server ODBC 驱动。主要的合作内容是 Microsoft 公司开发 Hadoop 的连接器,这也意味着 SQL Server 跨入了 NoSQL 领域。

2. SQL Server Management Studio 简介

SQL Server Management Studio(SQL 服务器管理工作室,简称 SSMS)是一个集成环境,用于访问、配置、管理和开发 SQL Server 的所有组件。SSMS 集合了大量图形工具和丰富的脚本编辑器,使各种技术水平的开发人员和管理员都能访问 SQL Server。

SSMS 将先前版本 SQL Server 中所包含的企业管理器、查询分析器和分析管理器功能整合到单一环境中。此外,SSMS 还可以与 SQL Server 的所有组件一起使用。

SSMS 是用于管理 SQL Server 基础架构的集成环境,Management Studio 提供用于配置、监视和管理 SQL Server 实例的工具。此外,它还提供了用于部署、监视和升级数据层组件(如应用程序使用的数据库和数据仓库)的工具以生成查询和脚本。

(1)SSMS 中的常用功能。

SSMS 具有以下常用功能:

① 支持 SQL Server 的多数管理任务。

② 用于 SQL Server 数据库引擎管理和创作的单一集成环境。

③ 用于管理 SQL Server 数据库引擎、Analysis Services 和 Reporting Services 中的对象的对话框,使用这些对话框可以立即执行操作、将操作发送到代码编辑器或将其编写为脚本供以后执行。

④ 非模式及大小可调的对话框允许在打开某一对话框的情况下访问多个工具。

⑤ 常用的计划对话框可以在以后执行管理对话框的操作。

⑥ 在 Management Studio 环境之间导出或导入 SQL Server Management Studio 服务器注册。

⑦ 保存或打印由 SQL Server Profiler 生成的 XML 显示计划或死锁文件,供以后查看,或将其发送给管理员以进行分析。

⑧ 新的错误和信息性消息框提供了详细信息,可以向 Microsoft 发送有关消息的注释,将消息复制到剪贴板,还可以通过电子邮件轻松地将消息发送给支持组。

⑨ 集成的 Web 浏览器可以快速浏览 MSDN 或联机帮助。

⑩ 从网上社区集成帮助。

⑪ SQL Server Management Studio 教程可以帮助充分利用许多新功能,并可以快速提高效率。

⑫ 具有筛选和自动刷新功能的新活动监视器。

⑬ 集成的数据库邮件接口。

(2)新的脚本撰写功能。

SSMS 的代码编辑器组件包含集成的脚本编辑器,用来撰写 T-SQL、MDX、DMX 和 XML/A。主要功能包括:

① 工作时显示动态帮助以便快速访问相关的信息。

② 一套功能齐全的模板可用于创建自定义模板。

③ 可以编写和编辑查询或脚本,而无须连接到服务器。

④ 支持撰写 SQLCMD 查询和脚本。

⑤ 用于查看 XML 结果的新接口。

⑥ 用于解决方案和脚本项目的集成源代码管理,随着脚本的演化可以存储和维护脚本的副本。

⑦ 用于 MDX 语句的 Microsoft IntelliSense 支持。

(3)对象资源管理器功能。

SSMS 的对象资源管理器组件是一种集成工具,可以查看和管理所有服务器类型的对象。主要功能包括:

① 按完整名称或部分名称、架构或日期进行筛选。

② 异步填充对象,并可以根据对象的元数据筛选对象。

③ 访问并复制服务器上的 SQL Server 代理以进行管理。

由此可见,SSMS 是一个用于管理 SQL Server 对象的功能齐全的实用工具,其中包含易于使用的图形界面和丰富的脚本撰写功能。Management Studio 可用于管理数据库引擎、Analysis Services、Integration Services 和 Reporting Services。

任务 1.2 将 Access 数据导入 SQL Server

需求分析

原先在 Access 数据库中建立的图书借阅数据库,已经有了多个数据表,包含了不少数据,现在需要在 SQL Server 中使用这些表的数据,数据库管理员小王将完成导入这个数据库的任务,并验证数据库可用性。

实现过程

(1)在 SSMS 的【对象资源管理器】右击【数据库】→【新建数据库】,出现【新建数据库】窗口,如图 1-8 所示。

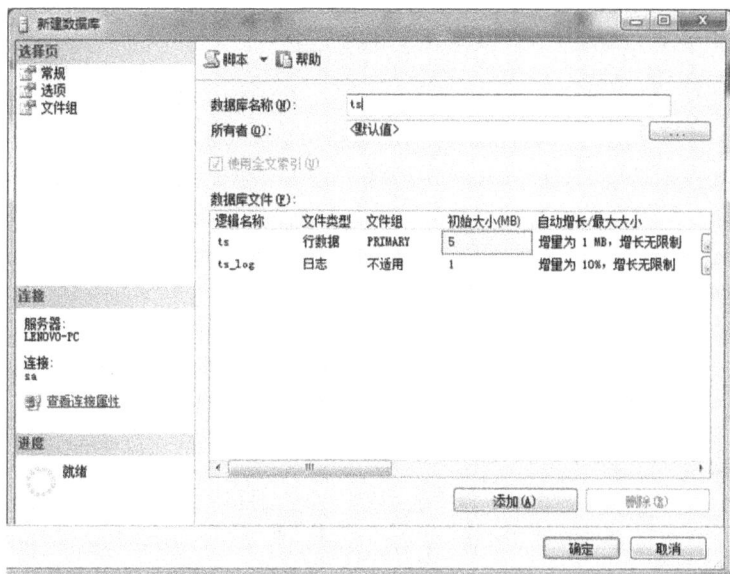

图 1-8　【新建数据库】窗口

(2)在【数据库名称】一栏输入"ts",点击"确定",窗口消失,但【对象资源管理器】的【数据库】中增加了 ts 数据库。

(3)选中【ts】,单击鼠标右键,弹出快捷菜单,将鼠标移到【任务】,点击【导入数据】,出现【SQL Server 导入和导出向导】窗口,如图 1-9 所示。

图 1-9　【SQL Server 导入和导出向导】窗口

(4)在【数据源】选择【Microsoft Access】,在【文件名】浏览选择【图书借阅系统】数据库,如图 1-10 所示。

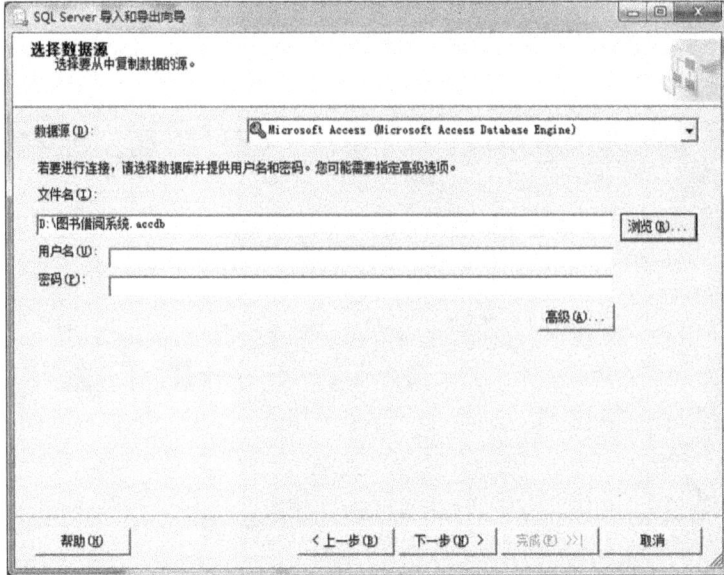

图 1-10　选择数据源和 Access 数据库文件

(5)点击"下一步",选中【复制…数据】,再点击"下一步",出现【表和视图】选择窗口,如图 1-11 所示。

图 1-11　选择源表和源视图

（6）选中所有表和"读者借阅"视图，点击"下一步"，在弹出的窗口中点击"预览"可见新的窗口如图 1-12 所示。

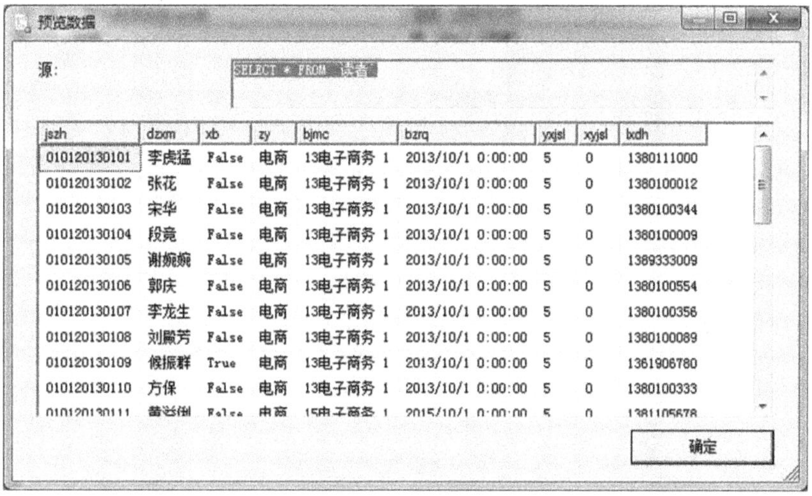

图 1-12　表信息预览

（7）点击"确定"，点击"下一步"，直至点击"完成"出现【详细信息】窗口，然后点击"完成"出现【成功】窗口，如图 1-13 所示。

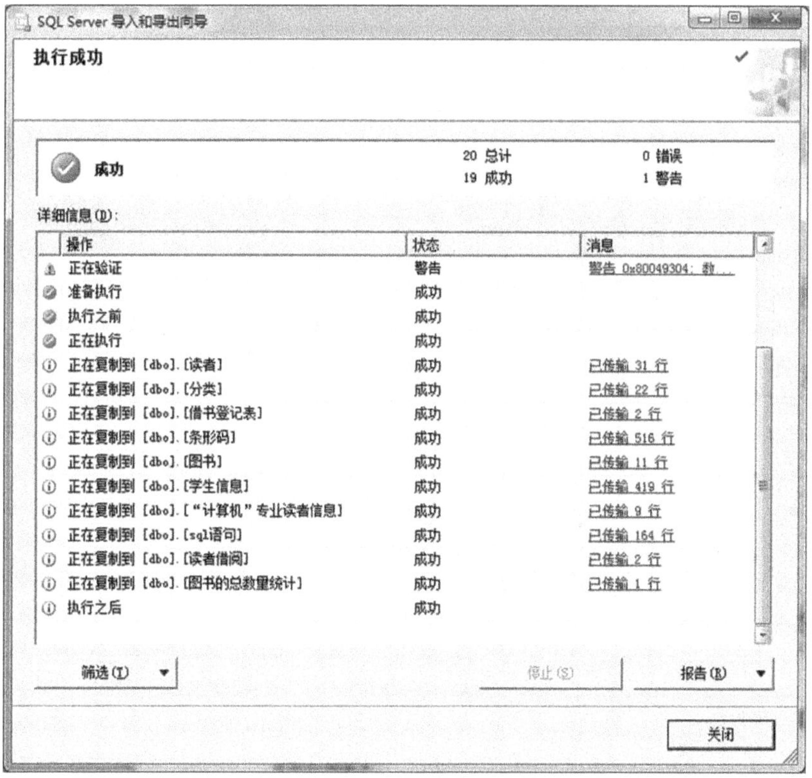

图 1-13　导入成功

9

（8）点击"关闭"按钮。

（9）在【对象资源管理器】点开【ts】下的【表】，可以发现增加了导入的表和视图，如图 1-14 所示。

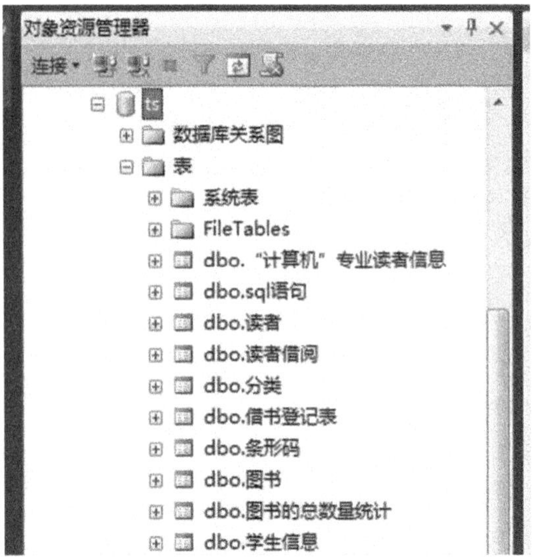

图 1-14　显示导入的表和视图名

（10）选中【图书】表，单击鼠标右键，在弹出的快捷菜单中选择【选择前 1000】，显示如图 1-15 所示的图书表信息。

	tsgtm	tsm	flh	cbs	sl	zzxm
1	1111111	Access数据库基础	T	清华大学出版社	421	李平
2	1111141	数据结构(C/C++版)	T	清华大学出版社	335	杨宏
3	1111152	数据库原理	T	清华大学出版社	102	范玲
4	1111153	数据库编程应用技能培训教程	T	清华大学出版社	342	黎明
5	1111171	计算机应用基础(windows7+office2010)	T	清华大学出版社	380	曹兵
6	1111195	就业指导与创业教育	C	教育科学出版社	260	黄华
7	1111213	十届全国人大五次会议文件辅导读本	A	人民出版社	237	柯全
8	1111239	新编基层教师职业培训教材	A	中国言实出版社	187	崔东
9	1111270	教育与环境教育	G	中国环境科学出版社	470	王桦
10	1111271	环球地理	G	中国环境科学出版社	470	王桦
11	1111273	网络原理	T	航空工业出版社	N...	黄...

图 1-15　图书表信息

（11）原先的 Access 数据库内容成功导入 SQL Server 数据库。

任务 1.3　将 SQL Server 数据导出到 Excel

需求分析

在 SQL Server 数据库中的表数据，有时需要导出到 Excel 中，便于打印或转交。小王接到了数据库的导出任务，马上进入角色。

（1）点击【开始】，进入【SSMS】，选中"sa"，输入密码，点击"连接"，以"sa"身份进入【对象资源管理器】，显示界面如图 1-16 所示。

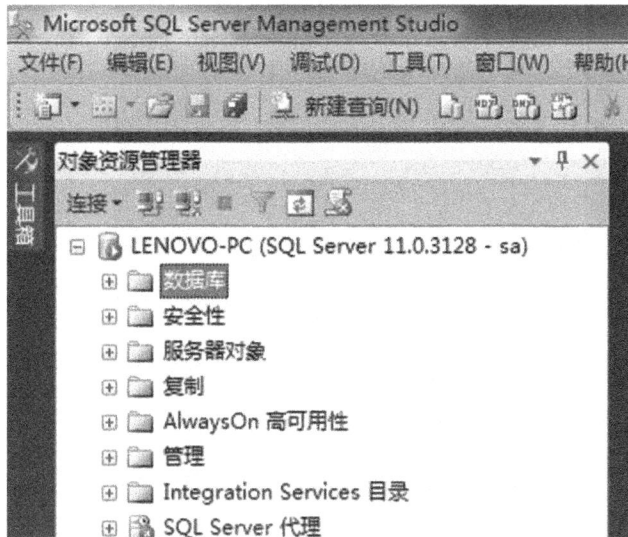

图 1-16　以"sa"身份进入【对象资源管理器】

（2）展开【数据库】，选中 ts 数据库，单击鼠标右键，在弹出的快捷菜单中选中【任务】，弹出【选项】，点击【导出数据】。

（3）点击"下一步"，进入【SQL Server 导入和导出向导】，如图 1-17 所示。

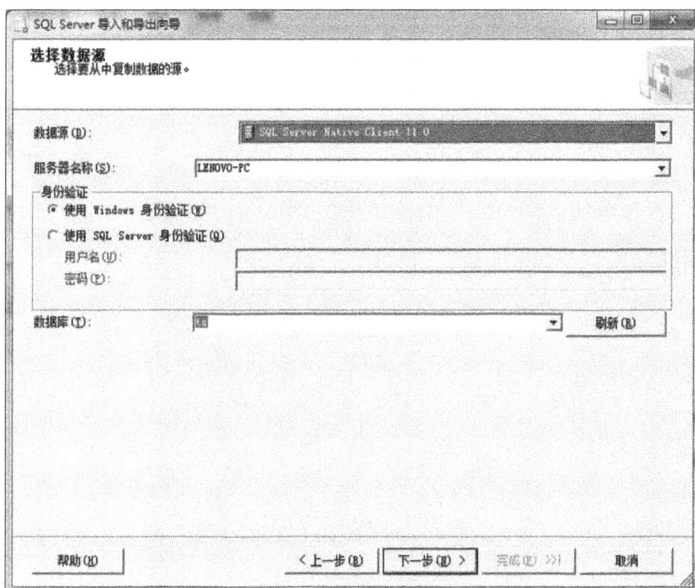

图 1-17　连接数据库

(4)选择【数据源】为"SQL Server Native Client 11.0",选择服务器名称为自己的计算机(注意:在网络上的计算机都可以选,须具备身份验证密码),然后选择【数据库】为"ts",如图 1-18 所示。

图 1-18　选择数据源、服务器和数据库的具体参数

(5)点击"下一步",【目标】选为"Microsoft Excel",点击【浏览】选择路径,可以手动输入文件名"abc.xls",选择【Excel 版本】为"Microsoft Excel 2007",如图 1-19 所示。

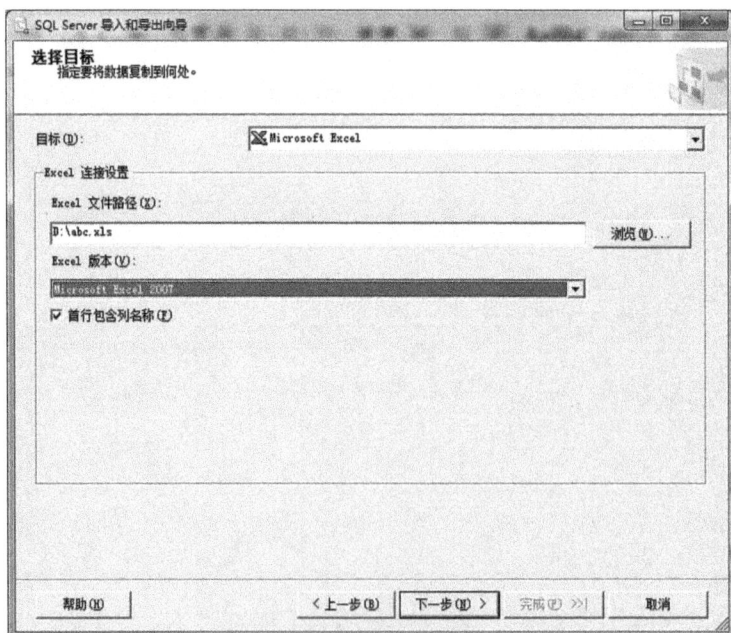

图 1-19　选择目标的参数

（6）点击"下一步"，进入选择数据表界面，如图1-20所示。

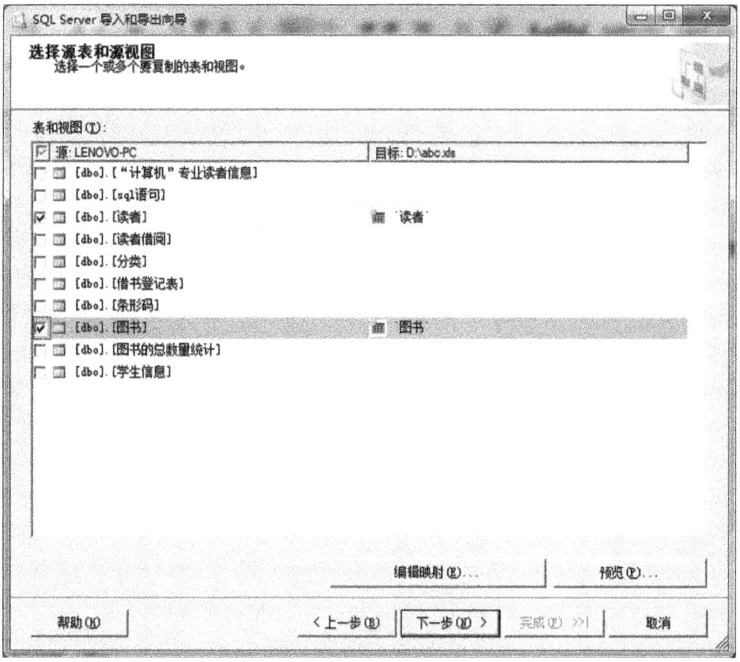

图1-20 选择数据表界面

（7）选择"读者"表和"图书"表，点击"下一步"，直至点击"完成"出现【成功】窗口，如图1-21所示。

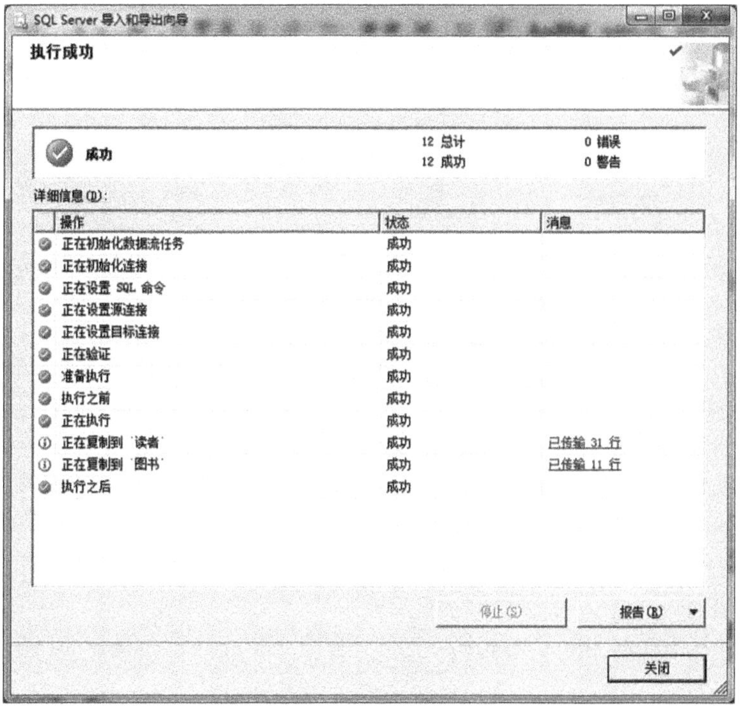

图1-21 导出数据表成功

(8)点击"关闭"。

(9)进入 Excel 文件所在的文件夹,打开 abc. xls,发现"图书"表和"读者"表,说明导出成功。

任务 1.4   证券交易数据库的移入(附加)

需求分析

在给定数据库文件的基础上,要使用 SQL Server 2012 数据库服务器打开数据库文件,需要用附加的方法将数据库移入服务器,形成可用的数据库。目前,数据库管理员小王有现成的证券交易数据库文件,移入并验证证券数据库可用。

实现过程

(1)以"sa"身份进入【对象资源管理器】,如图 1-22 所示。

(2)选中【数据库】,单击鼠标右键,弹出快捷菜单如图 1-23 所示。

图 1-22   以"sa"身份登录

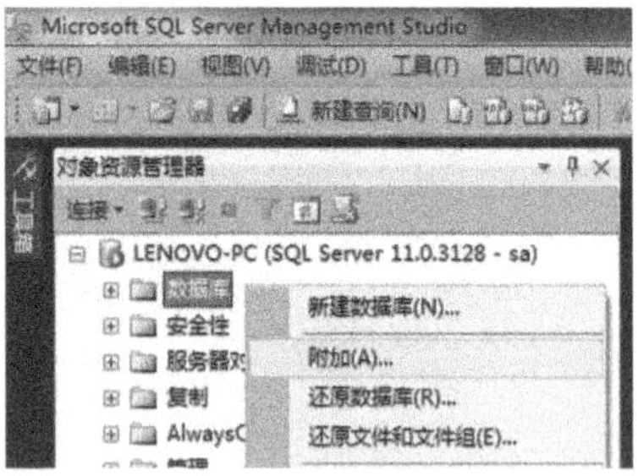

图 1-23   【附加数据库】

(3)点击【附加】,出现【附加数据库】窗口。

(4)点击【附加】,出现【定位数据库文件】窗口,如图 1-24 所示。

(5)选中【stock_info】,点击"确定"。

(6)回到【对象资源管理器】,发现【stock_info】数据库已经附加完成,如图 1-25 所示。

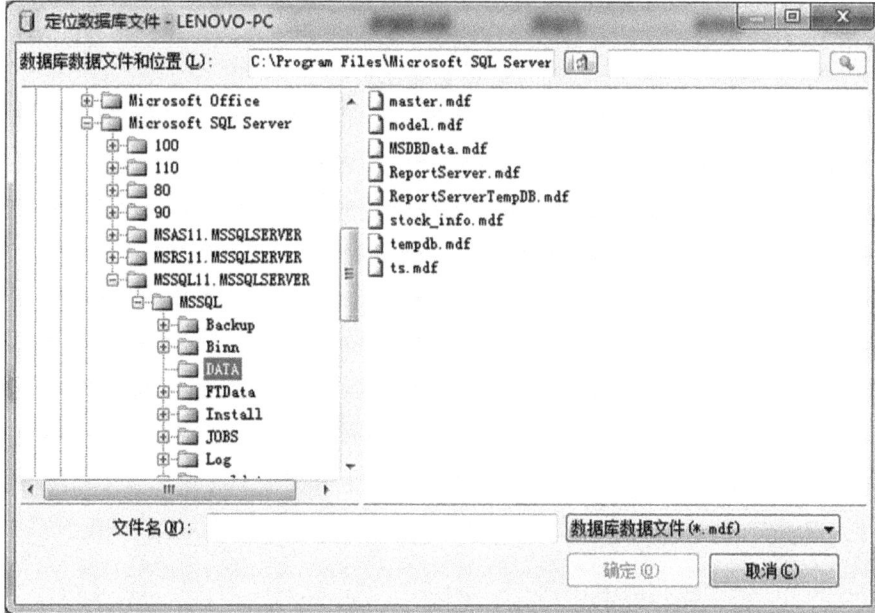

图 1-24 【定位数据库文件】窗口

图 1-25 数据库附加成功

知识储备

使用 T-SQL 语句同样可以附加数据库文件,以后会学习如何使用 T-SQL 语句。
(1)连接到数据库引擎。

(2)在标准菜单栏上,单击【新建查询】。

(3)使用关闭 FOR ATTACH 的 CREATE DATABASE 语句。

将以下示例复制并粘贴到查询窗口中,然后单击"执行"。

此示例附加 AdventureWorks 2012 数据库的文件并将该数据库重命名为 MyAdventure-Works。代码如下:

```
CREATE DATABASE MyAdventureWorks
    ON(FILENAME='C:\MySQLServer\AdventureWorks_Data. mdf '),
    (FILENAME='C:\MySQLServer\AdventureWorks_Log. ldf ')FOR ATTACH;
```

任务 1.5　证券交易数据库的移出(分离)

需求分析

对于正在使用的数据库,要取走其数据库文件,必须先将数据库分离。目前,数据库管理员小王面对已有的证券交易数据库,先要做"分离"动作,才可以复制数据库的文件。

实现过程

(1)以"sa"身份进入【对象资源管理器】,如图 1-26 所示。

图 1-26　以"sa"身份登录

（2）首先查看要分离的数据库,展开【数据库】,选中【stock_info】,单击鼠标右键,在弹出的快捷菜单中选择【属性】命令,弹出【数据库属性】窗口,如图 1-27 所示。

图 1-27　【数据库属性】窗口

（3）点击【文件】找到数据库文件存放的文件夹,如图 1-28 所示,准备在数据库分离后,从文件夹获取数据库文件。

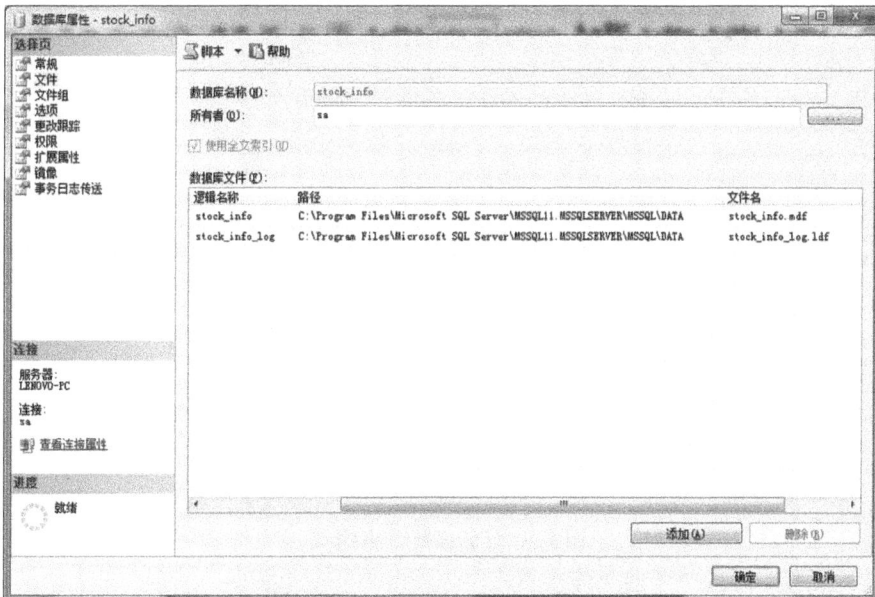

图 1-28　显示数据库文件名称和路径

(4)选中【stock_info】,单击鼠标右键,在弹出的快捷菜单中选择【任务】命令,找到【分离】选项,如图 1-29 所示。

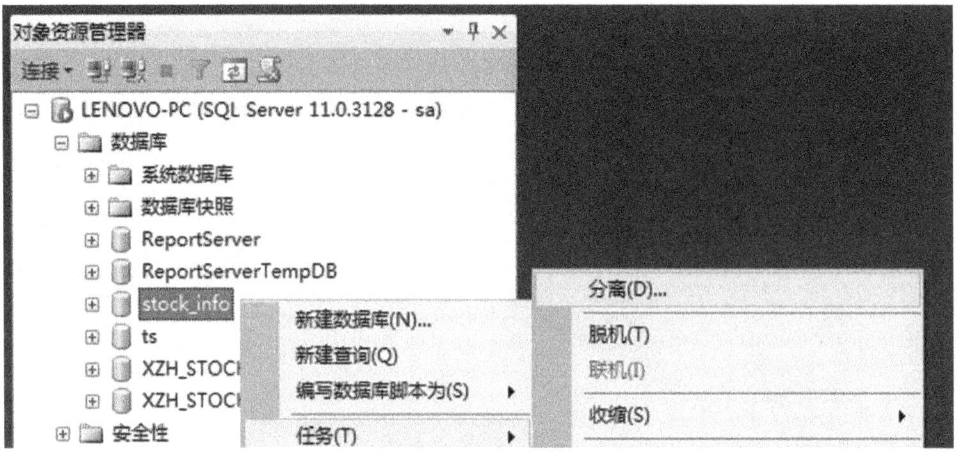

图 1-29 分离数据库的关键步骤

(5)点击【分离】,出现如图 1-30 所示界面,勾选【删除连接】,点击"确定"。

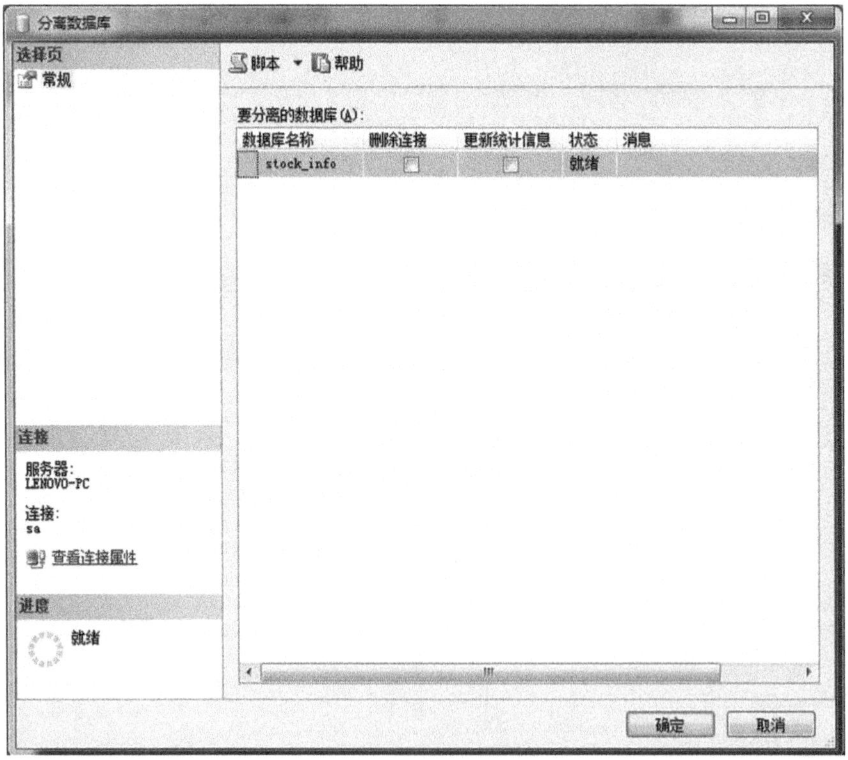

图 1-30 【分离数据库】窗口

(6)进入数据库文件所在的文件夹 C:\Program Files\Microsoft SQL Server\MSSQL11.MSSQLSERVER\MSSQL\DATA,复制数据库文件 stock_info. MDF 和 stock_info_log. LDF 到新的存储空间,如图 1-31 所示。

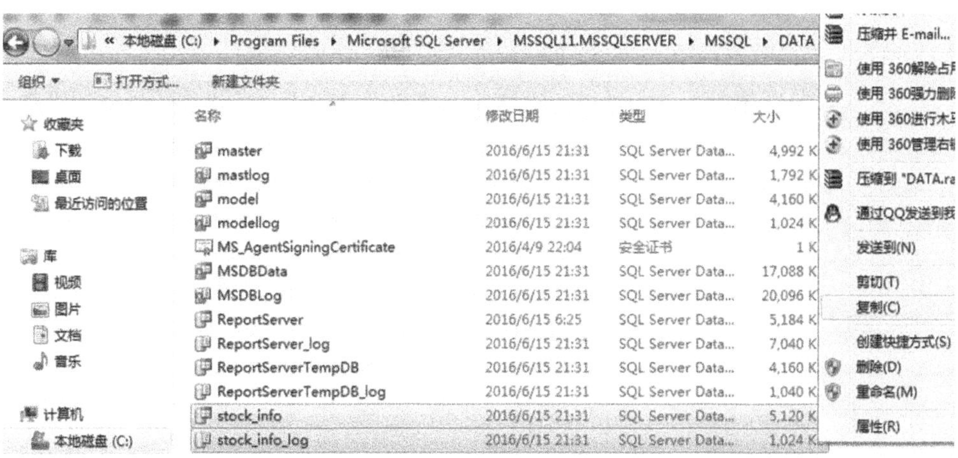

图 1-31 复制数据库文件

知识储备

数据库没有分离时,无法复制或删除数据库文件。

实训任务

(1)选择 Access 数据库中的两个数据表,导入 SQL Server 2012 数据库,查看其内容,并与原来的数据表对照。要求将过程中的关键步骤拷屏,并以简单文字加以说明。

(2)将上题 SQL Server 2012 数据库中的表数据导出到 Excel 表,关键步骤拷屏,并配文字说明。

(3)将导入了 Access 数据库的 ts 数据库从数据库服务器分离,找到 TS 数据库的文件,并复制到另外的文件夹,以备需要时附加使用。以图文记录操作过程。

(4)将上题取出的数据库文件复制到另一个文件夹,附加为 TS2 数据库,同时打开两个数据库,进行比较。以图文记录操作过程。

(5)进入 SSMS,打开【联机】,查询问题的中文关键词或英文关键词,查看联机丛书或资源库的相关解答。以图文记录操作过程。

拓展任务

(1)思考将实训任务的(1)、(2)题反向操作。

(2)进入人才招聘网站,查找以"SQL Server"或"数据库"为关键字的相关岗位和工作职责,以及招聘公司和薪资待遇。

（3）进入 Microsoft 公司网站，查看 SQL Server 的发展历程和最新进展，思考在大数据时代 Microsoft 公司的 SQL Server 数据库将会有什么样的贡献。

（4）上网搜索并下载 SQL Server 2012 数据库安装软件。

项目小结

本项目中，我们学习了 SQL Server 2012 数据库的简单操作和联机丛书的使用。操作主要有：

（1）将 Access 数据库中的数据表导入 SQL Server 数据库；

（2）将 SQL Server 数据库中的数据表导出到 Excel 表；

（3）SQL Server 数据库文件的附加和分离。

课外练习

（1）Access 数据库的表与 SQL Server 2012 数据库的表在导入、导出时有对应关系吗？

（2）SQL Server 2012 数据库的表在导出到 Excel 时表名显示成什么？

（3）分离数据库后可以做什么？

项目 2
安装 SQL Server 2012
数据库软件

数据库软件的选择与安装是数据库应用人员必不可少的工作，对于数据库管理员来说，更是基础工作。如果软件选择不当，环境配置不合理，会影响数据库的安全性和可靠性，也会影响为广大数据库应用人员服务的质量。为此，本项目设立的学习目标和对应任务如下。

◆ **知识目标**

❏ 了解 SQL Server 数据库的发展过程和软件版本号；
❏ 了解 SQL Server 2012 软件各版本的特点和使用对象；
❏ 了解 SQL Server 2012 的安装环境和准备工作；
❏ 掌握 SQL Server 2012 联机丛书的使用。

◆ **技能目标**

❀ 确认数据库软件安装的环境；
❀ 控制数据库软件安装的过程；
❀ 验证数据库软件安装的成功。

◆ **任务列表**

任务 2.1　SQL Server 2012 数据库软件安装环境的选择
任务 2.2　SQL Server 2012 数据库软件的安装
任务 2.3　SQL Server 2012 数据库软件安装后的验证

任务 2.1 SQL Server 2012 数据库软件安装环境的选择

需求分析

小王需要为 SQL Server 2012 数据库的安装选择安装环境。

实现过程

(1)根据数据库应用选择 SQL Server 2012 数据库软件的版本。

本次安装主要是为了学习数据库,因此,可以选择 SQL Server 2012 评估版,上网进入 Microsoft 公司网站,下载 SQL Server 2012 评估版软件。

(2)根据 SQL Server 2012 数据库软件的版本选择操作系统。

由于学习环境没有大量的用户同时使用一个数据库服务器,因此可以使用 Windows 7 SP1 操作系统。

(3)根据上述 SQL Server 2012 数据库软件的应用选择一台配置合适的计算机。

配置计算机硬件,其具体参数需要在"知识储备"中查找确认,包括 32 位/64 位,FAT32 文件系统或是 NTFS。

知识储备

1. 安装 SQL Server 2012 的硬件和软件要求

以下列出了安装和运行 SQL Server 2012 的最低硬件和软件要求。

SQL Server 2012 的 32 位和 64 位版本,适用以下注意事项:

建议在使用 NTFS 文件系统的计算机上运行 SQL Server 2012。支持但建议不要在具有 FAT32 文件系统的计算机上安装 SQL Server 2012,因为它没有 NTFS 文件系统安全。

为了确保 Visual Studio 组件可以正确安装,SQL Server 要求安装更新。SQL Server 安装程序会检查此更新是否存在,然后要求先下载并安装此更新,接下来才能继续 SQL

Server 安装。若要避免 SQL Server 安装中断,可在运行 SQL Server 安装程序之前先按下面所述下载并安装此更新(或安装 Windows Update 上提供的. NET 3.5 SP1 的所有更新):

如果在使用 Windows Vista SP2 或 Windows Server 2008 SP2 操作系统的计算机上安装 SQL Server 2012,则需要对系统进行更新后才可以安装,相关资料可以从 https://support.microsoft.com/en-us/kb/956250 获得。

如果在使用 Windows 7 SP1、Windows Server 2008 R2 SP1、Windows Server 2012 或 Windows 8 操作系统的计算机上安装 SQL Server 2012,则已包含此更新。

如果通过 Terminal Services Client 启动安装程序,SQL Server 2012 的安装将失败。不支持通过 Terminal Services Client 启动 SQL Server 安装程序。

SQL Server 安装程序安装该产品所需的软件组件如下:

(1)SQL Server Native Client;

(2)SQL Server 安装程序支持文件。

2. 安装 SQL Server 2012 的组件和要求

表 2-1 中的要求适用于所有 SQL Server 2012 安装。

表 2-1　　　　　　　　　　　　**SQL Server 2012 安装时的组件和要求**

组件	要求
. NET Framework	在选择数据库引擎、Reporting Services、Master Data Services、Data Quality Services、复制或 SQL Server Management Studio 时,. NET 3.5 SP1 是 SQL Server 2012 所必需的,要事先手动安装 . NET 4.0 是 SQL Server 2012 所必需的。SQL Server 2012 在安装时需安装. NET 4.0 如果要安装 SQL Server Express 版本,请确保 Internet 连接在计算机上可用。SQL Server 安装程序将下载并安装. NET Framework 4,因为 SQL Server Express 介质不包含该软件 SQL Server Express 在 Windows Server 2008 R2 SP1 或 Windows Server 2012 的 Server Core 模式上不会自动安装. NET 4.0,必须先安装. NET 4.0,然后才能在 Windows Server 2008 R2 SP1 或 Windows Server 2012 的 Server Core 上安装 SQL Server Express
网络软件	SQL Server 2012 支持的操作系统具有内置网络软件。独立安装的命名实例和默认实例支持以下网络协议:共享内存、命名管道、TCP/IP 和 VIA
Internet 软件	Microsoft 管理控制台(MMC)、SQL Server Data Tools(SSDT)、Reporting Services 的报表设计器组件和 HTML 帮助都需要 Internet Explorer 7 或更高版本

续表

组件	要求
硬盘	SQL Server 2012 要求最少 6 GB 的可用磁盘空间。磁盘空间要求将随所安装的 SQL Server 2012 组件不同而发生变化。有关详细信息,请参阅:

组件功能	磁盘空间要求
数据库引擎和数据文件、复制、全文搜索及 Data Quality Services	811 MB
Analysis Services 和数据文件	345 MB
Reporting Services 和报表管理器	304 MB
Integration Services	591 MB
Master Data Services	243 MB
客户端组件(除 SQL Server 联机丛书组件和 Integration Services 工具之外)	1823 MB
用于查看和管理帮助内容的 SQL Server 联机丛书组件	375 KB

组件	要求
驱动器	从硬盘进行安装时需要相应的 DVD 驱动器
显示器	SQL Server 2012 要求有 Super-VGA(800×600)或更高分辨率的显示器
Internet	使用 Internet 功能需要连接 Internet

3. 处理器、内存和操作系统要求

表 2-2 中的内存和处理器要求适用于所有版本的 SQL Server 2012。

表 2-2   **SQL Server 2012 对内存和处理器的要求**

组件	要求
内存	最小值:1 GB(Express 版本:512 MB 即可) 建议:至少 4 GB 并且应该随着数据库大小的增加而增加,以确保最佳的性能。(Express 版本:1 GB)
处理器速度	X86 处理器:最低 1.0 GHz;建议 2.0 GHz 或更快 X64 处理器:最低 1.4 GHz;建议 2.0 GHz 或更快
处理器类型	X86 处理器:Pentium Ⅲ 兼容处理器或更快 X64 处理器:AMD Opteron、AMD Athlon 64、支持 Intel EM64T 的 Intel Xeon、支持 EM64T 的 Intel Pentium IV

4. 安装中的新增功能

(1)商业智能版:SQL Server 2012 包括一个新的 SQL Server 版本——SQL Server 商业智能版。商业智能版提供了综合性平台,可支持组织构建和部署安全、可扩展且易于管理的 BI 解决方案。它提供基于浏览器的数据浏览与可见性等卓越、强大的数据集成功能,以及增强的集成管理。

（2）企业版：从 SQL Server 2012 开始，提供两个企业版本，这两个版本将基于许可模型的不同而存在差异。

① 企业版 1：基于许可的服务器/客户端访问许可证（CAL）。

② 企业版 2：基于内核的许可。

（3）操作系统要求的变动：自 SQL Server 2012 开始，Service Pack 1 就是 Windows 7 和 Windows Server 2008 R2 操作系统的最低要求了。

（4）Data Quality Services：现在可以使用 SQL Server 安装程序安装 Data Quality Services（DQS）。

（5）产品更新：产品更新是 SQL Server 2012 安装程序中的一项新功能。该安装程序可以将最新的产品更新与主安装相集成，以便同时安装主产品及其适用的更新。

（6）Server Core 安装：从 SQL Server 2012 开始，可以在 Windows Server 2008 R2 的 Server Core SP1 上安装 SQL Server。

（7）SQL Server Data Tools（以前称作 Business Intelligence Development Studio）：从 SQL Server 2012 开始，可以安装 SQL Server Data Tools（SSDT），它提供一个 IDE 以便为以下商业智能组件生成解决方案：Analysis Services、Reporting Services 和 Integration Services。

（8）SQL Server 多子网群集：现在可以使用不同子网上的群集节点来配置 SQL Server 故障转移群集。

（9）SMB 文件共享是一种支持的存储选项：可以将系统数据库（Master、Model、MSDB 和 TempDB）和数据库引擎用户数据库安装在 SMB 文件服务器上的文件共享中。

（10）Microsoft SQL Server 联机丛书：SQL Server 文档不再由安装介质提供，而是必须联机查看或作为本地帮助集下载。

任务 2.2　SQL Server 2012 数据库软件的安装

需求分析

小王要在安装了 Windows 7 SP1 操作系统的电脑上安装 SQL Server 2012 评估版软件。

安装前首先要安装或确认电脑安装了 Windows 7 SP1 操作系统，在安装 SQL Server 2012 评估版之前还要准备好软件，此软件可以上网下载。此外，确定本机的域名或计算机名，以及准备好具有足够权限的 Windows 用户名和密码也是必需的。

实现过程

（1）准备好安装软件后，运行 SQL Server 2012 的安装程序 setup. exe，运行后如图 2-1 所示，单击"安装"选项。

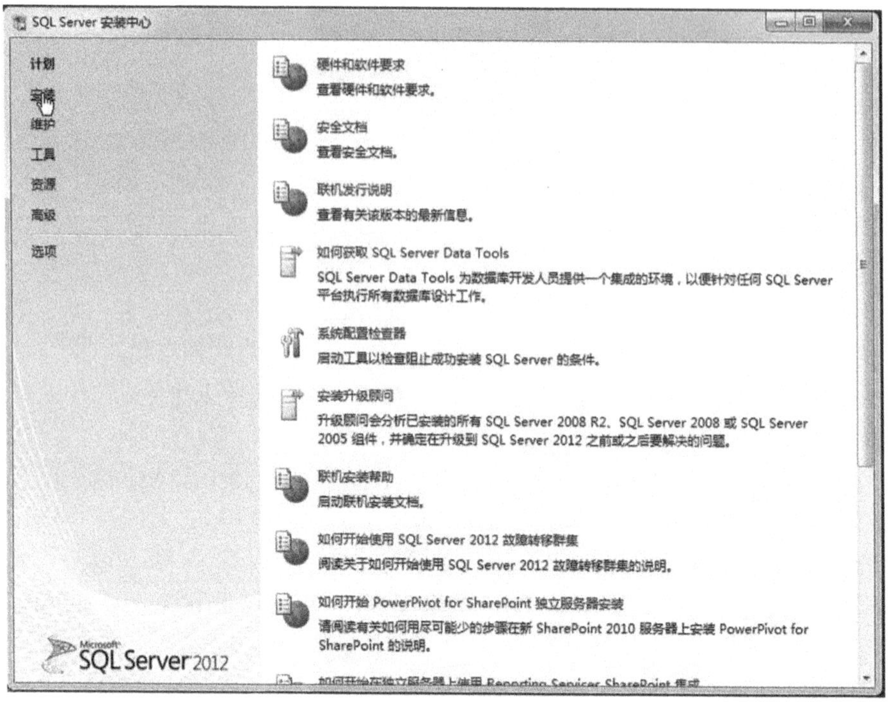

图 2-1　运行安装程序

(2)单击如图 2-2 所示的"全新 SQL Server 独立安装或向现有安装添加功能"。

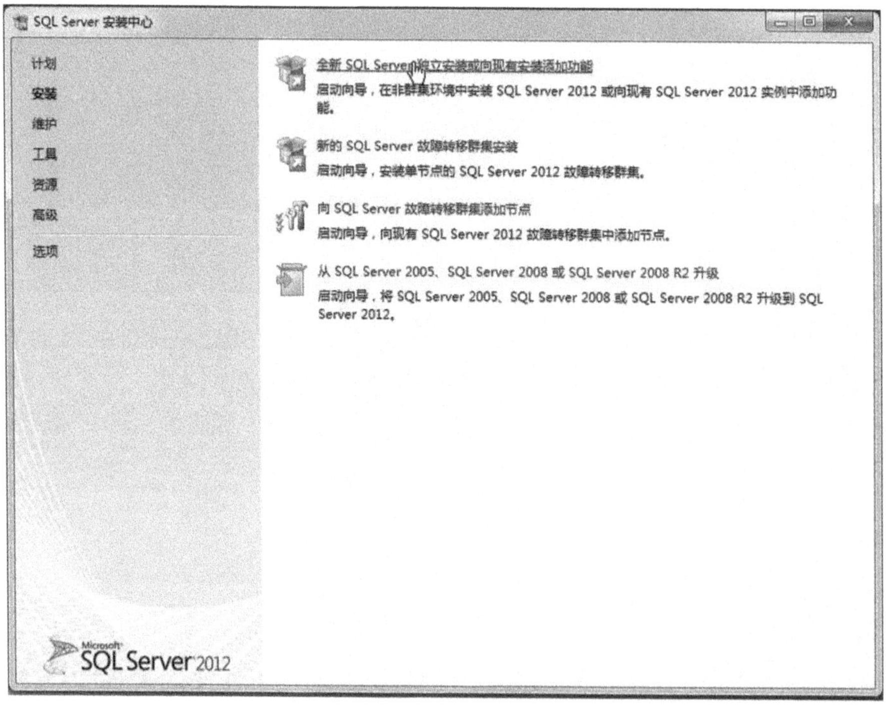

图 2-2　全新 SQL Server 独立安装或向现有安装添加功能

（3）等待"安装程序支持规则"检测，如图 2-3 所示。

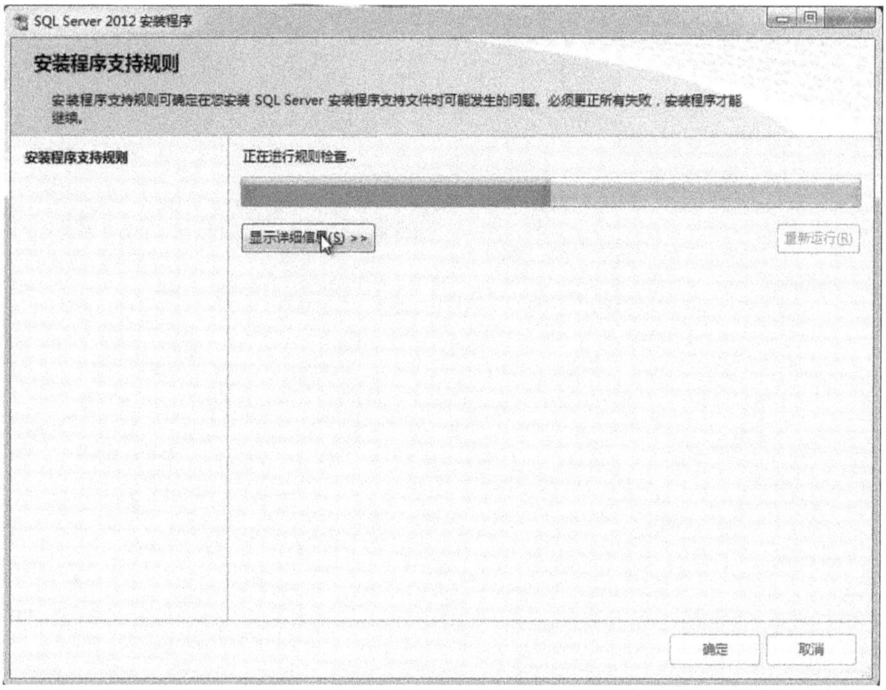

图 2-3 等待"安装程序支持规则"检测

（4）"安装程序支持规则"检测通过后，单击"确定"按钮，如图 2-4 所示。

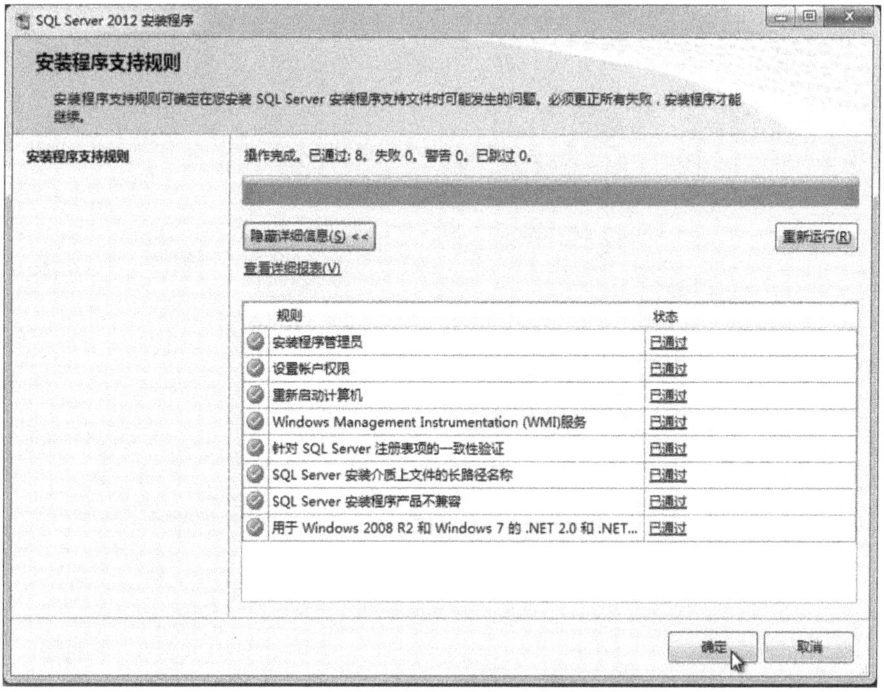

图 2-4 "安装程序支持规则"检测通过

（5）选择 SQL Server 2012 的版本或输入产品密钥（产品密钥以用户的有效密钥为准，图中为模拟密钥），单击"下一步"按钮，如图 2-5 所示。

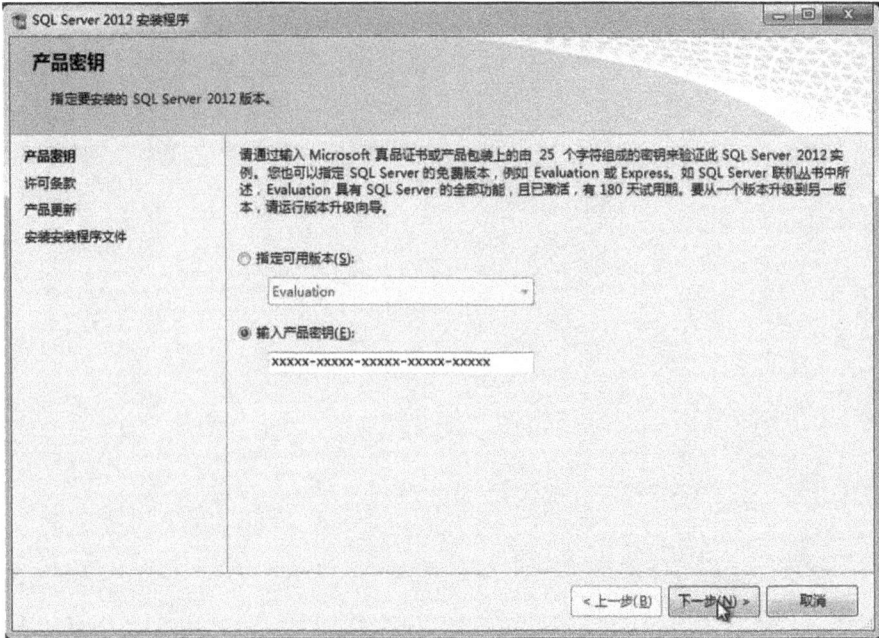

图 2-5　选择版本或输入产品密钥

（6）选中"我接受许可条款"复选框，单击"下一步"按钮，如图 2-6 所示。

图 2-6　接受许可条款

（7）跳过扫描产品更新，单击"下一步"按钮，如图 2-7 所示。

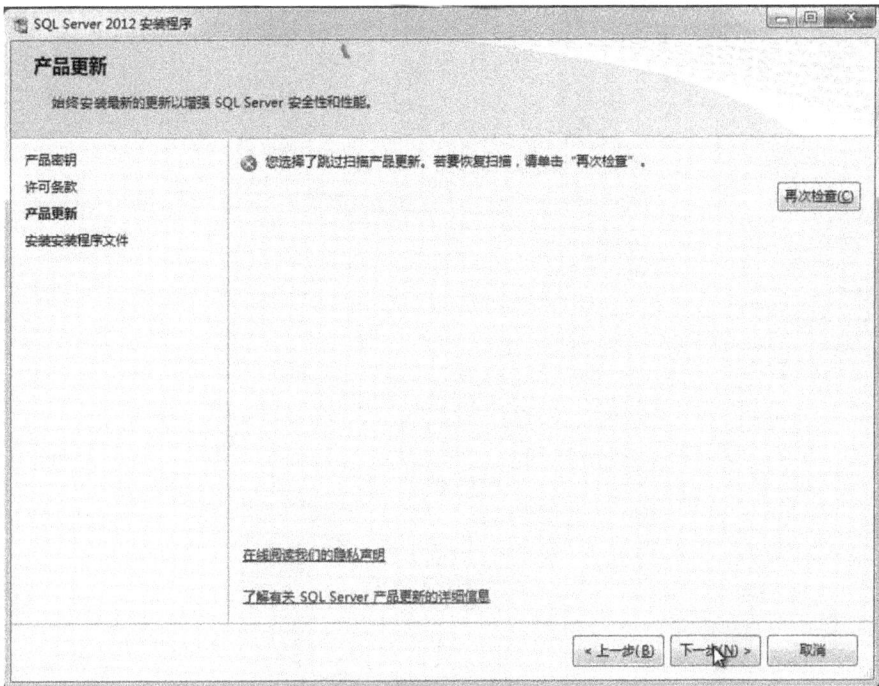

图 2-7　跳过扫描产品更新

（8）开始安装需要的组件，如图 2-8 所示。

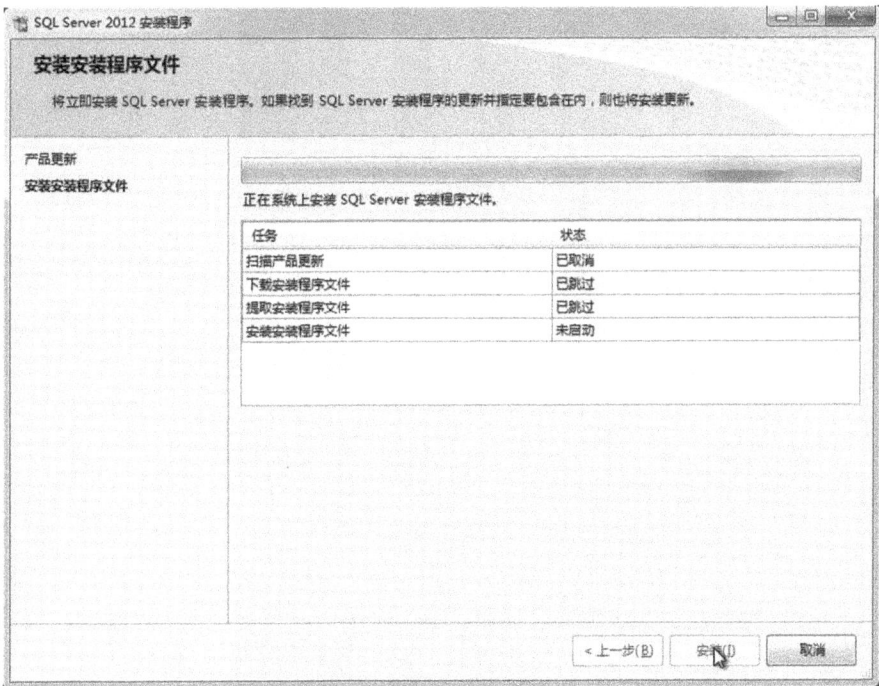

图 2-8　安装需要的组件

(9)再次满足安装程序支持规则后(忽略警告),单击"下一步"按钮,如图 2-9 所示。

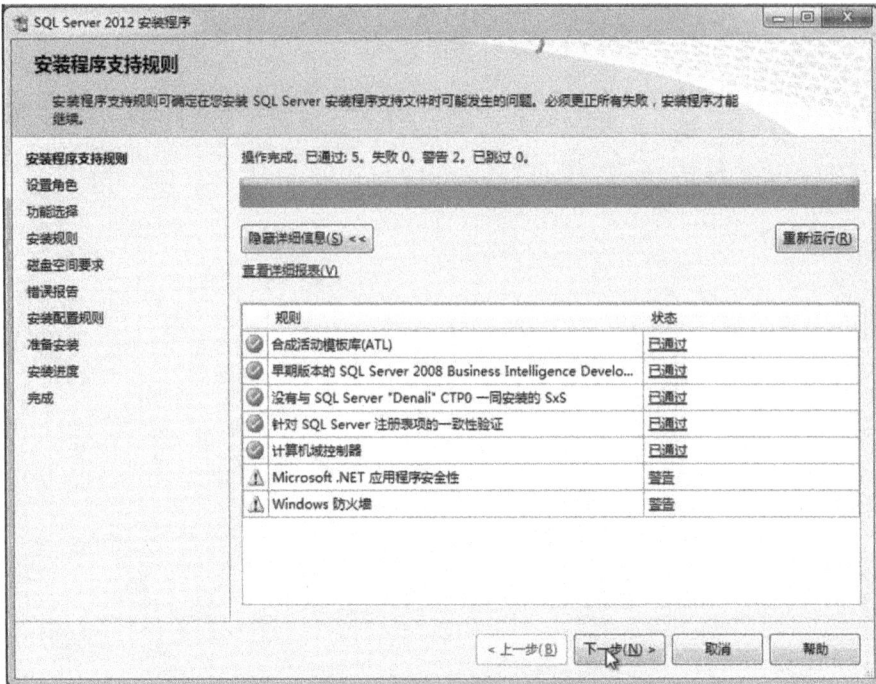

图 2-9 再次满足安装程序支持规则

(10)选择"SQL Server 功能安装",单击"下一步"按钮,如图 2-10 所示。

图 2-10 选择"SQL Server 功能安装"

（11）单击"全选"按钮选择安装全部功能，然后单击"下一步"按钮，如图 2-11 所示。

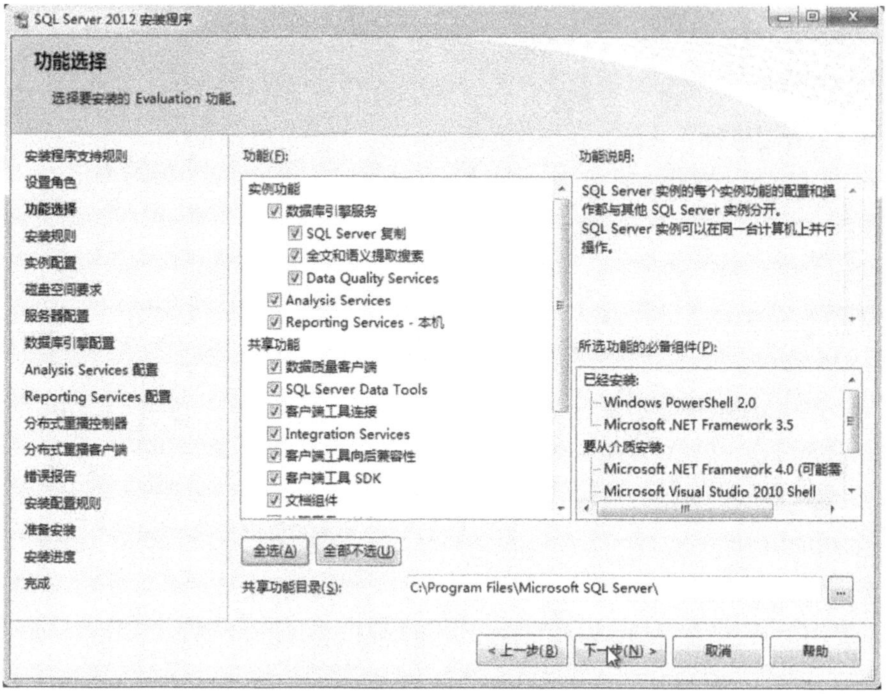

图 2-11　选择安装全部功能

（12）满足安装规则，单击"下一步"按钮，如图 2-12 所示。

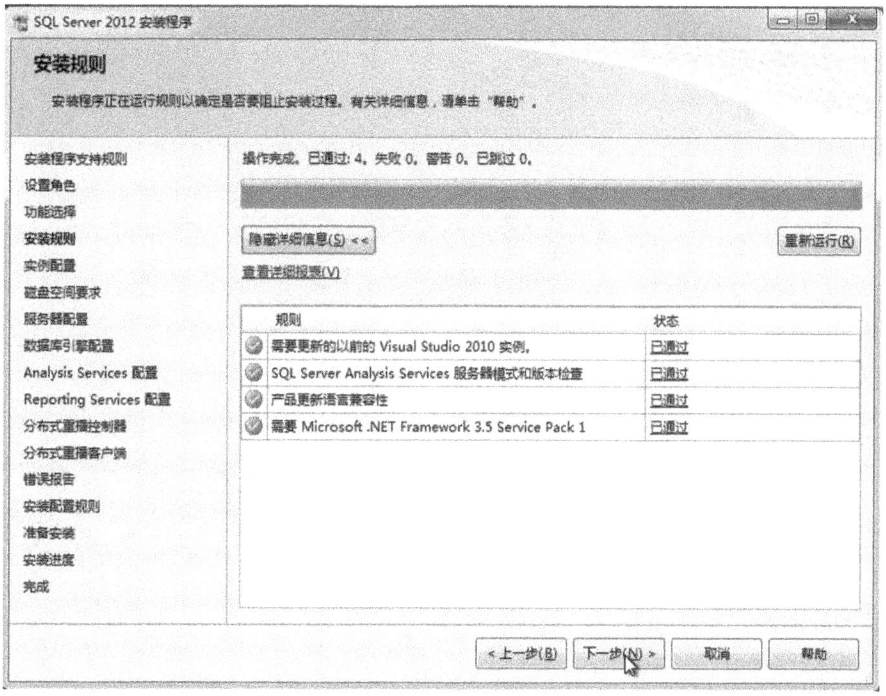

图 2-12　满足安装规则

(13)选中"命名实例"单选按钮,在文本框中输入"SQL2012",单击"下一步"按钮,如图 2-13 所示。若要安装默认实例,请选择"默认实例"单选按钮。

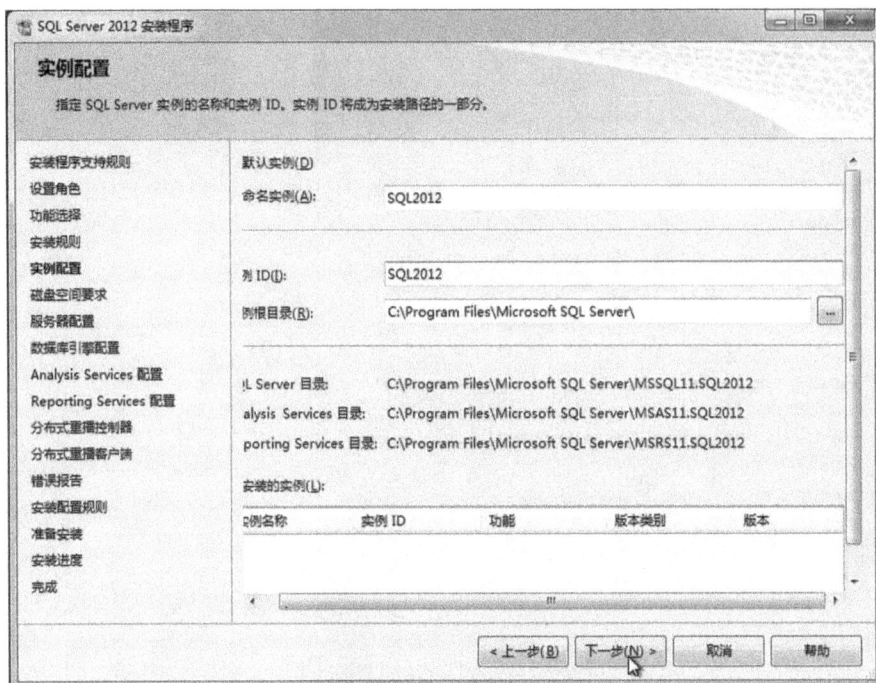

图 2-13 实例配置

(14)报告磁盘使用及需求情况,单击"下一步"按钮,如图 2-14 所示。

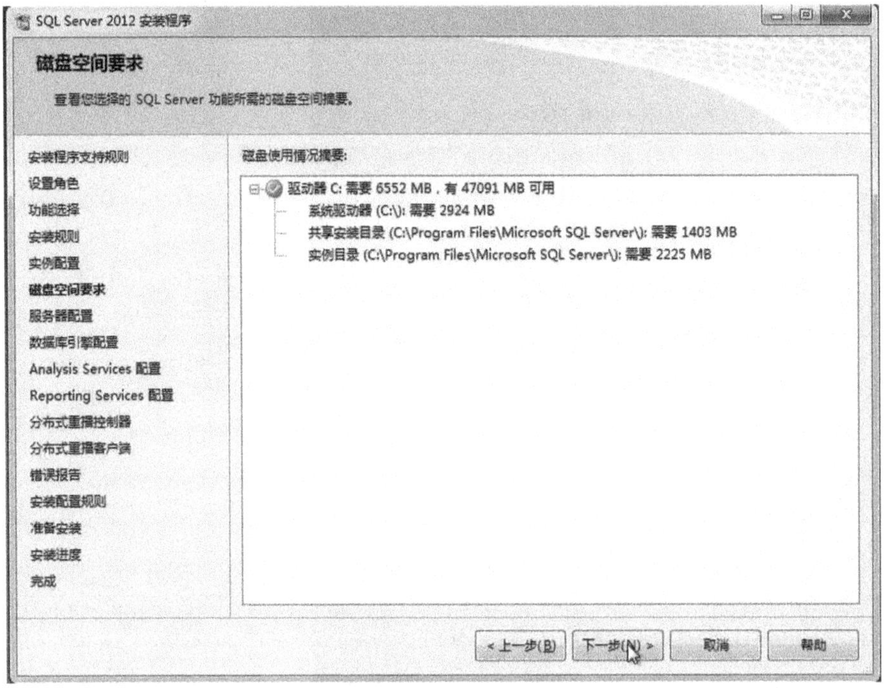

图 2-14 磁盘空间要求

（15）选择服务账户（默认），单击"下一步"按钮，如图 2-15 所示。

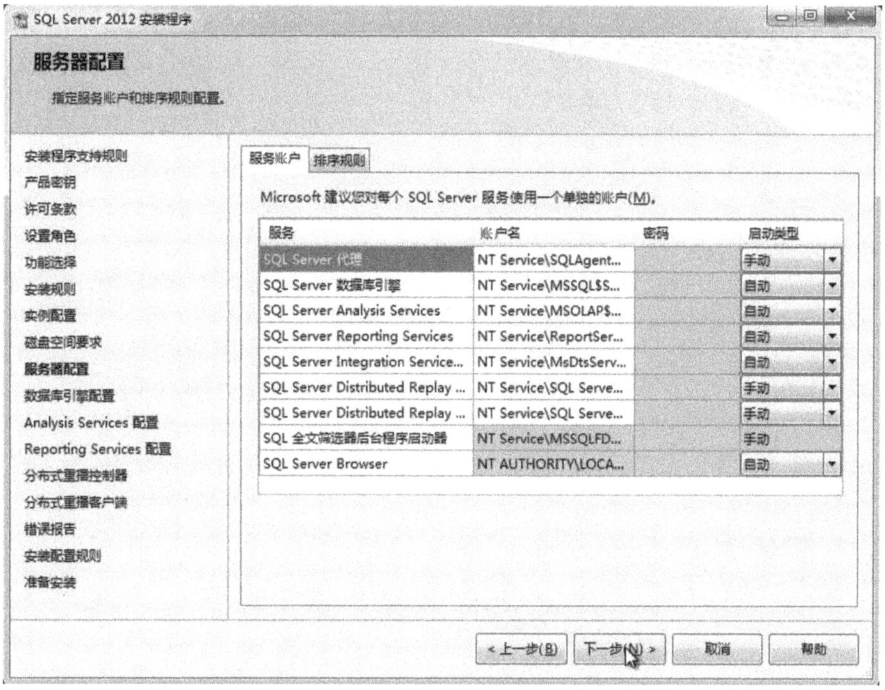

图 2-15 选择服务账户

（16）单击"添加当前用户"按钮（当前 Windows 用户将成为 SQL Server 的管理员），然后单击"下一步"按钮，如图 2-16 所示。

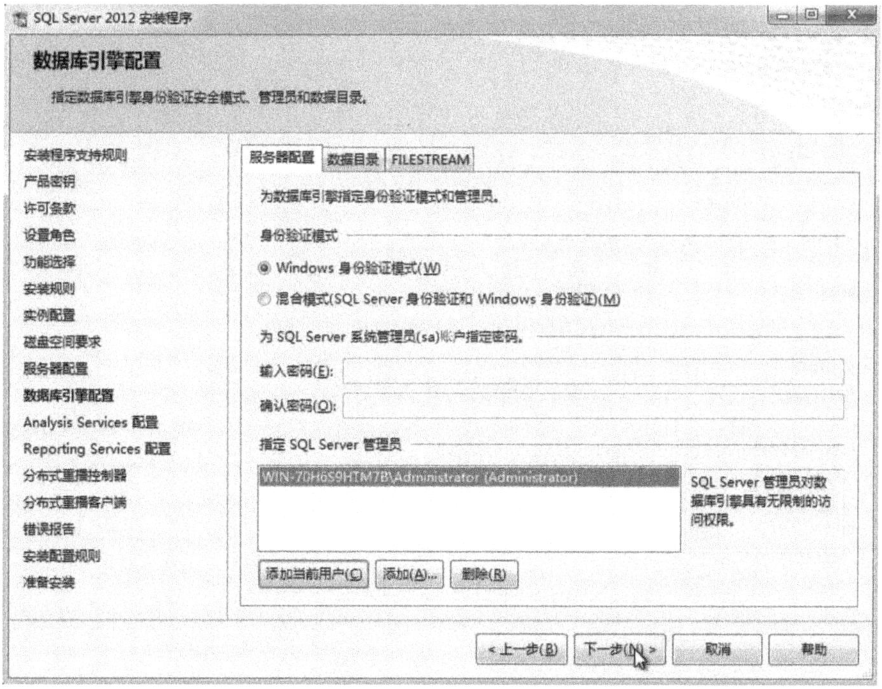

图 2-16 选择身份验证模式和指定 SQL Server 管理员

（17）指定 Analysis Services 管理员，单击"添加当前用户"按钮，然后单击"下一步"按钮，如图 2-17 所示。

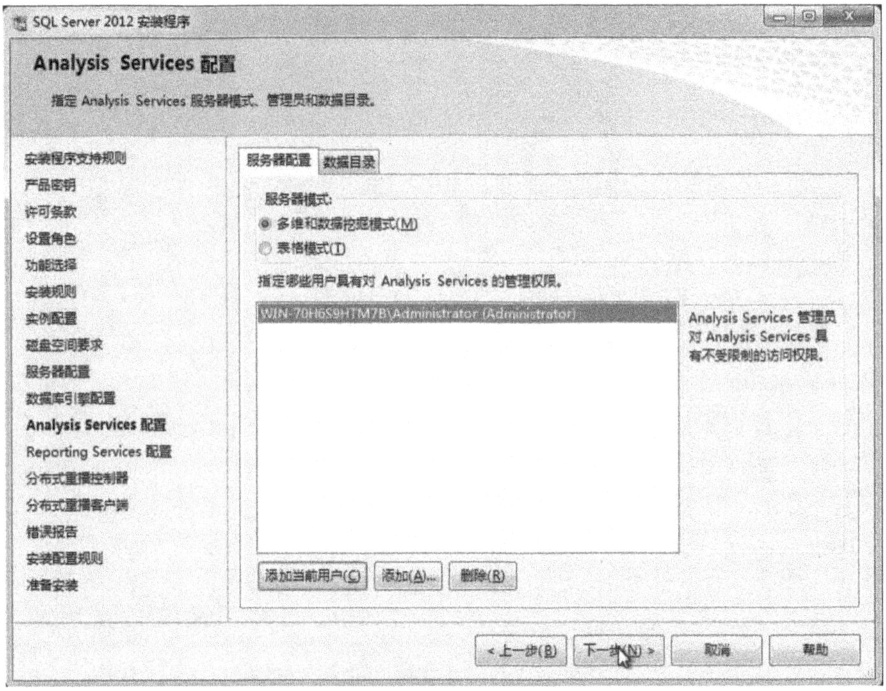

图 2-17　指定 Analysis Services 管理员

（18）Reporting Services 配置保持默认选项，单击"下一步"按钮，如图 2-18 所示。

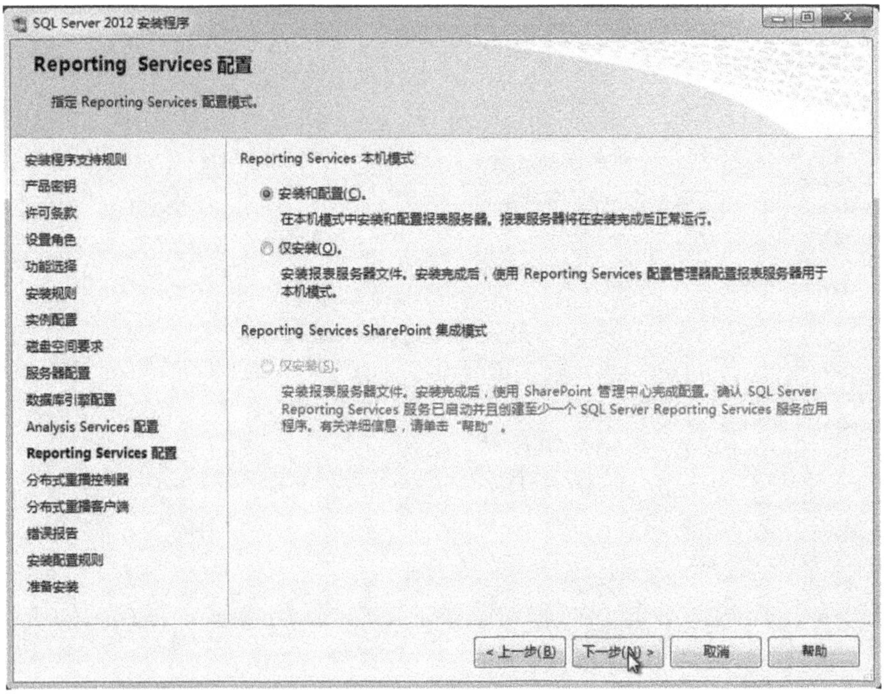

图 2-18　Reporting Services 配置

（19）指定分布式重播控制器管理员，单击"添加当前用户"按钮，然后单击"下一步"按钮，如图 2-19 所示。

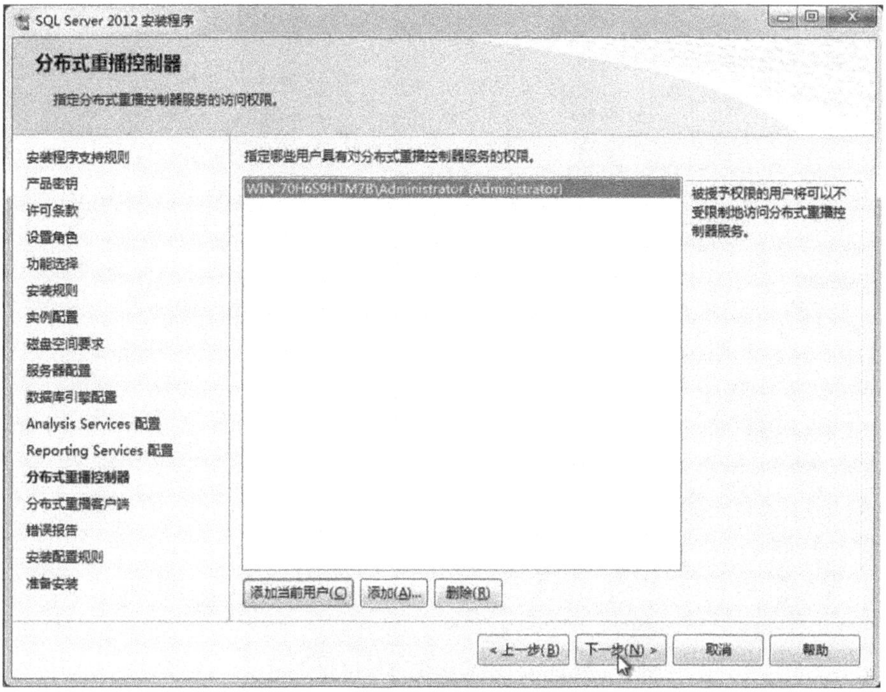

图 2-19 指定分布式重播控制器管理员

（20）在分布式重播客户端编辑控制器名称，单击"下一步"按钮，如图 2-20 所示。

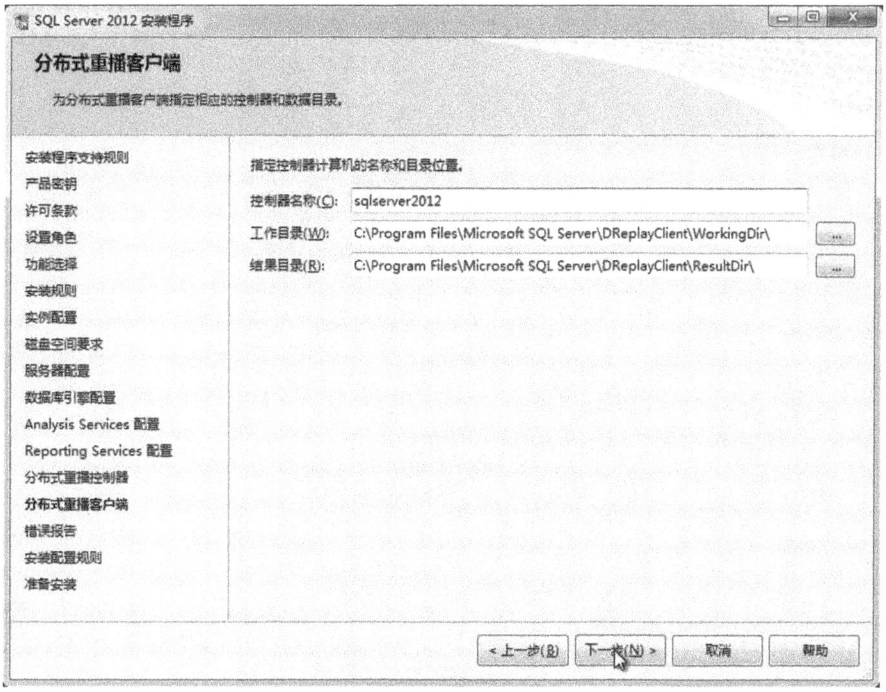

图 2-20 编辑控制器名称

(21)显示错误和使用情况报告,无错误则单击"下一步"按钮继续,如图 2-21 所示。

图 2-21　错误和使用情况报告

(22)安装程序再次进行安装配置规则检测以确保满足安装需求,检验通过后单击"下一步"按钮继续,如图 2-22 所示。

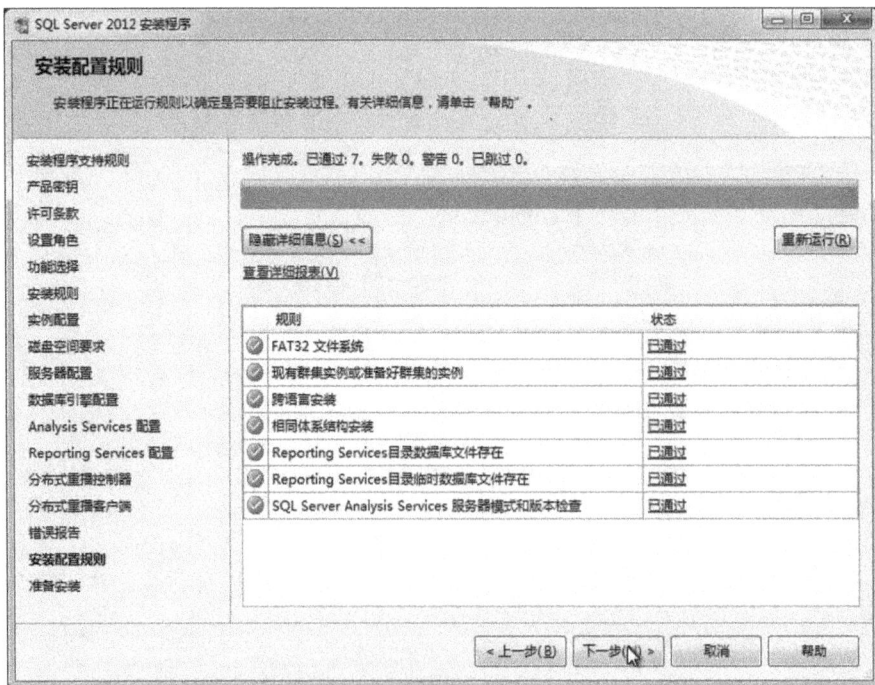

图 2-22　安装配置规则检测

(23)准备就绪,单击"安装"按钮继续,如图 2-23 所示。

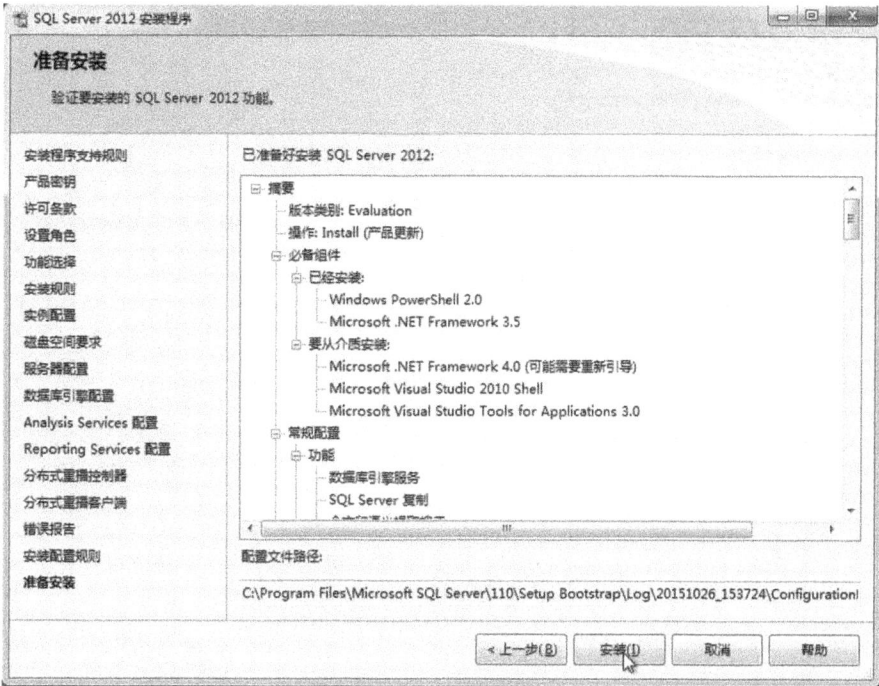

图 2-23 准备就绪

(24)图 2-24 所示为安装进度显示。计算机的配置不同,安装时间可能不同,需要耐心等待。

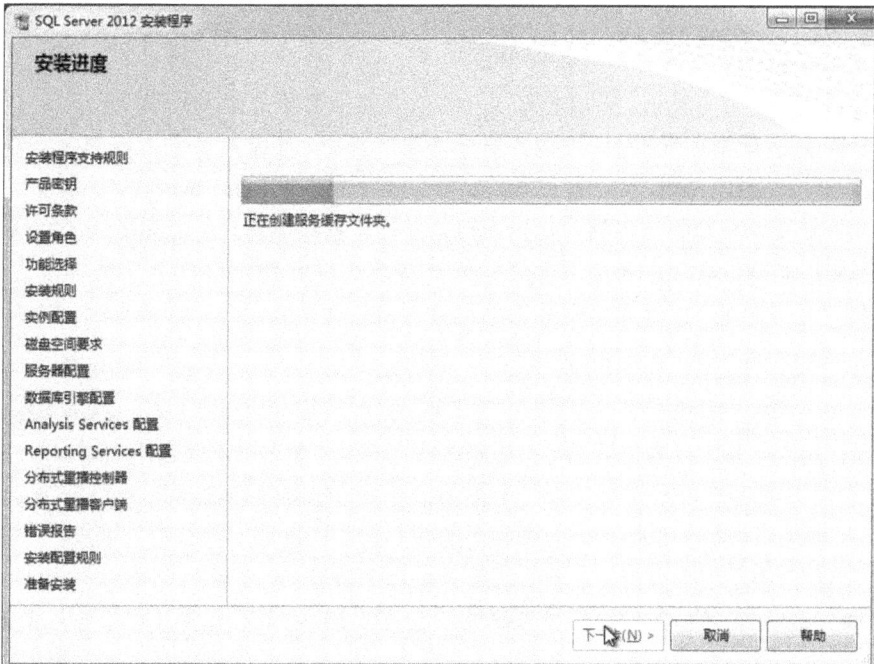

图 2-24 安装进度

(25)图 2-25 显示安装成功。单击"关闭"按钮完成安装。

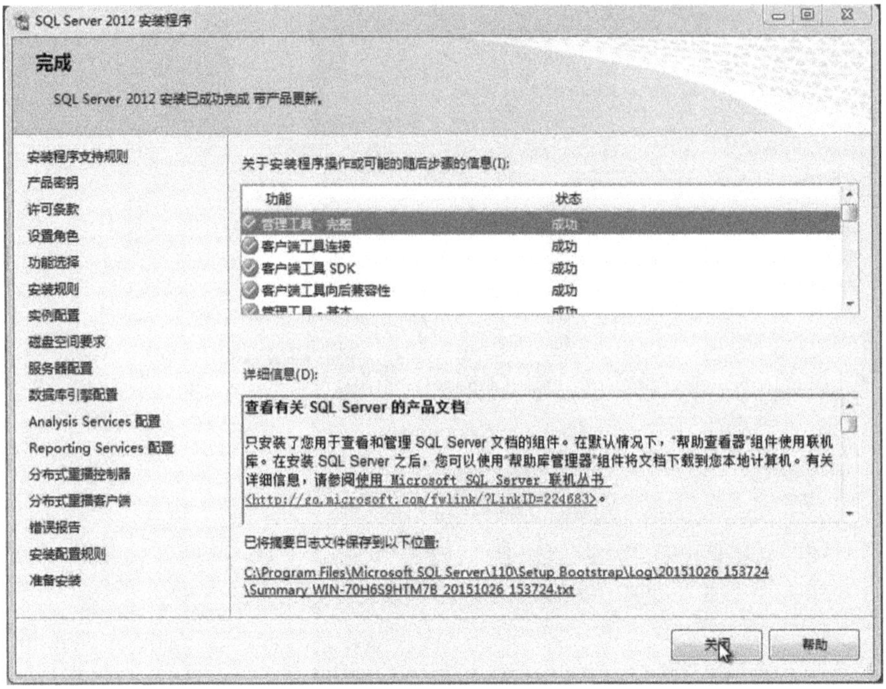

图 2-25　安装成功

知 识 储 备

1.默认实例与命名实例

在一台计算机上第一次安装 SQL Server 2012 的软件时通常安装默认实例,其实例名称与计算机名相同。因此,默认实例也只能有一个,以后再安装 SQL Server 2012 的软件就必须给另外的实例名称,称为命名实例,命名实例可以有多个,标准版可有 16 个命名实例,企业版可有 50 个命名实例。每个命名实例都是一个与默认实例并列的数据库服务器。(注意:在一台计算机硬件上安装多次,形成多个并列的软件数据库服务器。)

2.默认 SQL Server 网络配置

SQL Server 默认实例配置为采用 TCP/IP 端口 1433 和命名管道\\. \pipe\sql\query。SQL Server 命名实例配置为采用 TCP 动态端口,其端口号由操作系统分配。

如果无法使用动态端口地址(例如,当 SQL Server 连接必须通过服务器配置为要通过特定端口地址的防火墙时),则选择一个未分配的端口号。Internet 号码分配机构负责管理端口号的分配,并在 http://www.iana.org 上列出这些端口号。

为了增强安全性,在安装 SQL Server 时不会完全启用网络连接。在安装完成后,若要启用、禁用和配置网络协议,应使用 SQL Server 配置管理器的 SQL Server 网络配置区域。

任务 2.3 SQL Server 2012 数据库软件安装后的验证

需求分析

对于新安装的 SQL Server 数据库,小王需要进行试用验证。

实现过程

(1)点击计算机的【开始】→【Microsoft SQL Server 2012】→【SQL Server Management Studio】→【连接】,进入 SSMS 界面。

(2)将 Access 图书借阅管理数据库迁移到 SQL Server 数据库中,显示其中的一些表数据,以此来确认数据库安装的可用性。

实训任务

(1)上网下载 SQL Server 2012 数据库软件,需注意版本。

(2)记录并判断即将安装数据库软件的计算机硬件系统和软件系统的相关参数,安装合适版本的 SQL Server 2012 数据库服务器软件。

(3)迁移 Access 图书借阅管理数据库,查看相关数据库对象,验证数据库软件的成功安装。

拓展任务

上网查看 SQL Server 2012 数据库系统最好的资源——联机丛书,其网址为:https://msdn.microsoft.com/zh-cn/library/ms130214(v=sql.110).aspx。

项目小结

本项目以 SQL Server 2012 数据库服务器软件的安装为中心,学习了软件获取、系统软硬件环境判别、软件安装及配置安装过程中的相关选项,为以后的数据库应用打下了基础。

课外练习

（1）SQL Server 2012 数据库软件有哪些版本？如何选择？

（2）命名实例与默认实例有什么不同？

（3）NTFS 文件系统和 FAT32 文件系统哪个更安全？

项目 3
表数据的精细查询与汇总查询

在大数据时代,我们不但要积累数据、存储数据和在需要时全盘显示所有数据,而且要从大量数据中挑出我们需要的有用数据,以合适的形式显示数据,这就要求数据的使用人员具有一定的数据库技能,从而可以随时从数据库中准确地获得需要的部分数据,这就是表数据的精细查询和汇总查询。本项目的学习目标和对应任务如下。

◈ **知识目标**

❑ 掌握 select 子句的选择数据列及位置排列功能和更换显示表头功能;

❑ 掌握 where 子句设置查询条件选择数据行的功能;

❑ 掌握数据表排序显示功能;

❑ 掌握前若干条记录的显示功能和滤除重复行的显示功能;

❑ 掌握各种聚合函数的汇总查询功能和分组汇总查询功能;

❑ 掌握数据字段的小计与总计功能;

❑ 掌握数据表查询结果生成新表的功能。

◈ **技能目标**

❀ 正确使用 select 子句、where 子句、order by 子句、group by 子句、having 子句,并能正确排列这些子句;

❀ 正确使用 top 关键字、like 关键字、desc 关键字、in 关键字、between 关键字,并能在相关的子句中正确排列这些关键字;

❀ 掌握聚合函数的独立应用和分组查询；

❀ 在查询语句出错时，能调试修正语句。

◆ **任务列表**

任务 3.1 变换中文表头位置显示上市股票信息

需求分析

从几千行股票信息中显示最近上市的五支股票的基本信息,要求数据行的显示为越晚上市的股票越先显示,依次排列;显示表头必须是中文;数据列的排列从左到右依次为上市日期、股票代码、股票名称、发行股数和所属行业。

(1)在众多行的股票信息中要显示五行;

(2)股票的上市日期最晚的就是最近的,由近到远排列;

(3)要将数据表头显示成中文,数据列需要做顺序的调整。

原始的股票信息如图 3-1 所示。

	Gpbh	Gpmc	Fxgs	Sshy	ssrq
1	090901	上海通讯	150000000	通讯	2011-05-26
2	090902	南京汽车	110000000	汽车	2012-03-15
3	090935	福星医药	60000000	医药	2015-11-09
4	090968	银光高科	5000000	科技	2016-01-27
5	900901	白云通讯	120000000	通讯	2001-05-06
6	900902	蓝天航空	80000000	航空	2002-03-11
7	900908	新兴高科	9000000	科技	2009-01-27
8	900909	为民医药	30000000	医药	2005-12-19

图 3-1 原始的股票信息

实现过程

(1)打开 SQL Server 2012 的 SSMS 界面,显示【对象资源管理器】,如图 3-2 所示。

(2)展开【数据库】之前的"＋",并附加 stock_info 数据库,如图 3-3 所示。

(3)选中 stock_info 数据库,如图 3-4 所示。

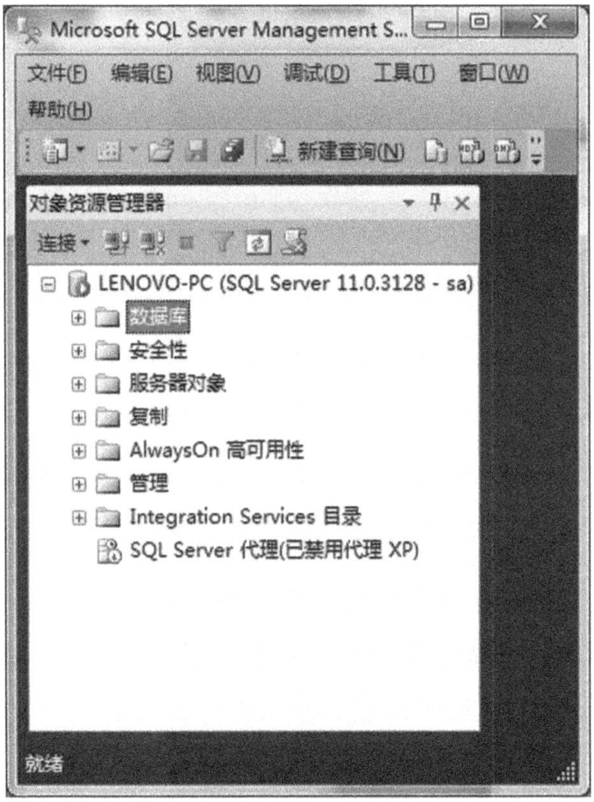

图 3-2　显示【对象资源管理器】

图 3-3　附加数据库选择文件

图 3-4　选中 stock_info 数据库

（4）在屏幕上方的命令栏中输入如下语句：

select　top 5

ssrq as 上市日期,gpbh as 股票代码,gpmc as 股票名称,

fxgs as 发行股数,sshy as 所属行业

from［stock_info］.［dbo］.［gpxxb］order by ssrq desc

（5）点击"运行"按钮,即可将任务 3.1 所需的结果显示在屏幕下方的结果栏内,如图 3-5 所示（这里暂不考虑前五行和排序）。

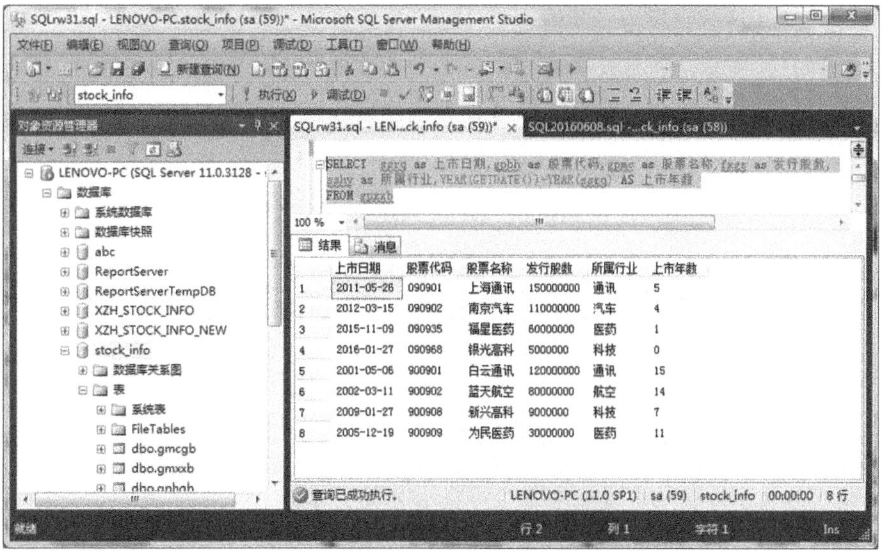

图 3-5　变换中文表头的上市股票信息

知识储备

1. 数据列的选择排列查询

(1)"*"代表表中的全部数据字段。

【例 3-1】 查询"股民信息表"中全体股民的记录。代码如下：

```
use stock_info
go
select * from gmxxb
go
```

在代码栏中输入并执行上述代码，"*"代表全部数据字段(也可以将所有的字段名逐一列出，并用","分开)，执行代码，将显示"股民信息表"中的全部列。

(2)显示选中的若干数据字段。

选择表中的部分列就是表的投影运算。这种运算可以通过 select 子句给出的字段列表来实现。字段列表中的列可以是表中的列，也可以是表达式列。

如果在结果集中输出表中的部分列，可以将要显示的字段名在 select 关键字后依次列出来，列名与列名之间用","隔开，字段的顺序可以根据需要指定。

【例 3-2】 显示全部股票的编号、名称和上市日期。代码如下：

```
use stock_info
select gpbh,gpmc,ssrq from gpxxb
go
```

在代码编辑栏中，输入并执行上述代码，查询结果集中将只显示股票编号、股票名称和上市日期三个字段，如图 3-6 所示。

	gpbh	gpmc	ssrq
1	090901	上海通讯	2011-05-26
2	090902	南京汽车	2012-03-15
3	090935	福星医药	2015-11-09
4	090968	银光高科	2016-01-27
5	900901	白云通讯	2001-05-06
6	900902	蓝天航空	2002-03-11
7	900908	新兴高科	2009-01-27
8	900909	为民医药	2005-12-19

图 3-6 显示部分数据列的结果集

2.数据表显示的表头设置

有时,结果集中的列不是表中原有的列,而是通过表中的一个或多个列计算出来的,这个计算列需要指定一个列名,同时该表达式将显示在字段列表中。比如,根据出生年月计算年龄、根据单价和数量计算总价、单价打折等。使用格式如下:

select 表达式 as 列别名 from 数据表

【例 3-3】 查询"股票信息表"中股票上市以来的年数。代码如下:

```
use stock_info
go
select gpmc 股票名称,YEAR(GETDATE())－YEAR(ssrq) as 年数
from gpxxb
go
```

图 3-7 计算生成的新列加表头

上述语句中,"YEAR(GETDATE())－YEAR(ssrq)"是表达式,"年数"是表达式别名。YEAR(GETDATE())－YEAR(ssrq)的含义是取得系统当前日期中的年份减去"上市日期"字段中的年份,就是股票已经上市的年数。将上述代码在代码栏中执行,返回结果如图 3-7 所示。

3.数据字段的组合查询

【例 3-4】 多个字段合并显示很常用,外国人的姓和名有时需要合并显示:姓＋空格＋名;学生表中学号＋姓名的合并显示;地址分段的合并显示:国家＋省(直辖市、自治区)＋地区＋街道门牌号;电话号码的分段合并:国家地区码＋"-"＋省(直辖市、自治区)地区码＋"-"＋电话号。这里将证券编号和名称合并显示,输入:

select zqbh＋zqmc as 证券,ssrq as 上市日期 from zqxxb
go

显示效果如图 3-8 所示。

图 3-8 合并列加表头

任务 3.2 显示股票信息的排行榜

需求分析

　　股民在查看股票信息时,经常需要将某些字段排序,显示最前面的 5 行或 10 行数据,也就是平时说的排行榜。小王接到了股票显示的编程任务,要求把发行股数较少的前 5 支股票排列显示,即小盘股排行榜,并显示股票名称和编号。

实现过程

　　(1)确定数据表。

```
from gpxxb
```

　　(2)确定显示的字段、顺序和表头。

```
select fxgs as 发行股数,gpbh as 股票编号,gpmc as 股票名称
from gpxxb
```

　　(3)确定升序还是降序。

```
select fxgs as 发行股数,gpbh as 股票编号,gpmc as 股票名称
from gpxxb
order by fxgs asc
```

　　(4)确定排行榜数量。

```
select top 5
fxgs as 发行股数,gpbh as 股票编号,gpmc as 股票名称
from gpxxb
order by fxgs asc
```

知识储备

　　1.数据行的部分显示

　　在大量数据中,只显示部分行,可以指定行数,也可以指定总行数的百分比。使用 top 关键字可以显示数据表最前的若干记录。

　　当查询结果的数据量非常庞大又没有必要对所有数据进行浏览时,使用 top 指定显示记录的范围可以大大减少查询时间。

（1）显示查询结果前 n 条记录的语句格式：

select top n * from 表

（2）显示查询结果前 $n\%$ 的记录的语句格式：

select top n percent * from 表

【例3-5】　查询"股票信息表"中前5条记录的全部字段，第6行以后的记录不能显示。

输入：

select top 5 * from gpxxb

运行结果如图3-9所示。

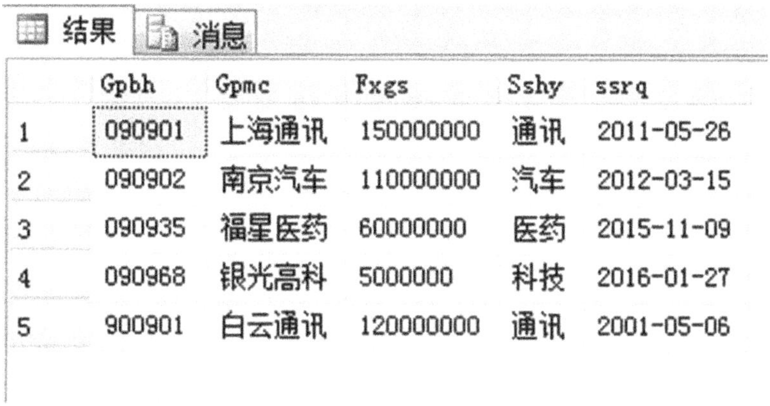

图3-9　仅显示前5条数据

2. 数据重复行显示的过滤

数据在显示时要避免重复行，可以在字段列表前加上关键字 distinct。具体格式如下：

select distinct 字段名 from 表

【例3-6】　查询"股票信息"表中股票属于哪些行业，要求不能有重复。

先查看全部股票的所属行业，查询代码如下：

select sshy as 所属行业 from gpxxb

go

上述代码执行结果如图3-10(a)所示，每个股票的所属行业会有相同的。下面的代码就在显示时过滤掉了重复的行业编号（注意：数据表中的重复数据仍在），执行结果如图3-10(b)所示。

"所属行业"无重复值的查询代码如下：

select distinct sshy as 所属行业 from gpxxb

go

结果 消息

	所属行业
1	通讯
2	汽车
3	医药
4	科技
5	通讯
6	航空
7	科技
8	医药

(a)

结果 消息

	所属行业
1	航空
2	科技
3	汽车
4	通讯
5	医药

(b)

图 3-10　执行结果

(a)没有去掉重复;(b)去掉了重复

3. 使用 order by 排序

排行榜就是多个数值从高到低或从低到高排列。对查询结果,可以使用 order by 子句按照一个或多个属性列的升序(asc)或降序(desc)排列,默认为升序。如果不使用 order by 子句,则结果集按照记录在表中的顺序排列。order by 子句的语法格式如下:

order by{列名[asc|desc]}[,…n]

当按多列排序时,先按前面的列排序,如果值相同再按后面的列排序。

【例 3-7】 显示"股票信息表",要求按照股票编号从小到大排列,即升序排列。代码如下:

```
select * from gpxxb
order by Gpbh
go
```

将上述代码在代码栏中执行,结果如图 3-11 所示,默认为升序,因此可以不写。

	Gpbh	Gpmc	Fxgs	Sshy	ssrq
1	090901	上海通讯	150000000	通讯	2011-05-26
2	090902	南京汽车	110000000	汽车	2012-03-15
3	090935	福星医药	60000000	医药	2015-11-09
4	090968	银光高科	5000000	科技	2016-01-27
5	900901	白云通讯	120000000	通讯	2001-05-06
6	900902	蓝天航空	80000000	航空	2002-03-11
7	900908	新兴高科	9000000	科技	2009-01-27
8	900909	为民医药	30000000	医药	2005-12-19

图 3-11　按股票编号升序排列

【例 3-8】 显示"股票信息表",要求近期上市的先显示,即按股票上市日期降序排列。代码如下:

```
select * from gpxxb
order by ssrq desc
go
```

将上述代码在代码栏中执行,结果如图 3-12 所示。

	Gpbh	Gpmc	Fxgs	Sshy	ssrq
1	090968	银光高科	5000000	科技	2016-01-27
2	090935	福星医药	60000000	医药	2015-11-09
3	090902	南京汽车	110000000	汽车	2012-03-15
4	090901	上海通讯	150000000	通讯	2011-05-26
5	900908	新兴高科	9000000	科技	2009-01-27
6	900909	为民医药	30000000	医药	2005-12-19
7	900902	蓝天航空	80000000	航空	2002-03-11
8	900901	白云通讯	120000000	通讯	2001-05-06

图 3-12 按股票上市日期降序排列

可以同时使用两个以上的列,进行多列多序排列显示。

【例 3-9】 显示"股票信息表"要求先按所属行业升序排列,再按发行股数降序排列。代码如下:

```
select * from gpxxb
order by sshy asc,fxgs desc
go
```

将上述代码在代码栏中执行,结果如图 3-13 所示,汉字是按拼音字母的英语字母排列,很显然,通讯应该先于医药(升序),同样是通讯行业的,150000000 先于 120000000(降序)显示,与原始数据在数据库中的先后顺序无关。

	Gpbh	Gpmc	Fxgs	Sshy	ssrq
1	900902	蓝天航空	80000000	航空	2002-03-11
2	900908	新兴高科	9000000	科技	2009-01-27
3	090968	银光高科	5000000	科技	2016-01-27
4	090902	南京汽车	110000000	汽车	2012-03-15
5	090901	上海通讯	150000000	通讯	2011-05-26
6	900901	白云通讯	120000000	通讯	2001-05-06
7	090935	福星医药	60000000	医药	2015-11-09
8	900909	为民医药	30000000	医药	2005-12-19

图 3-13 多列多序排列

任务 3.3　查找符合条件的数据信息

对于数据库中成千上万的数据,人工查找显然是不现实的,我们要把指定的条件交给数据库系统,利用电脑系统帮助我们查找,最关键的是不仅要把我们的想法表达出来,还要让数据库系统能够接受。

数据库中通常使用 where 子句来表达条件,确定要找的数据行。

3.3.1　利用等式和不等式条件查找

需求分析

对于数据库中的股票信息表来说,几千支股票的记录都在一个表中,要找出其中符合某个条件的一支或几支股票非常麻烦,现在给出条件,要查找股票名称是"为民医药"的股票相关行的全部信息。

实现过程

(1)确定数据表。

(2)确定显示的信息字段。

(3)确定条件。

(4)写出查询语句。

select ＊ from gpxxb where gpmc='为民医药'

go

无论是 10 条还是 10000 条数据在表中,都可以用这个表达式找到对应的数据,只是时间长短的问题,但如果写错了条件,例如:写成 gpnc='为民医药',或者 gpmc='为民医',就会找不到。

显示结果如图 3-14 所示。

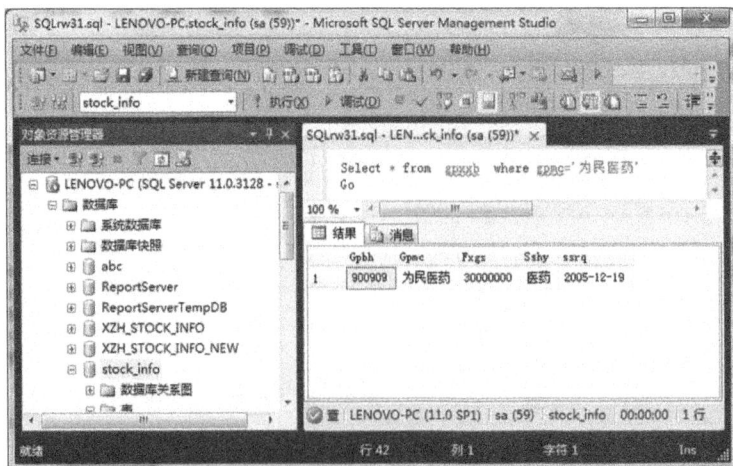

图 3-14　等式表示的 where 条件

1. 利用等式和不等式条件

【例 3-10】 查找"股票信息表"中发行股数小于 30000000 股的股票信息。代码如下：

```
select * from gpxxb where fxgs<30000000
go
```

将上述代码在代码编辑器中输入并执行，结果如图 3-15 所示。

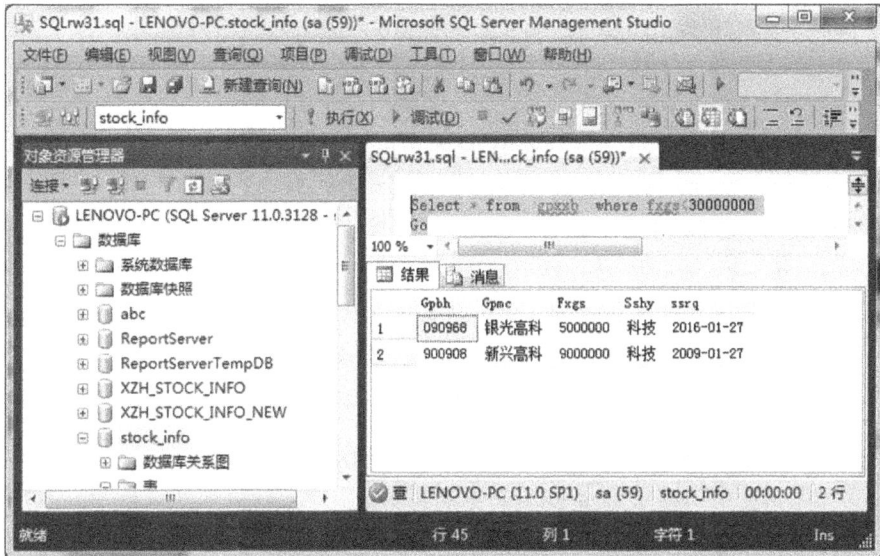

图 3-15 不等式表示的 where 条件

2. 空与非空条件

一般情况下，表的每一列都有其存在的意义，但有时某些列可能暂时没有确定的值，这时用户可以不输入该列的值，那么这列的值为 NULL。NULL 与 0 或空格是不一样的。空值运算符 is[NOT]NULL 用来判断指定的列值是否为空。语法格式如下：

  列表达式 is[NOT]NULL

【例 3-11】 查询"股民信息表"中"邮箱"字段为空的那些股民的信息。代码如下：

```
select Zjzh,Xm,Sfzh,Dz,Lxdh,Email,Zt
from [stock_info],[dbo],[gmxxb]
where email is null
go
```

这里的 is 运算符不能用＝代替。

将上述代码在代码栏中输入并执行，执行结果如图 3-16 所示。

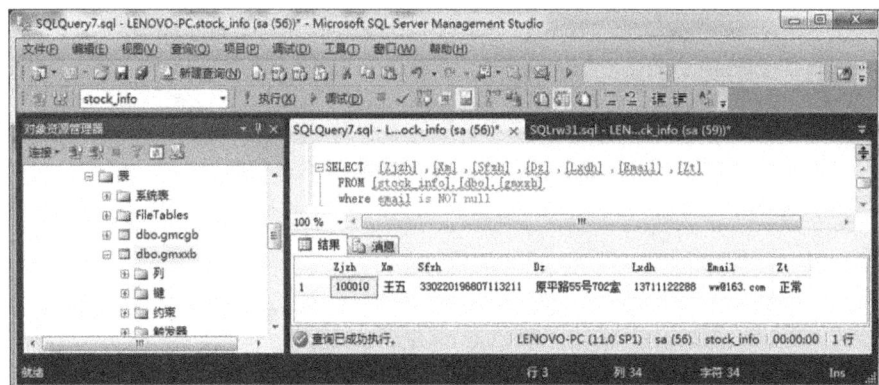

图 3-16　查询空值

【例 3-12】　查询"股民信息表"中"邮箱"字段不为空的那些股民的信息。代码如下：

select Zjzh，Xm，Sfzh，Dz，Lxdh，Email，Zt

from [stock_info]，[dbo]，[gmxxb]

where email is NOT null

go

代码运行后如图 3-17 所示。

图 3-17　查询非空值

3.3.2　利用关键字表达范围查找

需求分析

数据库中的数据有时可以用范围来表示，如股票的发行股数范围、上市的日期范围。现在我们来查询 2008—2015 年上市的股票的相关行信息。

实现过程

(1)确定数据表。

(2)确定显示的信息字段。

(3)确定条件范围的起点和终点。

(4)写出查询语句：

select ＊ from gpxxb

where ssrq BETWEEN '2008-01-01' AND '2015-12-31'

go

(5)运行查询语句代码,结果如图 3-18 所示。注意:BETWEEN...AND...语句包含起点和终点。

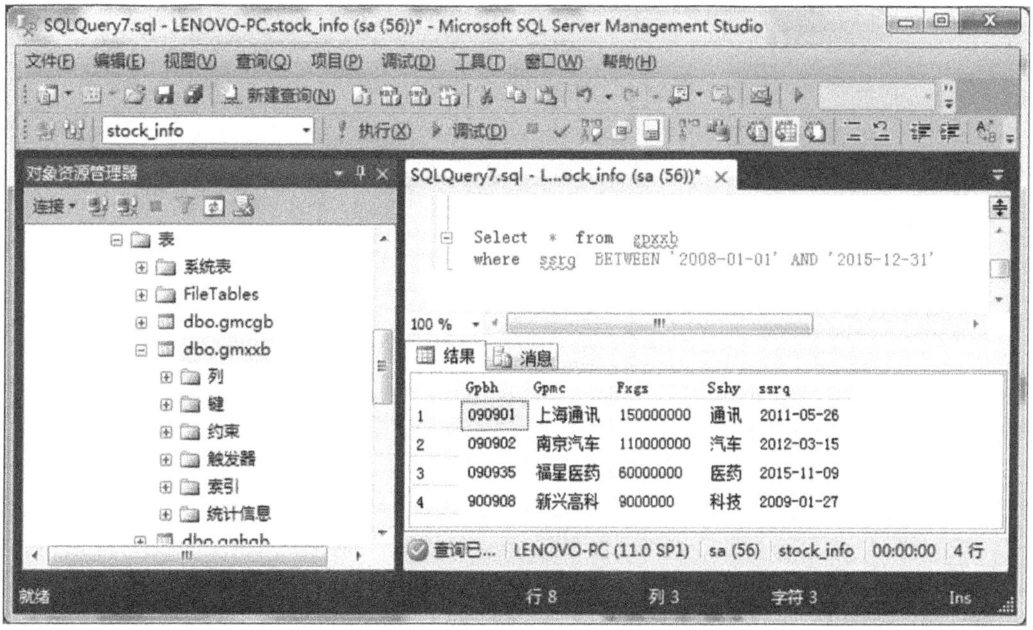

图 3-18　查询日期范围内的数据

知识储备

1.使用关键字 BETWEEN AND

范围运算符 BETWEEN...AND... 和 NOT BETWEEN...AND... 可以查找属性值在 (或不在)指定范围内的记录。其中 BETWEEN 后是范围的下限(即低值),AND 后是范围的上限(即高值)。语法格式如下:

列表达式[NOT]BETWEEN 起始值 AND 终止值

【例 3-13】 在"股票信息表"中查询在 2008—2015 年以外时间上市的股票的相关行信息。
写出查询语句：

select * from gpxxb

where ssrq NOT BETWEEN '2008-01-01' AND '2015-12-31'

go

运行查询语句代码，结果如图 3-19 所示。注意：NOT BETWEEN...AND...语句不包含起点和终点。

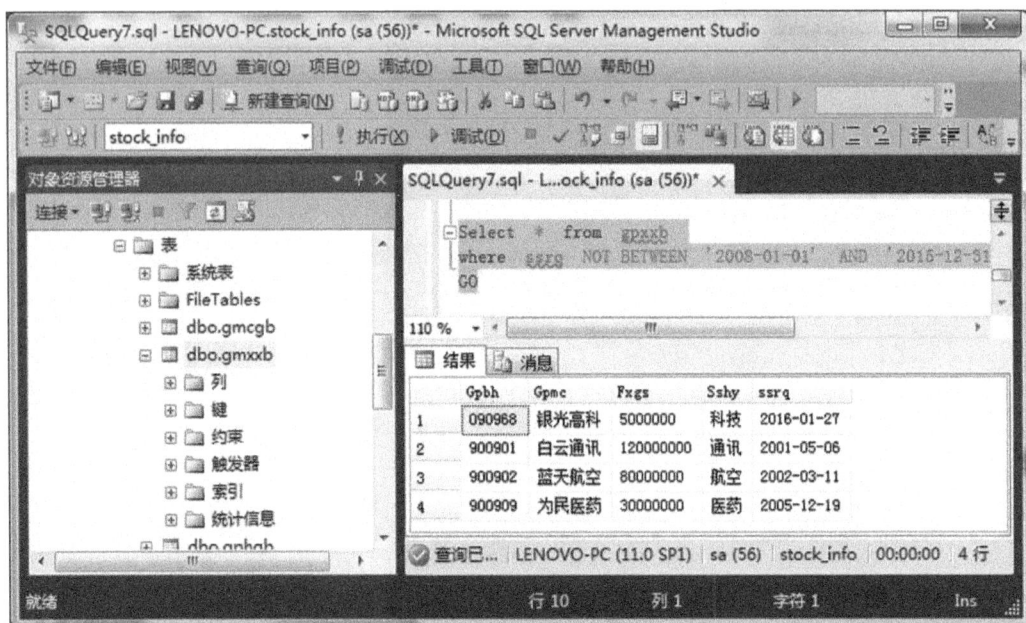

图 3-19　范围外查询

2. 使用关键字 in

确定集合运算符 in 和 NOT in 可以用来查找属性值属于（或不属于）指定集合的记录。
语法格式如下：

列表达式[NOT] in(值 1,值 2,…)

【例 3-14】 在"股票信息表"中查询属于"医药""科技""航空"行业的股票的相关行信息。
写出查询语句：

select * from gpxxb

where sshy in('医药','科技','航空')

go

运行查询语句，图 3-20 所示为 in 范围以内的所有记录。如使用 NOT in,则查询 in 范围
以外的所有记录。

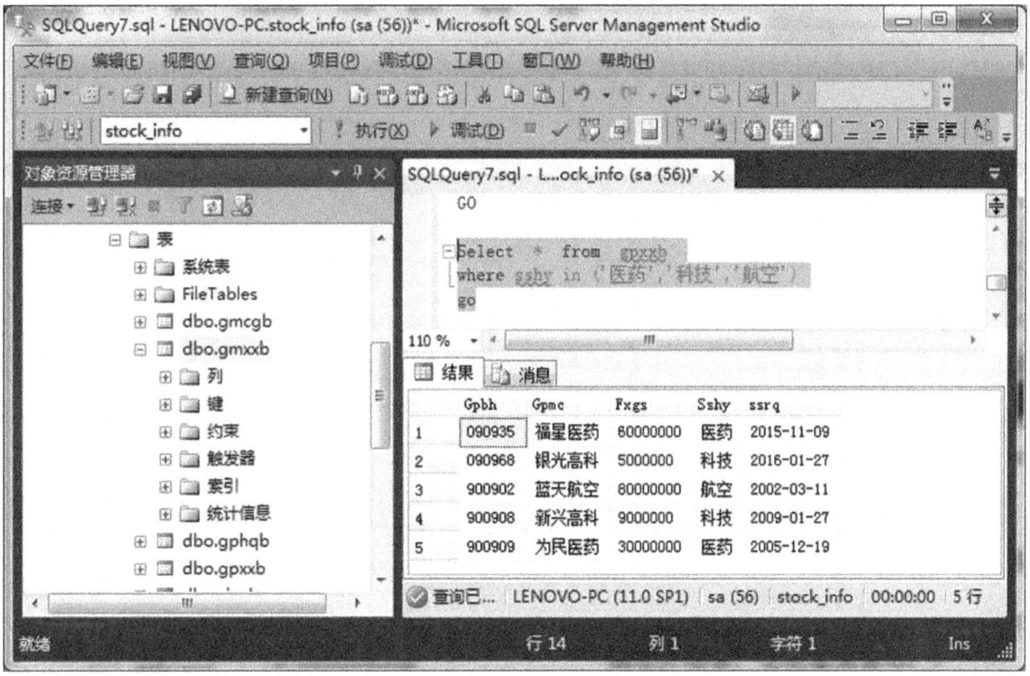

图 3-20　显示某字段值包含几个可能值的例子

3.3.3　利用 like 表达模糊条件查找

需求分析

在实际应用中,用户有时不能给出精确的查询条件,现需要查询身份证号码是"31"开头的股民记录信息。

实现过程

(1)确定数据表;

(2)确定显示的信息字段;

(3)确定模糊条件,%代表 0～n 位任意字符;

(4)写出查询语句:

select zjzh,xm,sfzh,dz,lxdh from gmxxb

where sfzh like '31%'

(5)运行查询语句得到结果如图 3-21 所示,关注身份证号前两位是否正确,其余不作要求。

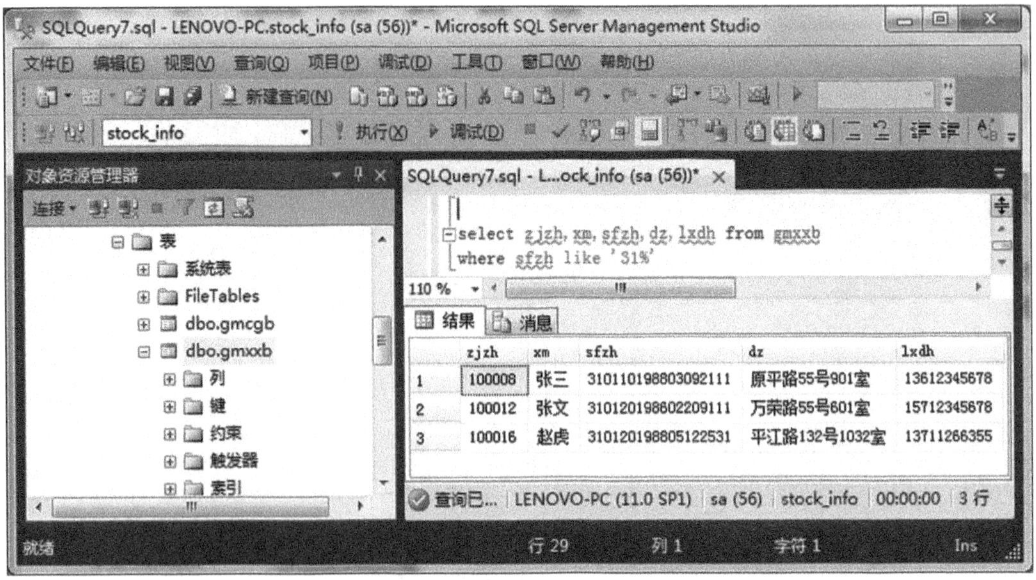

图 3-21　身份证号码部分模糊的查询结果

知识储备

在实际应用中,数据不能精确给出的部分需要模糊。T-SQL 提供了字符匹配运算符 like 进行字符串的匹配运算,以实现这类模糊查询。其一般语法格式如下:

[NOT]like '<匹配串>'

其含义是查找指定的属性列值与<匹配串>相匹配的记录。<匹配串>可以是一个完整的字符串,也可以含有通配符％和_,其中通配符包括如下 4 种。

(1)％:百分号,代表任意长度(长度可以是 0)的字符串。例如,a％b 表示以 a 开头,以 b 结尾的任意长度的字符串,acb、adkdkb、ab 等都满足该匹配串。

(2)_:下画线,代表任意单个字符。例如,a_b 表示以 a 开头,以 b 结尾的长度为 3 的任意字符串,acb、afb 等满足该匹配串。

(3)[]:表示方括号里列出的任意一个字符。例如,A[BCDE],表示第一个字符是 A,第二个字符为 B、C、D、E 中的任意一个。方括号里列出的也可以是字符范围,例如,A[B-E]与 A[BCDE]的含义相同。

(4)[^]:表示不为方括号里列出的任意一个字符。

【例 3-15】　查询"股民信息表"中姓名包含"文"的股民信息。代码如下:

select zjzh,xm,sfzh,dz,lxdh from gmxxb

where xm like '％文％'

go

左边的通配符％表示汉字"文"的左边可以有 0～n 个任意字符,同样,右边的也是。将上述代码在代码栏中输入并执行,执行结果如图 3-22 所示。

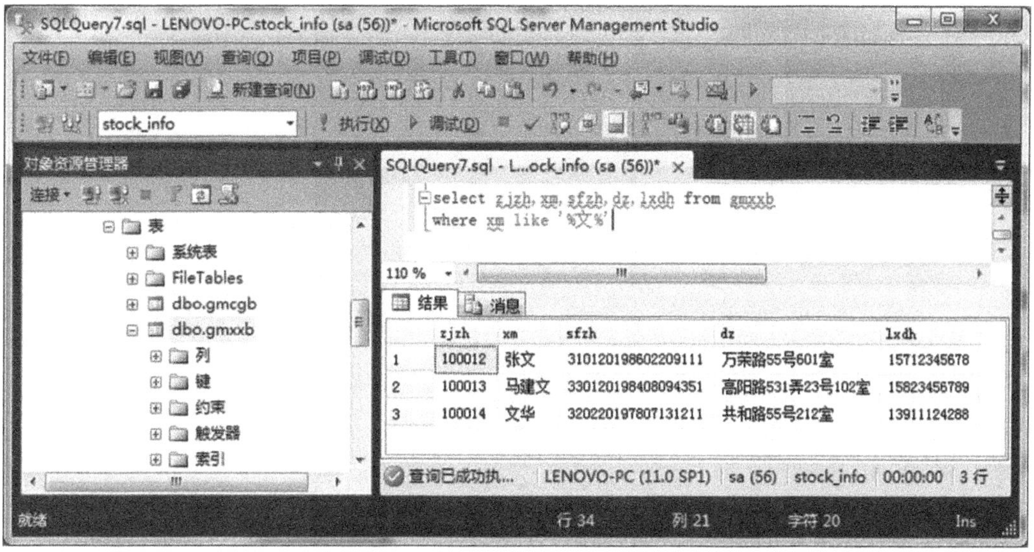

图 3-22　字符串前后 n 位模糊的查询结果

3.3.4　利用逻辑表达式组合查找

需求分析

在实际应用中,有时需要组合多个查询条件,现需要查询身份证号码是"31"开头的,并且资金余额大于9000元的股民记录信息。

实现过程

(1)确定数据表和显示的信息字段;

(2)确定条件 1 为身份证号码是"31"开头;

(3)确定条件 2 为资金余额大于 9000 元;

(4)两个条件必须同时满足,用 AND 连接。

写出查询语句:

select zjzh,xm,sfzh,zjye,dz,lxdh from gmxxb

where sfzh like '31%' AND zjye>9000

go

运行查询语句,其结果如图 3-23 所示。

图 3-23　组合条件"与"查询的结果

知识储备

逻辑表达式通过"AND""OR""NOT"分别代表"与""或""非"连接组合多个条件表达式，实现多重条件查询。逻辑运算符使用格式如下：

[NOT]逻辑表达式 AND│OR[NOT]逻辑表达式

【例 3-16】　查询"股民信息表"中在 2005 年以前开户，或在 2015 年以后开户的股民信息。代码如下：

select zjzh,xm,khsj,dz,lxdh from gmxxb
where khsj<'2005-1-1' or khsj>'2015-12-31'
go

将上述代码在代码栏中输入并执行，结果如图 3-24 所示。

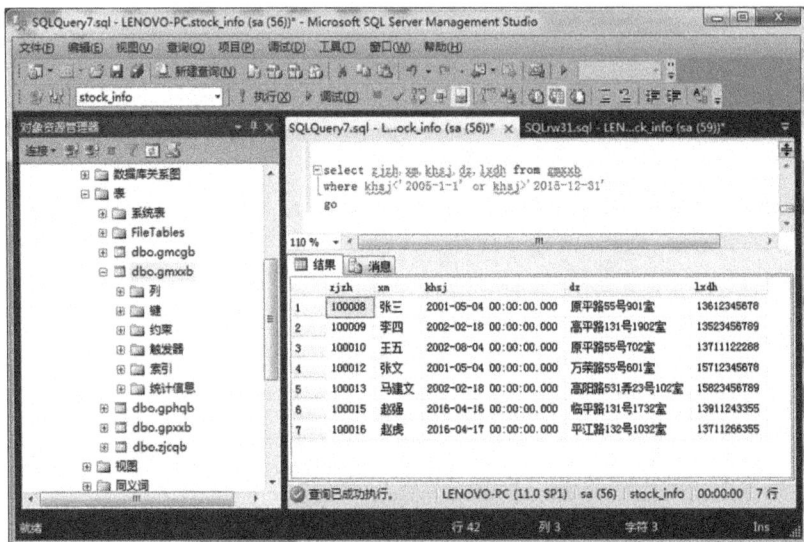

图 3-24　组合条件"或"查询的结果

任务 3.4 使用集合函数统计数据

需求分析

数据表中的数据除了查找显示外,还要经常进行汇总统计。"股民信息表"中的资金余额,对于股民个人而言,只要查询就可以了,但对于证券公司,还需要看总的资金额,或者看人均资金额,此时就需要使用求和或求平均值的集合函数。

实现过程

(1)确定数据表为 gmxxb;

(2)确定需要处理的数据字段为 zjye;

(3)选定处理方式,本次以求和为例,sum()。

(4)写出查询语句:

select sum(zjye) as 资金总额 from gmxxb

go

(5)运行查询语句后得到的结果如图 3-25 所示,sum()是对所有记录的资金余额字段求和。

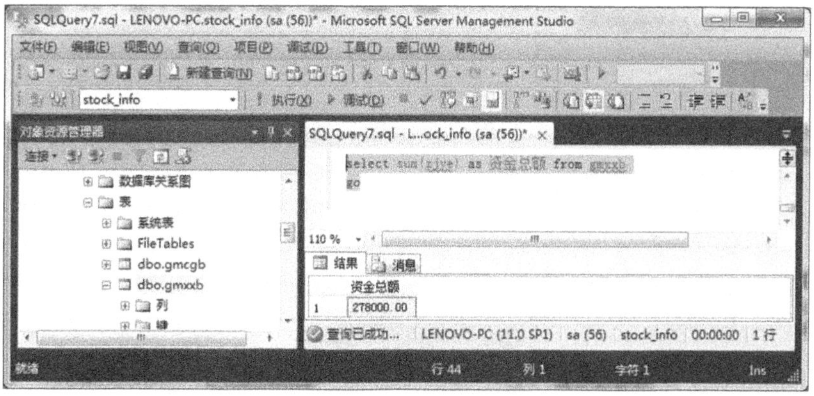

图 3-25 股民资金求和结果

知识储备

为了方便用户在 select 子句中用集合函数对结果集记录进行统计计算,SQL Server 提供了许多集合函数,主要有:

(1)count([distinct|all]*)统计记录个数;

(2)count([distinct|all]<列名>)统计一列中值的个数;

（3）sum（［distinct｜all］＜列名＞）计算一列值的总和（此列必须是数值型）；

（4）avg（［distinct｜all］＜列名＞）计算一列值的平均值（此列必须是数据型）；

（5）max（［distinct｜all］＜列名＞）求一列值中的最大值；

（6）min（［distinct｜all］＜列名＞）求一列值中的最小值。

1. 数据行的计数与字段的计数

【例 3-17】 统计"股民信息表"中股民的人数与登记了邮箱的股民人数。代码如下：

select count（＊） as 股民人数,count（email） as 股民邮箱数

from gmxxb

go

将上述代码输入并执行,结果如图 3-26 所示,count（＊）对记录进行统计,而 count（email）则是对 email 字段不为空的记录的统计。求平均值、最大值、最小值也是针对字段的。

图 3-26 统计记录总数与字段总数

2. 数据字段平均值和最大值的计算显示

【例 3-18】 求股民的平均资金余额和最高资金余额。代码如下：

select avg（zjye） as 平均资金余额,max（zjye） as 最高资金余额

from gmxxb

go

将上述代码输入并执行,结果如图 3-27 所示。

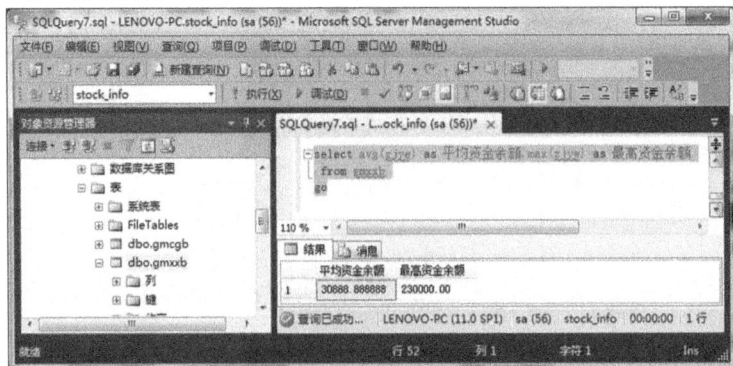

图 3-27 求股民的平均资金余额和最高资金余额结果

任务 3.5 使用 group by 分类统计

分类统计也称分组统计,可以把总计按某个特征分得更细,即有很多小范围的统计。

需求分析

股民在查看股票信息时,经常需要看某些板块(同类)的股票,要看板块股票的龙头股(同类中最高价)、小盘股(发行股数最少)等。小王接到了显示股票板块平均股数和最少股数的编程任务,同时要求显示板块名称。

实现过程

(1)确定数据表为"股票信息表":

From gpxxb

(2)确定显示的字段和统计方法及表头为所属行业、平均股数和最少股数:

Select sshy as 所属行业,avg(fxgs) as 平均股数,min(fxgs) as 最少股数,count(sshy)as 行业股票数

(3)确定分类方法:

Group by sshy

(4)运行语句:

Select sshy as 所属行业,avg(fxgs) as 平均股数,min(fxgs) as 最少股数,count(sshy) as 行业股票数

From gpxxb

Group by sshy

go

(5)运行代码后结果如图 3-28 所示。

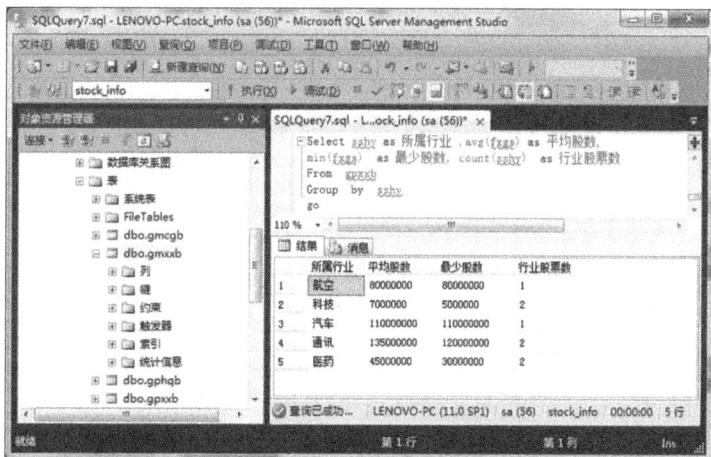

图 3-28 求每个行业的股票数、平均股数、最少股数

知识储备

分类统计可以分为三个层次：

(1)简单分类统计；

(2)分类统计前后加条件筛选；

(3)分类统计后排序。

group by 子句将查询结果集按某一列或多列值分组,分组列值相等的为一组,并对每一组进行统计。对查询结果集分组的目的是细化集合函数的作用对象。group by 子句的语法格式为：

group by 列名[having 筛选条件表达式]

其中：

"by 列名"是按列名指定的字段进行分组,将该字段值相同的记录组成一组,对每一组记录进行汇总计算并生成一条记录。

"having 筛选条件表达式"表示对生成的组筛选后再对满足条件的组进行统计。

select 子句的列名必须是 group by 子句已有的列名或计算列。

【例 3-19】 按所属行业对"股票信息表"进行分组统计,要求显示每个行业包含的股票数和平均发行股数,只包含一支股票的行业不予显示。代码如下：

```
select sshy as 行业,avg(fxgs) as 平均股数,count( * ) as 股票数
from gpxxb
group by sshy
having count( * )>=2
go
```

执行上述代码,结果如图 3-29 所示。having 的使用过滤了只有一支股票的行业,与 where 子句的区别在于作用对象不同。having 作用于组,在组统计后过滤,where 子句作用于表,在统计前选择满足条件的记录进行统计。

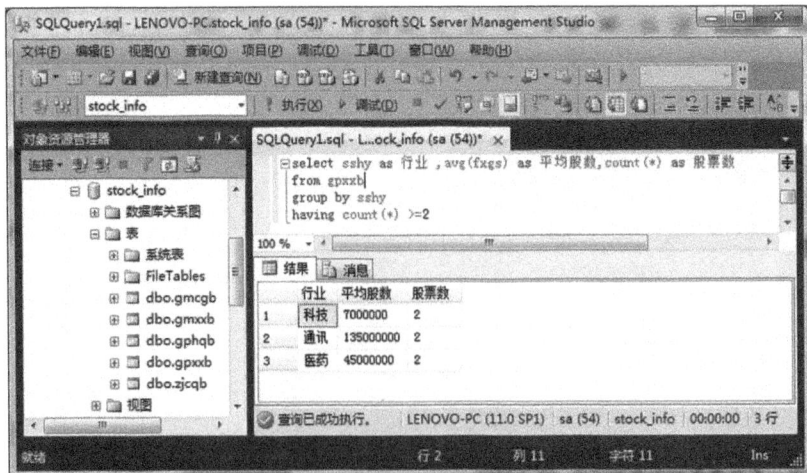

图 3-29　分组统计过滤显示

任务 3.6　将查询数据集生成新表

需求分析

当通过各种条件查找到需要的数据集后,需要长期保存这些数据,那就要做一个表存放数据。通过"股民信息表"产生一个股民通讯表,主要保存姓名、地址、电话、邮箱,如图 3-30 所示。

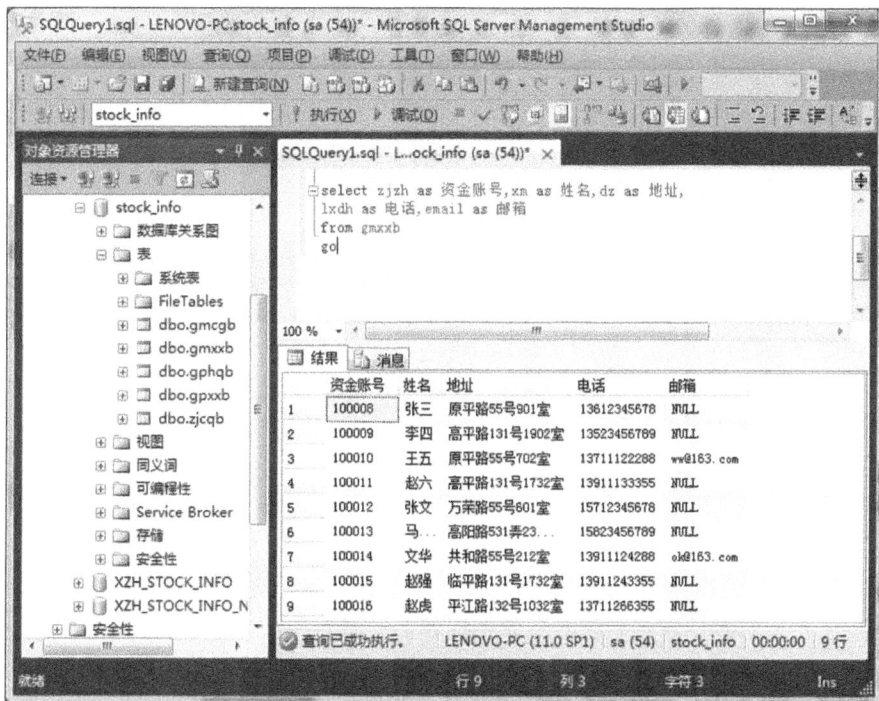

图 3-30　股民通讯信息

实现过程

(1)写出产生数据集的查询语句;

(2)决定保存数据的新表名;

into gmtxb

(3)写出新表的查询语句;

select zjzh as 资金账号,xm as 姓名,dz as 地址,lxdh as 联系电话,email as 邮箱

into gmtxb

from gmxxb

go

(4)运行该语句,产生新表 gmtxb,如图 3-31 所示。

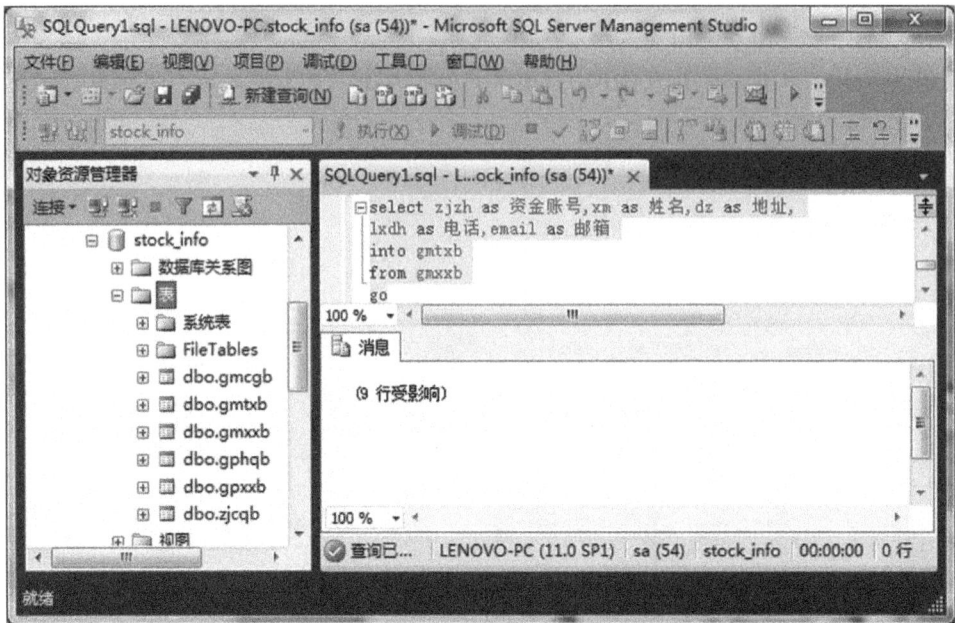

图 3-31　生成股民通讯表

知识储备

在实际的应用系统中,用户有时需要将查询结果保存成一个表。这个功能可以通过 select 语句中的 into 子句实现。into 子句的语法格式如下:

into 新表名

其中:

(1)新表名是被创建的新表,查询的结果集中的记录将添加到此表中。

(2)新表的字段由结果集中的字段列表决定。

(3)如果表名前加"#"则创建的表为临时表。

(4)用户必须拥有在该数据库中创建表的权限。

实训任务

(1)显示"股票信息表"中的数据,要求给数据集显示中文表头、选取部分字段并合理定位、将股票代码与股票名称字段合并显示。

(2)显示"图书信息表"中的数据,要求给数据集显示中文表头、选取部分字段并合理定位、将图书编号与图书名称字段合并显示。

(3)按照书价降序排列显示"图书信息表"中前 10 本书的信息。

(4)使用 like 查询"图书信息表"中书名包含"计算机"的数据记录。

(5)查询"图书信息表"中 2005—2008 年出版的图书记录。

(6)查询"图书信息表"中所有图书的总价、本数和平均价。

(7)使用 group by 统计"图书信息表"中各出版社的图书本数与总价。

(8)将"图书信息表"中的记录按出版日期降序排列,生成新表。

拓展任务

(1)使用 group by 统计"图书信息表"中各出版社的图书本数与总价,并显示有 3 本以上图书的出版社。

(2)写出数据表中空值(NULL)的查询方法。

项目小结

数据库的查询功能不仅体现在能整体查询数据表的全部数据,也体现在能够精细化地挑选某些数据列和按查询条件筛选某些符合条件的数据行来显示,还体现在可以对某些列的数据进行汇总,查出总和、平均值、记录(数据行)的条数,以及针对数据类别进行分组统计。本项目完成了如下功能:

(1)在显示数据时自由组合数据列以及显示不同于数据表列名的表头;

(2)数据表记录较多时,显示表中部分数据,显示数据记录的前 N 条或前 $N\%$,同时包含了显示时去除重复数据行的功能;

(3)数据表的显示可以按照某些列升序排列,也可以指定降序排列,还可以按多列多序排列;

(4)对于大量的数据,可以设置条件来筛选所需要的记录,这个功能非常丰富。

下面对实现查询的语句格式进行归纳:

select select_list

［into new_table_name］

from table_list

［where search_conditions］

［group by group_by_list］

［having search_conditions］

［order by order_list［asc ｜ desc］］

其中：

(1)select select_list 是描述结果集的列，是一个逗号分隔的表达式列表。每个表达式通常是从中获取数据的源表或视图的列的引用，但也可能是其他表达式，如常量或 T-SQL 函数。在选择列表中使用表达式指定返回源表中的所有列。

(2)into new_table_name 用于指定使用结果集来创建一个新表，new_table_name 是新表的名称。(select 中的拓展项)

(3)from table_list 包含从中检索到结果集数据的表的列表，也就是结果集数据来源于哪些表或视图，from 子句还可包含连接的定义。

(4)where search_conditions 中 where 子句是一个筛选，它定义了源表中的行要满足 select 语句的要求所必须达到的条件。只有符合条件的行才向结果集提供数据，不符合条件的行中的数据不会被使用。

(5)group by group_by_list 中 group by 子句根据 group_by_list 列中的值将结果集分成组。

(6)having search_conditions 中 having 子句是应用于结果集的附加筛选。逻辑上讲，having 子句对中间结果集的行进行筛选，这些中间结果集是用 select 语句中的 from、where 或 group by 子句创建的。having 子句通常与 group by 子句一起使用，尽管 having 子句前面不必有 group by 子句。

(7)order by order_list[asc | desc]中 order by 子句用于定义结果集中的行排列的顺序。

下面对查询条件中 where 子句的使用进行归纳，如表 3-1 所示。

表 3-1   **常用的查询条件**

查询条件	运算符	意义
比较	=,>,<,>=,<=,! =,<>,! >,! <	比较大小
确定范围	BETWEEN AND NOT BETWEEN AND	判断值是否在范围内
确定集合	IN,NOT IN	判断值是否为列表中的值
字符匹配	LIKE,NOT LIKE	判断值是否与指定的字符通配格式相符
空值	IS NULL,IS NOT NULL	判断值是否为空
多重条件	AND,OR,NOT	用于多重条件判断

课外练习

（1）select 子句筛选了数据表的什么？

（2）where 子句筛选了数据表的什么？

（3）distinct 具有什么作用？

（4）order by 具有什么作用？降序排列的关键字是什么？

（5）group by 分组查询有什么注意事项？

（6）count（）函数的意义是什么？

（7）模糊查询 like 中可以代表任意位模糊的是什么符号？

（8）查询空值如何写命令？举例说明。

项目 4
表数据的处理

对于一个数据表来说，存储数据提供查询是它的主要任务，数据表中数据的管理有添加数据、修改数据和删除数据。数据的添加、修改和删除可以两种方式进行，一种是通过 SSMS 界面直接操作数据，另一种是使用命令来改变表中的数据。为此，本项目设立的学习目标和对应任务如下。

◈ 知识目标

❑ 掌握使用 insert 语句添加数据行；
❑ 掌握使用 delete 语句删除数据行；
❑ 掌握使用 update 语句修改数据字段；
❑ 掌握使用 insert⋯select 语句添加多行数据；
❑ 了解使用 truncate table 语句清空表数据。

◈ 技能目标

❀ 学会通过 SSMS 界面查询表结构；
❀ 学会通过 SSMS 界面操作表数据（增、删、改）；
❀ 学会使用语句操作表数据（增、删、改）。

◈ 任务列表

任务 4.1　使用 SSMS 操作表数据
任务 4.2　使用 insert 添加股票信息表数据
任务 4.3　使用 insert select 添加多行数据

任务 4.1　使用 SSMS 操作表数据

需求分析

对于数据表中的数据,需要直观地修改、删除,更需要直观地添加。先要在股票信息表中分别完成添加、修改、删除数据的任务。

实现过程

(1)从【开始】登录【SSMS】,展开【数据库】,展开【表】。

(2)找到要处理数据的表【dbo.gpxxb】,单击鼠标右键,在弹出的快捷菜单中选中【编辑前200行】,如图 4-1 所示。

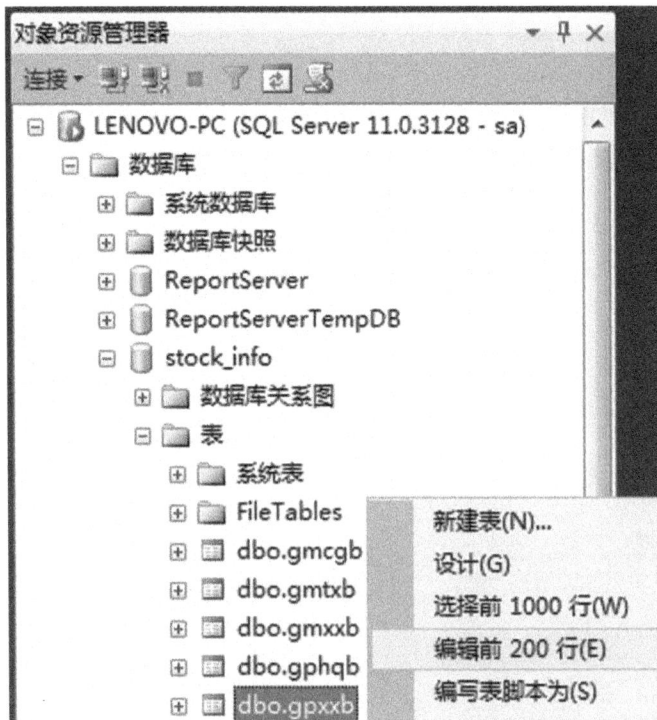

图 4-1　找到编辑数据界面入口

（3）在右边显示数据表的内容，如图 4-2 所示。

图 4-2　显示数据表内容

（4）找到"＊"行，准备写入新的数据行，将光标停在"＊"右边的第一个空格内（NULL 代表空），逐个填写对应的内容，如图 4-3 所示。

图 4-3　写入新的数据到表 dbo.gpxxb

（5）按＜Enter＞键，每个数据旁的"！"消失，新的数据就写入数据表了。

（6）将光标停在要修改的数据的单元格内，将新的正确内容覆盖原有数据，正在修改的数据行最左边有一支笔，如图 4-4 所示。

图 4-4　正在修改的数据行最左边有一支笔

(7)按＜Enter＞键确定后，这支笔会消失，修改数据就进入数据库了。

(8)删除数据的操作是先将光标停在数据行最左边的空格内，单击鼠标右键，在弹出的快捷菜单中找到“删除”，如图 4-5 所示。

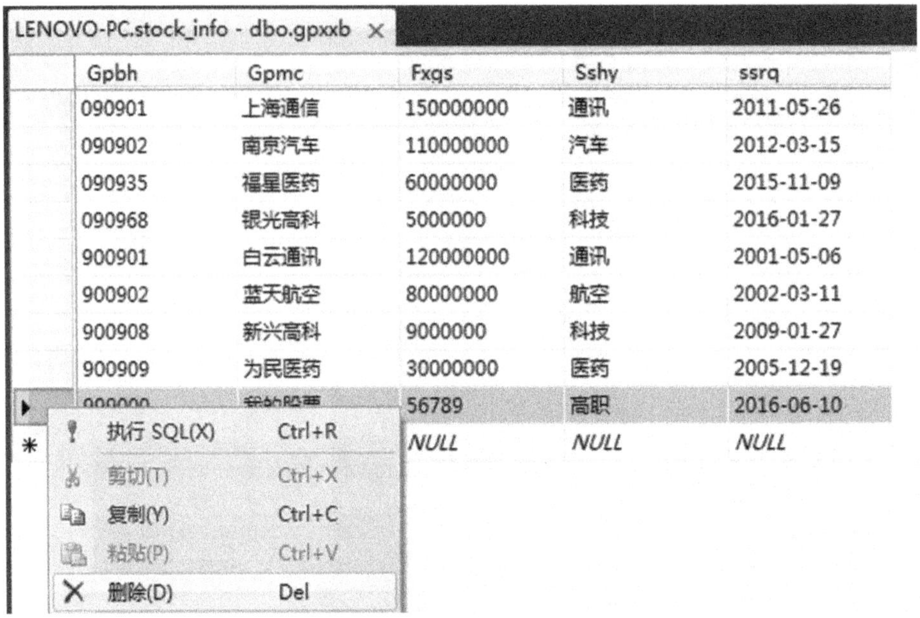
LENOVO-PC.stock_info - dbo.gpxxb
Gpbh Gpmc Fxgs Sshy ssrq
090901 上海通信 150000000 通讯 2011-05-26
090902 南京汽车 110000000 汽车 2012-03-15
090935 福星医药 60000000 医药 2015-11-09
090968 银光高科 5000000 科技 2016-01-27
900901 白云通讯 120000000 通讯 2001-05-06
900902 蓝天航空 80000000 航空 2002-03-11
900908 新兴高科 9000000 科技 2009-01-27
900909 为民医药 30000000 医药 2005-12-19
56789 高职 2016-06-10
NULL NULL NULL
执行 SQL(X) Ctrl+R
剪切(T) Ctrl+X
复制(Y) Ctrl+C
粘贴(P) Ctrl+V
删除(D) Del

图 4-5 针对数据行准备删除

(9)点击“删除”后，出现提示框，如图 4-6 所示。

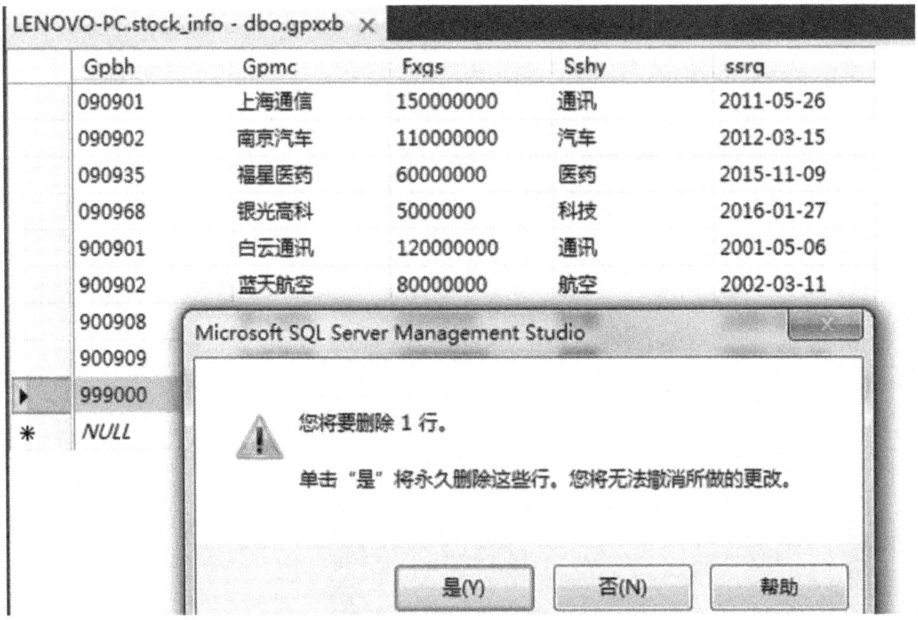
LENOVO-PC.stock_info - dbo.gpxxb
Gpbh Gpmc Fxgs Sshy ssrq
090901 上海通信 150000000 通讯 2011-05-26
090902 南京汽车 110000000 汽车 2012-03-15
090935 福星医药 60000000 医药 2015-11-09
090968 银光高科 5000000 科技 2016-01-27
900901 白云通讯 120000000 通讯 2001-05-06
900902 蓝天航空 80000000 航空 2002-03-11
900908
900909
999000
NULL
Microsoft SQL Server Management Studio
您将要删除 1 行。
单击“是”将永久删除这些行。您将无法撤消所做的更改。
是(Y)
否(N)
帮助

图 4-6 删除提示框

(10)点击“是”按钮，正式删除数据行。

任务 4.2 使用 insert 添加股票信息表数据

需求分析

数据存储最早的任务就是向数据库添加数据,现在小王的任务是要写添加数据的语句,向股票信息表添加一行数据。

实现过程

(1)以"sa"身份登录 SSMS,展开【数据库】,点击【stock_info】,点击【新建查询】。

(2)输入"select * from gpxxb",运行查看数据表原有的记录,如图 4-7 所示。

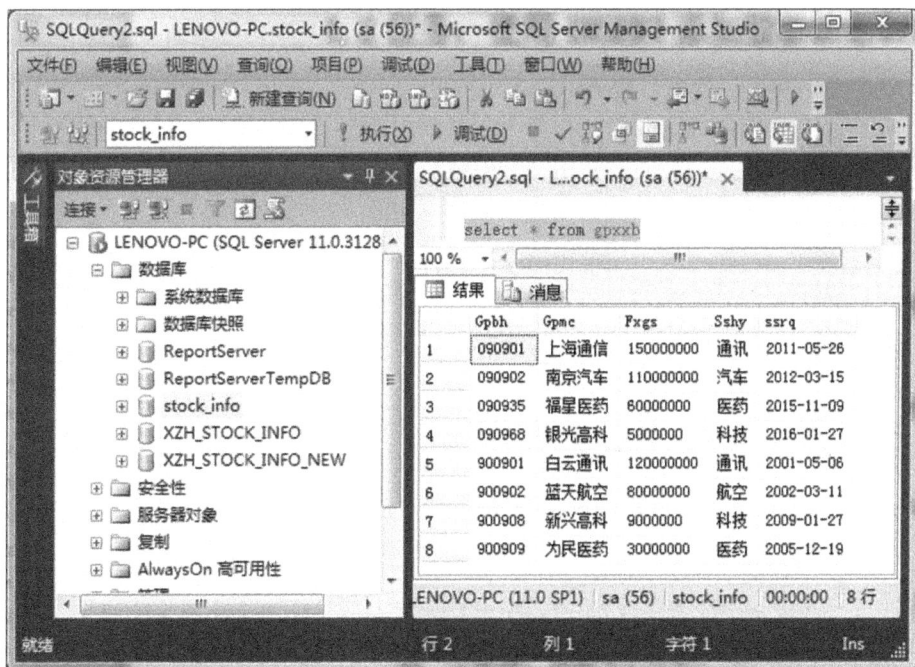

图 4-7 显示添加前数据表

(3)针对股票信息表的全部字段,在代码编辑器中输入如下代码:

insert gpxxb (gpbh,gpmc,fxgs,sshy,ssrq) values

('908908','行健高科',20000000,'科技','2016-6-1')

(4)点击【执行】(或按<F5>键),就可以运行,其效果是在股票信息表中增加一行数据,如图 4-8 所示。

(5)运行查询语句,显示如图 4-9 所示。

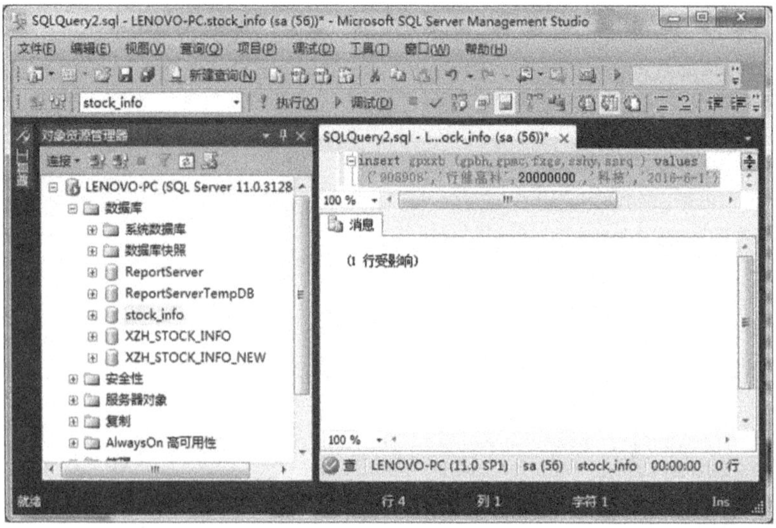

图 4-8　运行添加语句的反馈

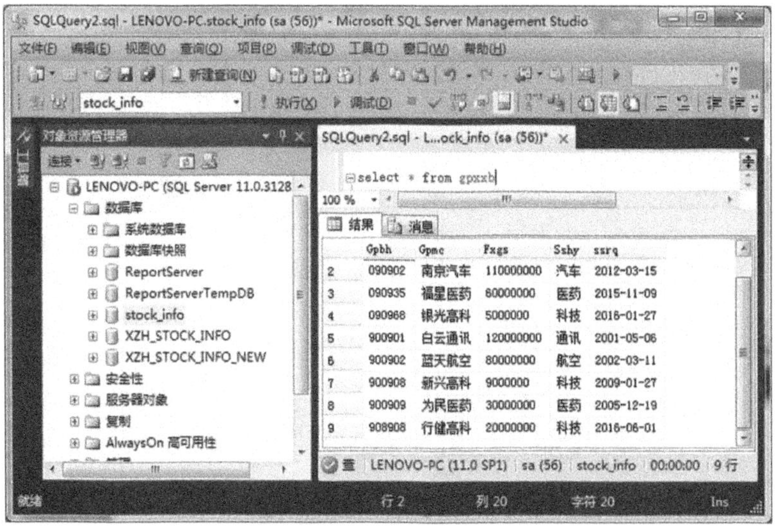

图 4-9　对应记录已在表中

注意：

（1）在 insert 语句中，values 关键字左右的括号分别代表字段名和字段值，数量相等，用逗号分开；

（2）其中值的部分，字符两边用单引号括起来，日期也一样，数值部分不用单引号；

（3）字段名和字段值的顺序完全对应，但允许字段名和字段值同时左移或右移（字段允许为空值时，也可同时省略对应的字段名和字段值）；

（4）如果字段名全部使用且顺序不变，则字段名的括号可以省略。

知识储备

insert 语句用于向数据库表或者视图中加入一行数据。insert 语句的基本语法格式如下：

insert[into]

{table_name | view_name}

{[(column_list)]

{values

({default | NULL | expression[,…n])

| derived table

}

其中各参数说明如下。

(1)into：一个可选的关键字，使用这个关键字可以使语句的意义清晰；

(2)table_name：要插入数据的表名称；

(3)view_name：要插入数据的视图名称；

(4)column_list：要插入数据的一列或多列的列表，说明 insert 语句只为指定的列插入数据。

其他没指定列的取值情况如下：

(1)如果该列具有 identity 属性，使用下一个增量标识值。

(2)如果该列具有默认值，使用列的默认值。

(3)如果该列具有 timestamp 数据类型，使用当前的时间戳值。

(4)如果该列允许为空，使用空值。

(5)column_list 的内容必须用圆括号括起来，并且用逗号进行分隔。

(6)values：插入的数据值的列表。

注意：

必须用圆括号将值列表括起来，并且数值的顺序和类型要与 column_list 中的数据相对应。

(7)default：使用默认值填充。

(8)NULL：使用空值填充。

(9)expression：常量、变量或表达式。表达式不能包含 select 或 execute 语句。

(10)derived_table：任何有效的 select 语句，它返回将插入表中的数据行。

任务 4.3　使用 insert select 添加多行数据

需求分析

　　数据的添加一次可以有多行,有时已经存在一个数据集(多行数据),要将这个数据集写到已有的表中,需要用不同的语句,小王现在就处理这样的事,还要与前一个项目的 select into 做比较。

实现过程

　　(1)以"sa"身份登录 SSMS,展开【数据库】,点击【stock_info】,点击【新建查询】。

　　(2)运行 select ＊ into gpxxb2 from gpxxb where gpmc like '上海％',发现数据库中多了一个表 dbo.gpxxb2,如图 4-10 所示。

图 4-10　查看增加的表

　　(3)输入:select ＊ from gpxxb2,运行后看到一条记录。

　　(4)输入:select ＊ from gpxxb where gpmc not like '上海％',运行显示如图 4-11 所示。

　　(5)输入:insert gpxxb2 select ＊ from gpxxb where gpmc not like '上海％',运行显示如图 4-12 所示。

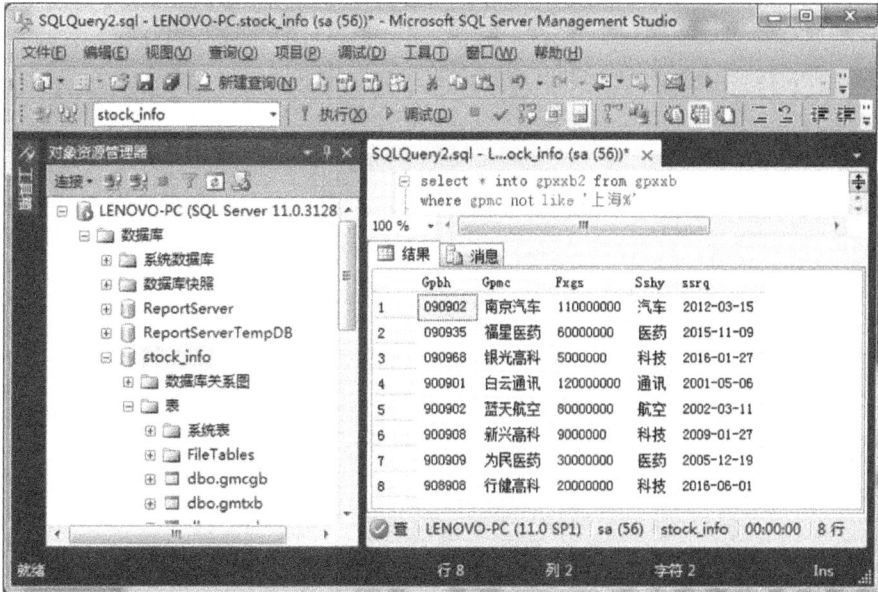

图 4-11　显示多条记录

图 4-12　多行记录添加成功

注意：

（1）select into 语句生成新表，新表的字段与旧表相同；

（2）insert select 语句不生成新表，select 的字段与 insert 的字段数目相同，类型顺序相同。

任务 4.4　使用 update 修改股票信息表数据

需求分析

数据表中的数据需要修改是很平常的事,数据输入错误或随时间变化而变化,都有可能。现在"行健高科"的股票要实施 10 股送 5 股的分红,小王必须要处理数据,原来发行股数是 20000000 股,实施送股后应该加上 10000000 股。

实现过程

(1)为查看原来的股数,在代码编辑器中输入:

select ＊ from gpxxb where gpmc='行健高科'

(2)输入修改语句:

Update gpxxb set fxgs＝fxgs＋10000000 where gpmc='行健高科'

(3)运行:select ＊ from gpxxb where gpmc='行健高科'

(4)发现 20000000 股变成了 30000000 股。

(5)如果有两个或两个以上字段同时要修改,可以用逗号间隔开:

Update gpxxb set fxgs＝fxgs＋10000000,sshy='教育' where gpmc='行健高科'

注意:

(1)修改前后都需要看一看对应的数值,可以察觉其变化;

(2)其他股票并不需要加 10000000,所以查看时要用条件,修改时也要用同样的条件"where gpmc='行健高科'";

(3)修改时如果不写条件"where gpmc='行健高科'",那么所有行都会进行同样的操作,大家可以自己验证。

知识储备

update 语句用于修改数据库表中特定记录或者字段的数据。其基本语法格式如下:

update{table_name | view_name}

set

column_name＝{expression | default|null}[,…n]

[where ＜search_condition＞]

说明:如果没有 where 子句,则 update 将会修改表中的每一行数据。

任务 4.5 使用 delete 删除股票信息表数据

需求分析

如果发现"行健高科"这个股票数据行有错,不想修改,要直接删除,那么要请小王做删除的动作。

实现过程

(1)为查看要删除的记录,在代码编辑器中输入:

select * from gpxxb where gpmc='行健高科'

(2)输入并运行删除语句:

delete from gpxxb where gpmc='行健高科'

(3)弹出警示框,确认后删除。

(4)运行:select * from gpxxb where gpmc='行健高科'

(5)发现该记录找不到了,说明删除成功。

注意:

(1)通过 select 语句进行删除前后效果数据的查询,可以确认将要删除的具体内容;

(2)如果删除语句中不添加 where 条件,会将整个表的数据都删除。

知识储备

delete 语句用于删除数据库表中的数据。其基本语法格式如下:

delete[from]

{table_name with(<table_hint_limited>[,…n])

| view_name

}

[where

<search_condition>

]

说明:当不指定 where 子句时,将删除表中所有行的数据。要清除表中的所有数据,只留下表格的定义,还可以使用 truncate 语句。与 delete 语句相比,truncate 通常速度快,因为 truncate 不记录日志的操作。

任务 4.6　使用 truncate table 清空数据表

需求分析

对于自动编号的数据字段来说,如果删除了记录,这个记录的编号就再也不能用了,为了把某个表的数据完全清除,让表同原来刚创建一样,就不能使用 delete,小王会怎么做呢?

实现过程

(1)对于资金存取表,先查询全部数据,如图 4-13 所示。

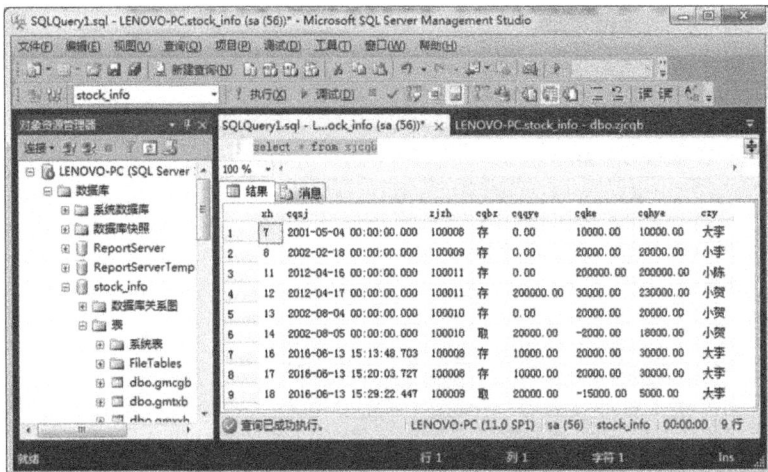

图 4-13　显示资金存取表

(2)删除最后一条记录,如图 4-14 所示。

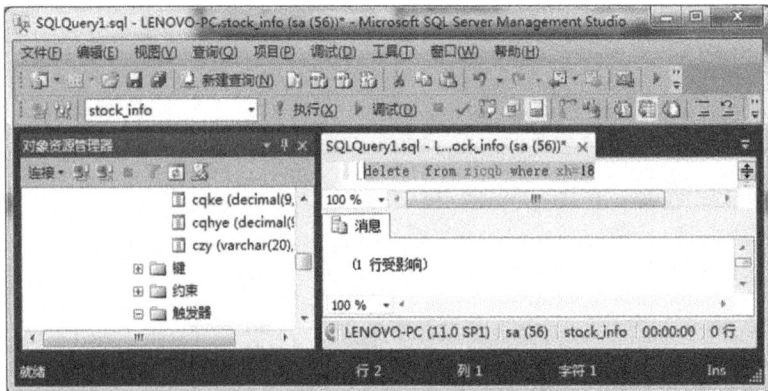

图 4-14　删除序号为 18 的记录成功

（3）插入同样的记录，如图 4-15 所示。

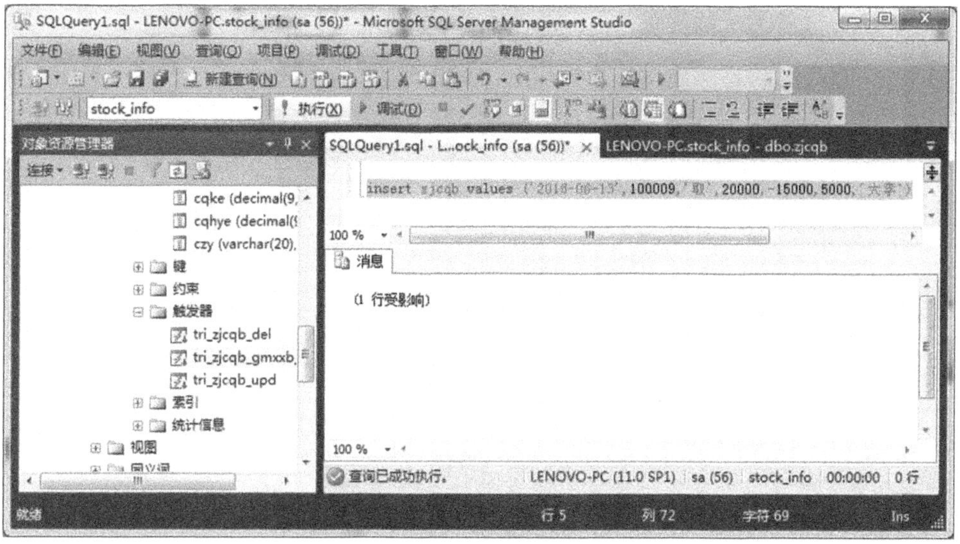

图 4-15　运行添加记录语句

（4）观察序号字段的变化：序号 18 再也不能添加了。

（5）对资金存取表运行清空语句，如图 4-16 所示。

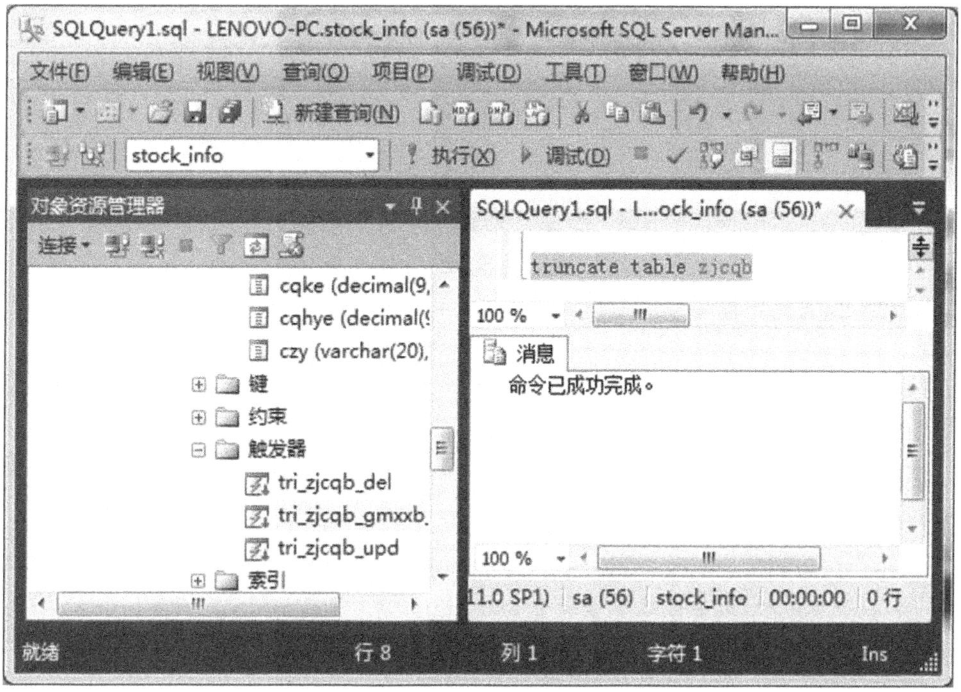

图 4-16　清空表完成

（6）插入同样的记录，观察序号字段的变化，如图 4-17 所示。

由此可见，truncate table 与 delete 有不同的效果。

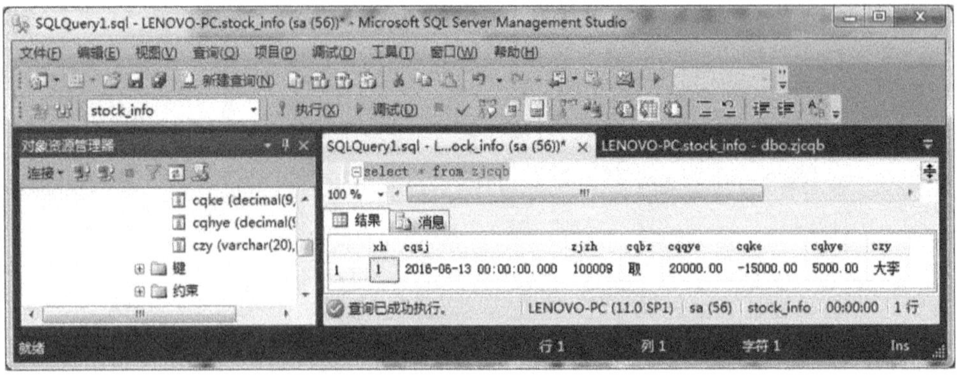

图 4-17　序号变成 1

知识储备

清空数据表的语法格式为：

truncate table table_name

任务 4.7　使用函数处理表中数据

需求分析

在证券信息系统中，股民的名字、股票的名称等字符串在输入或修改时，常常一不小心就增加了空格，为了避免字符串首尾的空格存入数据库，需要有去除字符串首尾空格的函数；在股票买卖过程中，需要计算的印花税为成交金额的千分之一，手续费为成交金额的万分之三，都需要四舍五入函数，还有字符串和日期之间的转换也需要转换函数。

实现过程

四舍五入函数：如果 12.54 元的股票买了 100，成交额为 1254 元，税金就是 1.254 元，减去股民的 1.254 元税金，但数据表精确到分，这个数据插入数据库会怎么样？

Select 12.54 * 100 * 0.001 as 印花税,12.54 * 100 * 0.0003 as 手续费

Select round(12.54 * 100 * 0.001,2)as 印花税,round(12.54 * 100 * 0.0003,2)as 手续费

显示效果如图 4-18 所示。

去除字符串首尾空格的函数：

select '　新的股票' 未去空格,len('　新的股票') 字符数

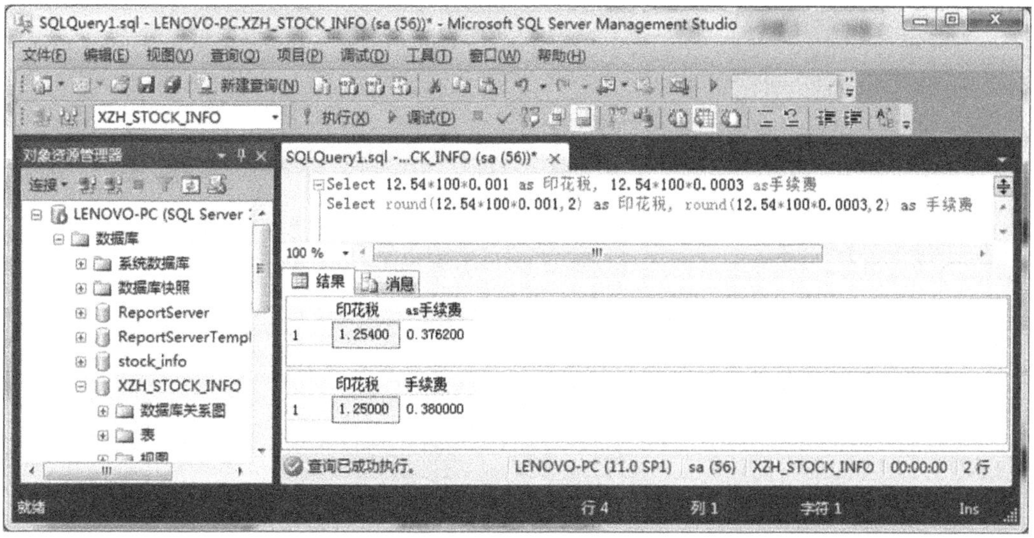

图 4-18 四舍五入函数举例

select ltrim(' 新的股票') 去除空格，len(ltrim(' 新的股票')) 去空字符数

显示效果如图 4-19 所示。

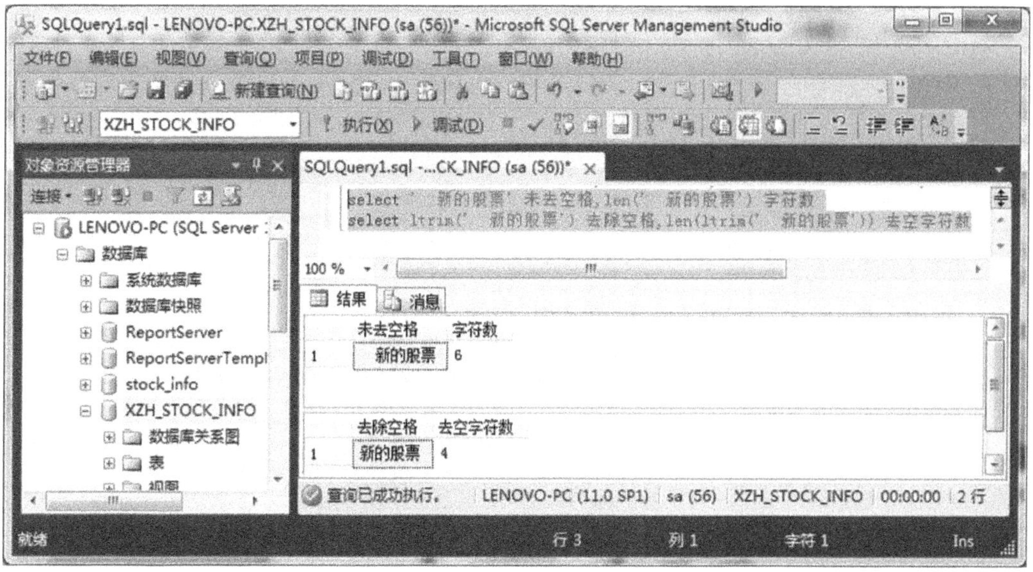

图 4-19 字符串函数举例

知识储备

（1）如果要处理的数据来自表中的字段，可以写成：

select 函数名(字段名) from 表名

（2）如果处理过的数据将写入数据表，可以写成：

insert 表名(字段 1,字段 2) values(值 1,函数(值 2))

（3）函数分为两类：系统自带函数和用户定义函数。

SQL Server 提供了很多的系统函数，包含聚合函数、字符串函数、格式转换函数、日期函数、系统函数、数学函数、元数据函数、安全函数、行集函数、游标函数、文本函数和配置函数等。SQL 常用的函数如表 4-1 所示。

表 4-1   **SQL 常用函数表**

函数类型	函数名	功能
聚合函数	avg(column)	返回某列的平均值
	count(*)	返回被选行数
	max(column)	返回某列的最高值
	min(column)	返回某列的最低值
	sum(column)	返回某列的总和
字符串函数	ASCII(字符表达式)	返回字符表达式最左端字符的 ASCII 码值
	char(整型表达式)	将 ASCII 码转换为字符
	lower(字符表达式)	将字符串全部转换为小写
	upper(字符表达式)	将字符串全部转换为大写
	ltrim(字符表达式)	把字符串头部的空格去掉
	rtrim(字符表达式)	把字符串尾部的空格去掉
	str(浮点表达式[,长度[,小数]])	将浮点表达式转换为给定长度的字符串，小数点后位数由所给的小数决定
	left(字符表达式,整型表达式)	返回字符表达式左起 n 个字符。n 是整型表达式的值
	right(字符表达式,整型表达式)	返回字符表达式右起 n 个字符。n 是整型表达式的值
	substring(字符表达式,起始点,n)	返回字符串表达式中从起始点开始的 n 个字符
格式转换函数	cast (< expression > as < data _ type >[length])	将表达式显示转换为另一种数据类型
	convert(<data_type>[length],<expression>[,style])	将表达式显示转换为另一种数据类型，与 cast 功能相似

续表

函数类型	函数名	功能
日期函数	day(date_expression)	返回 date_expression 中的日期值
	month(date_expression)	返回 date_expression 中的月份值
	year(date_expression)	返回 date_expression 中的年份值
	dateadd（＜ datepart ＞，＜ number ＞，＜date＞）	返回指定日期 date 加上指定的额外日期间隔 number 产生的新日期
	datediff（＜ datepart ＞，＜ date1 ＞，＜date2＞）	返回两个指定日期在 datepart 方面的不同之处，即 date2 与 date1 的差距值，其结果值是一个带有正负号的整数值
	datename(＜datepart＞,＜date＞)	以字符串的形式返回日期的指定部分，此部分由 datepart 来指定
	getdate( )	以 datetime 的缺省格式返回系统当前的日期和时间

实训任务

（1）在 SSMS 界面，找一个合适的表，进行数据的添加、修改、删除操作。
（2）使用 insert 语句添加数据记录，注意字段顺序和数量。
（3）使用 insert select 语句添加记录集。
（4）使用 update 语句修改数据记录，注意查看修改前后的数据记录。
（5）使用 delete 语句删除数据记录，注意使用 where 控制删除范围。

拓展任务

使用 substring 函数截取身份证号中的出生日期，然后通过 convert 函数将其转换成 datetime 类型，使用 datediff 函数将系统日期与股民出生日期进行相减以计算股民年龄。

项目小结

本项目集中了对表数据处理的增、删、改语句操作，注重验证过程。
同时介绍了可以对数据进行处理的系统内置函数，并将其用于表。

课外练习

(1)为数据表添加一条记录的命令是什么？

(2)为数据表修改记录的命令是什么？

(3)如何将原有的记录集添加到一个新表？

(4)删除数据记录的操作过程应该是怎样的？有什么要求？

(5)简述 truncate table 与 delete 语句的区别。

(6)如何取出一个字符串的其中几位？

(7)如何从系统日期函数中取出今天的月份？

项目 5
数据表结构的管理

不同的数据业务会有各自不同的数据格式要求，因此，必须建立符合数据业务要求的数据表结构。为此，本项目设立的学习目标和对应任务如下。

◆ **知识目标**

❑ 掌握数据库的常用数据类型；
❑ 学会使用 create table 创建数据表结构；
❑ 学会使用 alter table 修改数据表结构；
❑ 学会使用 drop table 删除数据表结构；
❑ 掌握表约束的建立方法和作用。

◆ **技能目标**

❀ 学会导出已有数据表的结构代码；
❀ 学会验证数据表的约束；
❀ 学会创建数据表的约束。

◆ **任务列表**

任务 5.1　使用 SSMS 创建股民信息表
任务 5.2　股民信息表结构脚本的导出
任务 5.3　使用 T-SQL 命令创建存取款信息表
任务 5.4　股民信息数据完整性的需求与实现
任务 5.5　数据完整性的验证

任务 5.1 使用 SSMS 创建股民信息表

需求分析

根据公司的最新安排,公司原证券数据库(1.0 版本)因存在不完善问题需要升级,数据库管理员小王要参与项目开发组设计证券数据库 1.1 版本中的数据表,为简单起见,先用 SSMS 界面直接操作。

在创建数据表之前需要先创建证券数据库 1.1 版本的数据库 XZH_V1_1,在 1.1 版本的数据库中创建新的数据表。创建数据表要从业务需求出发,股民信息表需要保存的股民信息有编号、姓名、性别、身份证号、股东账号、资金账号、资金金额、开户时间、密码,具体设置如表 5-1 所示。

表 5-1
GMXXB(股民信息表)

字段名	数据类型	长度	允许空	说明
bh	int	4	否	编号
xm	varchar	10	否	姓名
xb	char	2	是	性别
sfzh	char	18	否	身份证号
gdzh	char	10	否	股东账号
zjzh	char	8	否	资金账号
zjye	numeric	(19,2)	否	资金余额
khsj	date	8	否	开户时间
mm	varchar	50	是	密码

实现过程

在 SSMS 界面创建股民信息表的具体步骤如下。

(1)打开 SSMS 窗口,在【对象资源管理器】窗口中选中【数据库】,单击鼠标右键,在弹出的快捷菜单中选择【新建数据库】,在弹出的【新建数据库】对话框中,在【数据库名称】处输入"XZH_V1_1",其他设置保持默认,如图 5-1 所示,点击"确定"按钮完成数据库的创建。

图 5-1　创建数据库 XZH_V1_1

说明：本任务的数据库创建只涉及最基本的方法，数据库创建的详细设置方法详见项目 6。

（2）选择【XZH_V1_1】数据库下的【表】，单击鼠标右键，在弹出的快捷菜单中选择【新建表】命令，打开【表设计器】窗口。

（3）在【表设计器】窗口中，根据需求设置股民信息表中涉及的列，包括列名、列的数据类型和是否允许为空等。具体设置如下：

在【列名】列中输入"bh"，在【数据类型】下拉列表框中选择"int"选项（int 类型默认长度为 4），不允许为空列。

在【列名】列中输入"xm"，在【数据类型】下拉列表框中选择"varchar"选项，长度设置为10，不允许为空列。

其他列的设置方法与前面两列类似，不再详细说明，具体如图 5-2 所示。

（4）在【表设计器】窗口中，定义好所有列后，选择【文件】→【保存】命令，或者点击工具栏上的█，在弹出的"选择名称"对话框中，输入表的名字"GMXXB"，单击"确定"按钮，即可保存新建的数据表。刷新【对象资源管理器】窗口中的【表】节点，即可看到新建的数据表。

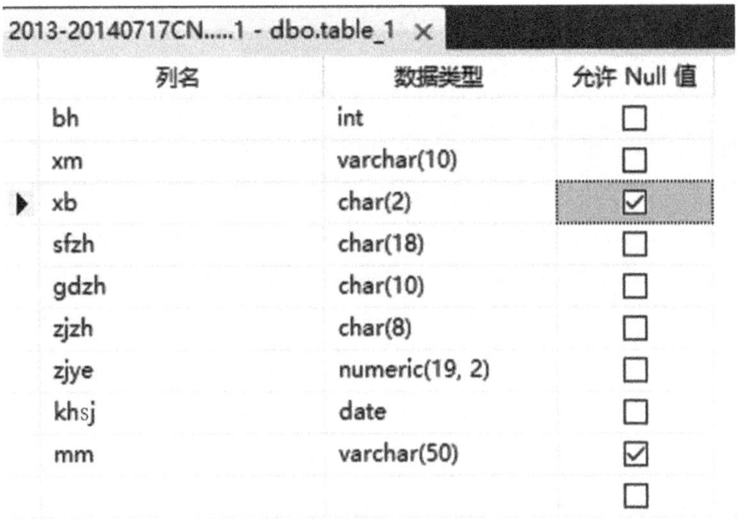

图 5-2 设置股民信息表

知识储备

1. 数据表概念

数据表就是相关联的行列数据集合，是数据库中最重要的对象，整个数据库中的全部数据都是物理存储在各个数据表中的。数据在表中的组织方式与在电子表格中类似，都是按行和列的格式组织的。

(1)数据表中的列。

① 数据表中的一列称为一个字段(field)。

② 每个字段的标题名称称为列名或字段名，如"编号"就是该列的字段名，一个数据表中的字段名必须是唯一的。

③ 一个字段中存放着同一类型的数据，不同字段存放的数据类型可以不同。

④ 一个字段中所存放的数据类型、数值大小及字段长度等称为该字段的属性值。

如"姓名"字段存放的学生姓名是字符类型的数据，假定存储 4 个汉字，则可设置为 char(8)、varchar(8)或 nchar(4)、nvarchar(4)。而"开户时间"字段存放的是日期/时间类型的数据，如果设置为 datetime 类型将占据 8 个字节的固定空间；如果设置为 Smalldatetime 类型则占据 4 个字节的固定空间。

为一列选择数据类型、设置数值大小或字段长度时，应选择允许存储的所有数据值的数据类型，同时使所占据的空间最小。表 5-2 列出了 SQL Server 所支持的数据类型。

表 5-2　　　　　　　　　　　　　　SQL Server 所支持的数据类型

数据名称	类型	描述
bigint	整型	SQL Server 在整数值超过 int 数据类型支持的范围时，将使用 bigint 数据类型。bigint 类型的数据可以精确地表示$-2^{63}\sim2^{63}-1$范围内的数

续表

数据名称	类型	描述
bit	整型	bit 数据类型是整型，其值只能是 0、1 或空值。这种数据类型用于存储只有两种可能值的数据，如 Yes 或 No、True 或 False、On 或 Off
int	整型	int 数据类型可以存储-231（-2147483648）~231（$2147483\ 647$）之间的整数。存储到数据库的几乎所有数值型的数据都可以用这种数据类型。这种数据类型在数据库里占用 4 个字节
smallint	整型	smallint 数据类型可以存储-215（-32768）~215（32767）之间的整数。这种数据类型对存储一些常限定在特定范围内的数值型数据非常有用。这种数据类型在数据库里占用 2 个字节
tinyint	整型	tinyint 数据类型能存储 0～255 之间的整数，在只存储有限数目的数值时很有用。这种数据类型在数据库中占用 1 个字节
numeric	精确数值型	numeric 数据类型与 decimal 型相同
decimal	精确数值型	decimal 数据类型能用来存储$-1038-1\sim1038-1$之间的固定精度和范围的数值型数据。使用这种数据类型时，必须指定范围和精度。范围是小数点左右所能存储的数字的总位数。精度是小数点右边存储的数字的位数
money	货币型	money 数据类型用来表示钱和货币值。这种数据类型能存储-9220亿～9220 亿之间的数据，精确到货币单位的万分之一
smallmoney	货币型	smallmoney 数据类型用来表示钱和货币值。这种数据类型能存储$-214748.3648\sim214748.3647$之间的数据，精确到货币单位的万分之一
float	近似数值型	float 数据类型是一种近似数值型，供浮点数使用。说浮点数是近似的，是因为在其范围内不是所有的数都能精确表示。浮点数可以是$-1.79E+308\sim1.79E+308$之间的任意数
real	近似数值型	real 数据类型像浮点数一样，是近似数值型。它可以表示数值在$-3.40E+38\sim3.40E+38$之间的浮点数
date	日期型	date 数据类型用来表示日期。它默认的字符串文字格式是 YYYY-MM-DD，默认值是 1900-01-01，可表示 0001 年 1 月 1 日—9999 年 12 月 31 日之间的所有日期

数据名称	类型	描述
time	时间型	time 数据类型用来表示时间。它默认的字符串文字格式是 hh:mm:ss[.nnnnnnn]。默认值是 00:00:00,可表示的时间范围是 00:00:00.0000000—23:59:59.9999999
datetime	日期时间型	datetime 数据类型用来表示日期和时间。这种数据类型存储 1753 年 1 月 1 日—9999 年 12 月 31 日之间所有的日期和时间数据,精确到 1/300 秒或 3.33 毫秒
datetime2	日期时间型	datetime2 数据类型的定义结合了 24 小时制时间的日期。可将 datetime2 视作现有 datetime 类型的扩展,其数据范围更大,默认的小数精度更高,并具有可选的用户定义的精度,可以精确到小数点后面 7 位(100 纳秒)
Smalldatetime	日期时间型	smalldatetime 数据类型用来表示 1900 年 1 月 1 日—2079 年 6 月 6 日之间的日期和时间,精确到 1 分钟
datetimeoffset	日期时间型	datetimeoffset 数据类型在原来 datetime 类型基础上加入了时区偏移量部分,时区偏移量表示为[+|-]HH:MM。HH 是范围为00~14 的 2 位数,表示时区偏移量的小时数。MM 是范围为 00~59 的 2 位数,表示时区偏移量的附加分钟数。时间格式支持到最小100 毫微秒
cursor	特殊数据型	cursor 数据类型是一种特殊的数据类型,它包含对游标的引用。这种数据类型用在存储过程中,且在创建表时不能用
timestamp	特殊数据型	timestamp 数据类型是一种特殊的数据类型,用来创建一个数据库范围内的唯一数码。一个表中只能有一个 timestamp 列。每次插入或修改一行时,timestamp 列的值都会改变。尽管它的名字中有"time",但 timestamp 列不是人们可识别的日期。在一个数据库里,timestamp 值是唯一的
uniqueidentifier	特殊数据型	uniqueidentifier 数据类型用来存储一个全局唯一标识符,即 GUID。GUID 确实是全局唯一的。这个数几乎没有机会在另一个系统中被重建。可以使用 NEWID 函数或转换一个字符串为唯一标识符来初始化具有唯一标识符的列
char	字符型	char 数据类型用来存储指定长度的定长非统一编码型的数据。当定义一列为此类型时,必须指定列长。当总能知道要存储的数据的长度时,此数据类型很有用。例如,当按邮政编码加 4 个字符格式来存储数据时,知道总要用到 10 个字符。此数据类型的列宽最大为 8000 个字符
varchar	字符型	varchar 数据类型,同 char 类型一样,用来存储非统一编码型字符数据。与 char 型不一样,此数据类型为变长。当定义一列为该数据类型时,要指定该列的最大长度。它与 char 数据类型最大的区别是,存储的长度不是列长,而是数据的长度

数据名称	类型	描述
text	字符型	text 数据类型用来存储大量的非统一编码型字符数据。这种数据类型最多可以有 231−1 或 20 亿个字符
nchar	统一编码字符型	nchar 数据类型用来存储定长统一编码字符型数据。统一编码用双字节结构来存储每个字符,而不用单字节(普通文本中的情况)。它允许大量的扩展字符。此数据类型能存储 4000 种字符,使用的字节空间增加了一倍
nvarchar	统一编码字符型	nvarchar 数据类型用作变长的统一编码字符型数据。此数据类型能存储 4000 种字符,使用的字节空间增加了一倍
ntext	统一编码字符型	ntext 数据类型用来存储大量的统一编码字符型数据。这种数据类型能存储 230−1 或将近 10 亿个字符,且使用的字节空间增加了一倍
binary	二进制数据类型	binary 数据类型用来存储可达 8000 字节长的定长的二进制数据。当输入表的内容接近相同的长度时,应该使用这种数据类型
varbinary	二进制数据类型	varbinary 数据类型用来存储可达 8000 字节长的变长的二进制数据。当输入表的内容大小可变时,应该使用这种数据类型
image	二进制数据类型	image 数据类型用来存储变长的二进制数据,最大可达 231−1 或约 20 亿字节
xml	特殊数据型	xml 数据类型是用来存储 XML 数据的数据类型。可以在列中或 xml 类型的变量中存储 xml 实例

此外,在设计表时,列的"允许空"特性决定表中的行是否允许空值。空值(或 NULL)不同于 0、空白或长度为 0 的字符串,NULL 的意思是没有输入。

(2)数据表中的行。

数据表中的一行称为一条记录,由表中各个字段的数据项组成,是一组相关数据的集合。如"股民信息表"中的一条记录是一名股民相关数据的集合。

在数据库中设计表的结构就是告诉数据库系统该表中各列的属性,包括各列的列标题(字段名称)、每列中所要存放数据的类型(字段类型)、存放数据的大小或字符个数(字段长度)以及其他必要的说明(其他属性)。

按照 SQL Server 数据库创建表的要求,可以用一个表格来描述数据表的结构。在 SQL Server 2012 中,每个数据库里最多可以有 20 亿个表,每个表最多可以设置 1024 个字段(列)。每条记录最多占 8060 个字节,不包括 text、ntext 和 image 字段。

(3)数据表的类型。

在每个数据库中,都有系统表与用户表。

① 系统表。

系统目录由描述 SQL Server 系统的数据库、基表、视图和索引等对象的结构系统表组成。

SQL Server 经常访问系统目录,检索系统正常运行所需的必要信息。在 SQL Server 和其他关系数据库系统中,所有的系统表与基表都有相同的逻辑结构,因此,用于检索和修改基表信息的 Transact-SQL 语句(简称 T-SQL 语句),同样可以用于检索和修改系统表中的信息。

下面简要介绍几个重要的系统表。有关系统表的详细信息,读者可以自行查看 SQL Server 帮助。

a. Sysobjects 表。SQL Server 的主系统表,出现在每个数据库中。它对每个数据库对象都含有一行记录。

b. Syscolumns 表。出现在 Master 数据库和每个用户自定义的数据库中,对基表或者视图的每个列和存储过程中的每个参数都含有一行记录。

② 用户表。

数据库中需要自己创建的表都是用户表,这些用户表是数据库中最重要的对象,是数据的载体。

2. 使用 SSMS 界面修改数据表结构

在本任务中已经说明了如何通过 SSMS 中的【对象资源管理器】来创建一个新的数据表。修改数据表的操作方法与创建数据表类似。其通过选择【表】的右击快捷菜单命令中的【设计】命令来进行新增列、修改列和删除列。

【例 5-1】 在 GMXXB(股民信息表)中发现少了"冻结资金"这个列,需要添加,其列名为"djzj",设置其列属性为 numeric,长度设为(19,2),不允许为空。

实现过程

(1)选择【XZH_V1_1】数据库下的【GMXXB】,单击鼠标右键,在弹出的快捷菜单中选择【设计】命令,打开【表设计器】窗口。

(2)进入【表设计器】窗口,在"列名"列中输入"djzj",在【数据类型】下拉列表框中选择"numeric"选项,长度设为(19,2),不允许为空列。修改后效果如图 5-3 所示。

2013-20140717C...1.1 - dbo.GMXXB ×		
列名	数据类型	允许 Null 值
▶ bh	int	☐
xm	varchar(10)	☐
xb	char(2)	☐
sfzh	char(18)	☐
gdzh	char(10)	☐
zjzh	char(8)	☐
zjye	numeric(19, 2)	☐
khsj	date	☐
mm	varchar(50)	☑
djzj	numeric(19, 2)	☐
		☐

图 5-3 修改股民信息表(新增列)

说明:新增一列,可以直接在原来列后面输入,也可以在原来列中间插入(单击鼠标右键,在弹出的快捷菜单中选择【插入列】)。

【例 5-2】 在 GMXXB(股民信息表)中发现"性别(xb)"列设置成不能为空了,但实际情况是"性别(xb)"列可以允许为空,需要进行修改。

实现过程

(1)选择【XZH_V1_1】数据库下的【GMXXB】,单击鼠标右键,在弹出的快捷菜单中选择【设计】命令,打开【表设计器】窗口。

(2)在【表设计器】窗口中,将"性别(xb)"列的【允许 Null 值】打上钩,保存表格即可。

说明: 在修改表的列属性值时,可能会弹出如 5-4 所示的对话框。如果弹出了这个对话框,则需要对数据库的选项进行设置,具体设置方法是:在【工具】菜单里选择"选项"对话框,选择【设计器】(Designers),选择【表设计器和数据库设计器】,清除【阻止保存要求重新创建表的更改】复选框。设置效果如图 5-5 所示。

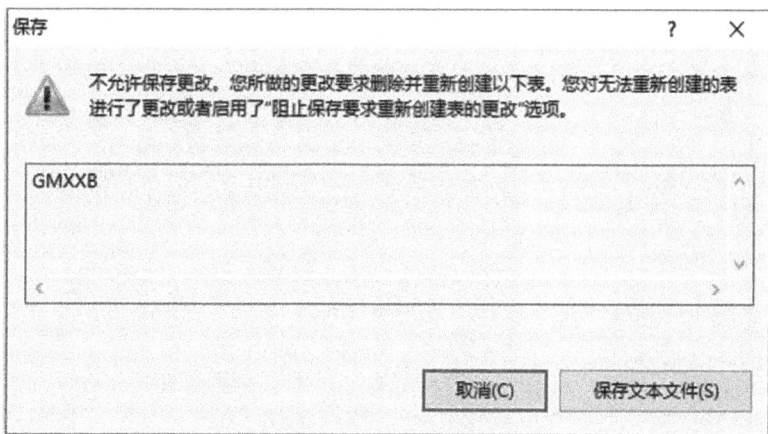

图 5-4 "不允许保存更改"提示对话框

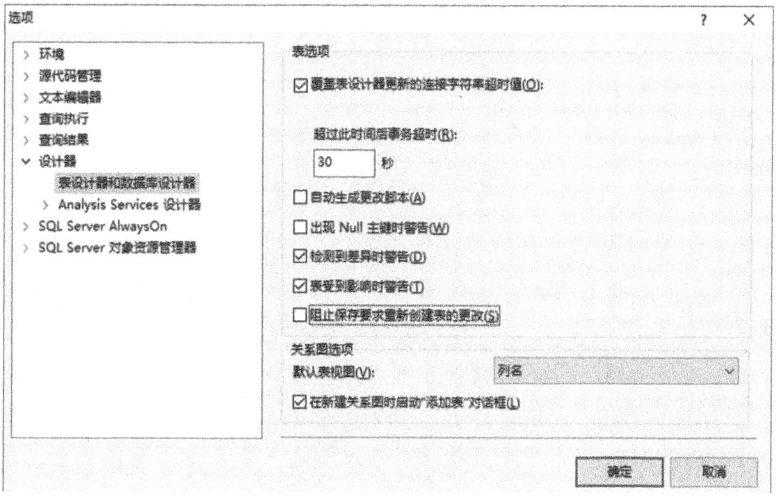

图 5-5 设置工具菜单的表设计器选项

97

【例 5-3】 GMXXB(股民信息表)中的"冻结资金(djzj)"列,暂时还不需要,因此需要将此列删除。

实现过程

(1)选择【XZH_V1_1】数据库下的【GMXXB】,单击鼠标右键,在弹出的快捷菜单中选择【设计】命令,打开【表设计器】窗口。

(2)在【表设计器】窗口中,选中"冻结资金(djzj)"列,单击鼠标右键,在弹出的对话框中选择【删除列】进行删除操作,然后保存数据表即可。

3.使用 SSMS 界面删除数据表

当创建的数据表已经不需要,则需要将其删除,删除的方法是选中需要删除的数据表,单击鼠标右键,在弹出的对话框中选择【删除】命令,在弹出的"删除对象"对话框中点击"确定"按钮即可。

由于本任务的数据表还有需要,就不进行删除操作的具体演示说明了。

任务 5.2 股民信息表结构脚本的导出

需求分析

数据库管理员小王在 SSMS 创建好股民信息表后,想将其结构脚本导出,来了解 T-SQL 语句创建数据表的方法。

将股民信息表结构脚本导出,可以了解创建该表的 T-SQL 语句,除了可以作为创建其他数据表的参考,也可以作为创建该表的 T-SQL 语句备份。

实现过程

在 SSMS 界面创建股民信息表的具体步骤如下:

(1)打开 SSMS 窗口,在【对象资源管理器】窗口中选中需要查看的证券数据库 1.1 版本【XZH_V1_1】,展开该数据库。

(2)展开【XZH_V1_1】数据库下的【表】,选择【GMXXB】,单击鼠标右键,在弹出的快捷菜单中选择【编写数据库脚本为】→【CREATE 到】→【新查询编辑器窗口】命令。如图 5-6 所示。

(3)在打开的查询编辑器窗口中,即可看到股民信息表结构脚本语句,如图 5-7 所示。点击工具栏中的 按钮或选择【文件】→【保存】命令,可对脚本进行保存。

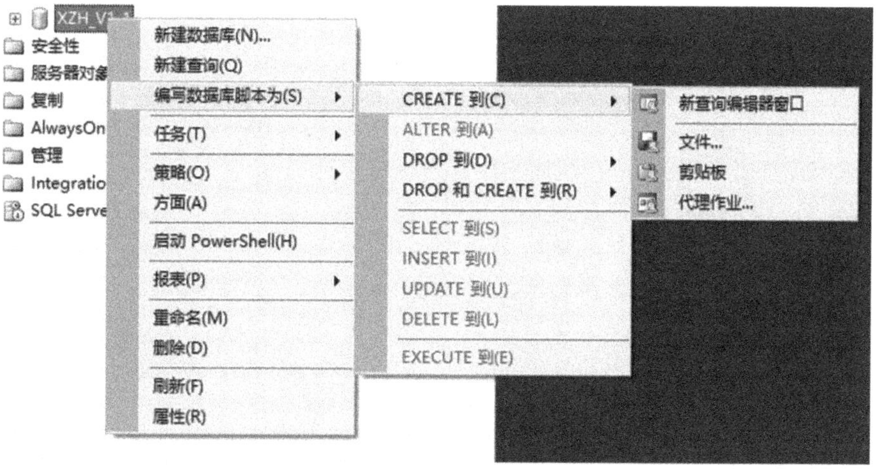

图 5-6　选择表结构脚本导出命令

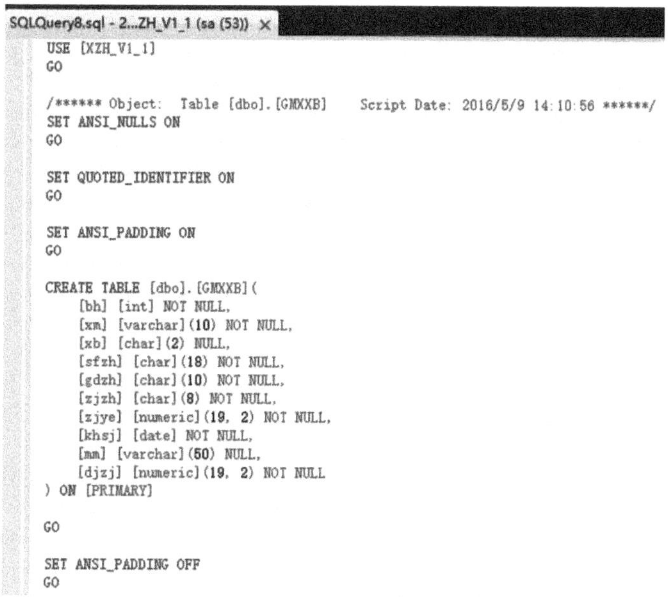

图 5-7　股民信息表导出的脚本

知识储备

　　由【对象资源管理器】创建的表可以通过【编写数据库脚本为】命令将表的创建、修改、删除、查询、新增、更新和删除等脚本进行导出。具体操作与本次任务相似。通过脚本导出，可以查看数据表各项命令的 T-SQL 语句的语法。下面，通过对数据表脚本的分析让大家对相关脚本语言有所了解。

　　——打开数据库，USE 是打开数据库的关键字，[XZH_V1_1]是需要打开的数据库名
USE[XZH_V1_1]
GO

——与空值进行比较时,比较运算符返回 False,判断非空的写法需要设置为 is NULL 而不能设置为＝NULL

```
SET ANSI_NULLS ON
GO
```

——标识符可以由双引号分隔,而文字必须由单引号分隔

```
SET QUOTED_IDENTIFIER ON
GO
```

——将允许空值的 char(n)和 binary(n)列填充到列长

```
SET ANSI_PADDING ON
GO
```

——创建表,表名为 GMXXB

```
CREATE TABLE[dbo].[GMXXB](
  [bh][int]NOT NULL,
  [xm][varchar](10)NOT NULL,
  [xb][char](2)NULL,
  [sfzh][char](18)NOT NULL,
  [gdzh][char](10)NOT NULL,
  [zjzh][char](8)NOT NULL,
  [zjye][numeric](19,2)NOT NULL,
  [djzj][numeric](19,2)NOT NULL,
  [khsj][date]NOT NULL,
  [mm][varchar](50)NULL,
)ON[PRIMARY]
GO
```

——将剪裁尾随空格和零。始终将不允许空值的 char(n)和 binary(n)列填充到列长。

```
SET ANSI_PADDING OFF
GO
```

在表的导出脚本中,只需要了解打开数据库和创建表的 T-SQL 语句。在脚本中,数据库、数据表、列和数据类型都由"[]"包围,主要是为了将其设置成一个独立的个体,避免因为忘记输入空格等分隔符造成语法错误等问题,但这个"[]"是可以删除的。

任务 5.3 使用 T-SQL 命令创建存取款信息表

需求分析

在创建的证券数据库 1.1 版本中,目前只有股民信息表,还有很多表需要创建。数据库管理员小王通过导出股民信息表结构脚本,了解了数据表创建的 T-SQL 语句,想通过此方法创

建存取款信息表。

　　存取款信息表是需要保存的股民资金的存取款记录,主要信息有编号、资金账号、存取前余额、存取时间、存取金额、存取后余额,具体设置如表 5-3 所示。

表 5-3　　　　　　　　　　　　　　　　　**CQKXXB(存取款信息表)**

字段名	数据类型	长度	允许空	说明
bh	int	4	否	编号
zjzh	char	8	否	资金账号
cqqye	numeric	(19,2)	是	存取前余额
cqsj	datetime	8	否	存取时间
cqje	numeric	(19,2)	是	存取金额
cqhye	numeric	(19,2)	是	存取后余额

实现过程

　　(1)在 SSMS 的【对象资源管理器】的工具栏中,点击【新建查询】,进入查询编辑器。

　　(2)在查询编辑器中输入打开【XZH_V1_1】数据库的 T-SQL 语句。

USE XZH_V1_1

GO

　　(3)在查询编辑器中输入创建存取款信息表【CQKXXB】的 T-SQL 语句。

程序清单如下:

CREATE TABLE CQKXXB(

　　bh int NOT NULL,

　　zjzh char(8) NOT NULL,

　　cqqye numeric(19,2) NULL,

　　cqsj datetime NOT NULL,

　　cqje numeric(19,2) NULL,

　　cqhye numeric(19,2) NULL

)

　　(4)选中创建存取款信息表【CQKXXB】的 T-SQL 语句,点击工具栏上的 **执行(X)** 按钮或按<F5>键执行语句,执行后效果如图 5-8 所示。通过刷新【对象资源管理器】中的【表】,即可看到新建的表。

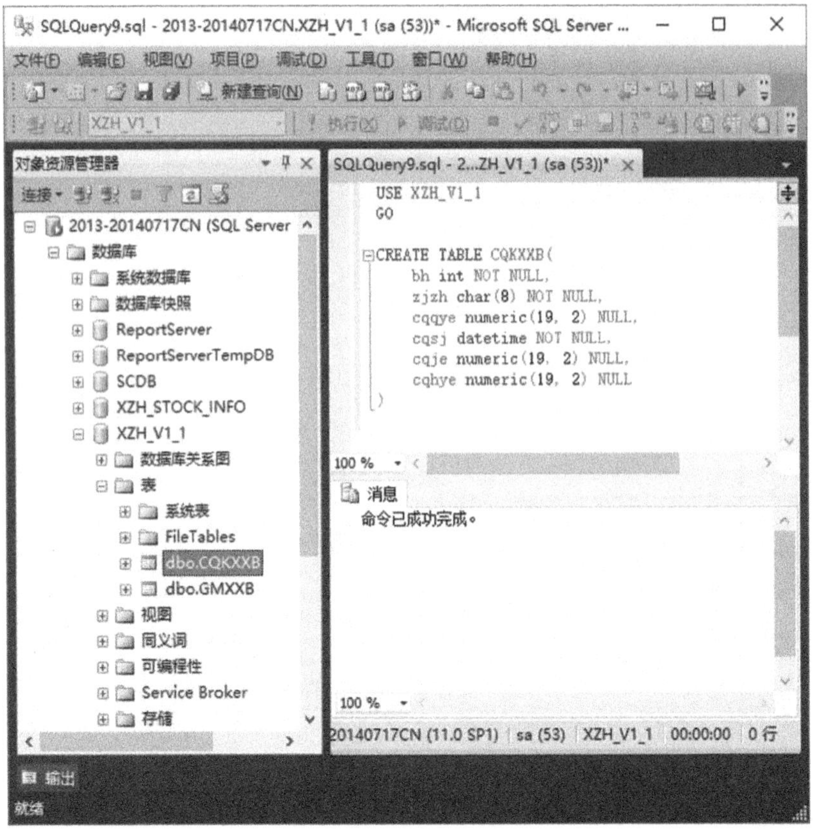

图 5-8　使用 T-SQL 语句

知识储备

1. 使用 T-SQL 语句创建数据表

(1)使用 T-SQL 语句创建表命令的语法如下(简易版)。

CREATE TABLE table_name

(column_name column_properties[,…]

)

其中各参数的说明如下。

① table_name：用于指定新建表的名称，表名最多不能超过 128 个字符。

② column_name：用于指定新建表的列名。

③ column_properties：列的属性，包括列的数据类型、长度和列上的约束等。

(2)使用 T-SQL 语句创建表命令的语法如下(详细版)。

CREATE TABLE

　　[database_name. [owner]. | owner.]table_name

　　({<column_definition>

　　　　| column_name AS computed_column_expression

　　|＜table_constraint＞::=[CONSTRAINT constraint_name]}

　　　　|[{PRIMARY KEY | UNIQUE}[,…n]

　　)

[ON{filegroup | DEFAULT}]

[TEXTIMAGE_ON{filegroup | DEFAULT}]

＜column_definition ＞::={column_name data_type}

　　[COLLATE＜collation_name＞]

　　[[DEFAULT constant_expression]

　　　　|[IDENTITY[(seed,increment)[NOT FOR REPLICATION]]]

　　]

　　[ROWGUIDCOL]

　　[＜column_constraint＞][,…n]

＜column_constraint＞::=[CONSTRAINT constraint_name]

　　{[NULL | NOT NULL]

　　　　|[{PRIMARY KEY | UNIQUE}

　　　　　　[CLUSTERED | NONCLUSTERED]

　　　　　　[WITH FILLFACTOR＝fillfactor]

　　　　　　[ON{filegroup | DEFAULT}]]

　　　　]

　　　　|[[FOREIGN KEY]

　　　　　　REFERENCES ref_table[(ref_column)]

　　　　　　[ON DELETE{CASCADE | NO ACTION}]

　　　　　　[ON UPDATE{CASCADE | NO ACTION}]

　　　　　　[NOT FOR REPLICATION]

　　　　]

　　　　| CHECK[NOT FOR REPLICATION]

　　　　(logical_expression)

　　}

＜table_constraint＞::=[CONSTRAINT constraint_name]

　　{[{PRIMARY KEY | UNIQUE}

　　　　[CLUSTERED | NONCLUSTERED]

　　　　{(column[ASC | DESC][,…n])}

　　　　[WITH FILLFACTOR＝fillfactor]

　　　　[ON{filegroup | DEFAULT}]

　　]

　　| FOREIGN KEY

```
    [(column[,…n])]
    REFERENCES ref_table[(ref_column[,…n])]
    [ON DELETE{CASCADE | NO ACTION}]
    [ON UPDATE{CASCADE | NO ACTION}]
    [NOT FOR REPLICATION]
  | CHECK[NOT FOR REPLICATION]
    (search_conditions)
}
```

其中各参数的说明如下。

① database_name：用于指定所创建表的数据库名称。database_name 必须是现有数据库的名称。如果不指定数据库，database_name 默认为当前数据库。

② owner：用于指定新建表的所有者的用户名。owner 必须是 database_name 所指定的数据库中的现有用户名，owner 默认为当前注册用户名。

③ table_name：用于指定新建表的名称。表名必须符合标识符规则。对于数据库来说，database_name、owner_name、object_name 必须是唯一的。表名最多不超过 128 个字符。

④ column_name：用于指定新建表的列名。

⑤ computed_column_expression：用于指定计算列的列值表达式。

⑥ ON{filegroup | DEFAULT}：用于指定存储表的文件组名。如果指定 filegroup，则表将存储在指定的文件组中。数据库中必须存在该文件组。如果使用了 DEFAULT 选项，或者省略了 ON 子句，则新建的表会存储在默认的文件组中。

⑦ TEXTIMAGE_ON：用于指定 text、ntext 和 image 列的数据存储的文件组。如果表中没有 text、ntext 或 image 列，则不能使用 TEXTIMAGE_ON。如果没有指定 TEXTIMAGE_ON 子句，则 text、ntext 和 image 列的数据将与表存储在相同的文件组中。

⑧ data_type：用于指定列的数据类型。

⑨ DEFAULT：用于指定列的默认值。

⑩ constant_expression：用于指定列的默认值的常量表达式，可以为一个常量、NULL 或系统函数。

⑪ IDENTITY：用于将列指定为标识列。

⑫ seed：用于指定标识列的初始值。

⑬ increment：用于指定标识列的增量值。

⑭ NOT FOR REPLICATION：用于指定列的 IDENTITY 属性，在把从其他表中复制的数据插入表中时不发生作用，即不生成列值，使得复制的数据行保持原来的列值。

⑮ ROWGUIDCOL：用于将列指定为全局唯一标识行号列。

⑯ COLLATE：用于指定表的校验方式。

⑰ column_constraint 和 table_constraint：用于指定列约束和表约束。

2.使用 T-SQL 语句修改数据表

在本任务中已经说明了如何通过使用 T-SQL 语句来创建一个新的数据表。修改数据表也可以通过 T-SQL 语句来实现。

（1）添加列。

基本语法如下：

ALTER TABLE table_name

ADD column_name column_properties

其中参数的含义如下。

① ALTER TABLE：关键字，表示修改表。

② ADD：关键字，表示添加一列。

③ table_name：需要修改的表名。

④ column_name：添加列的名称。

⑤ column_properties：列的属性。

【例 5-4】 在存取款信息表【CQKXXB】中发现少了"存取标志"这个列，需要添加，其列名为 cqbz，其列属性设置为 char，长度设为 4，允许为空。

在查询编辑器中运行以下命令：

USE XZH_V1_1

GO

ALTER TABLE CQKXXB

ADD cqbz char(4) NULL

GO

（2）修改列。

基本语法如下：

ALTER TABLE table_name

ALTER COLUMN column_name new_data_type[NULL|NOT NULL]

其中参数的含义如下。

① ALTER TABLE：关键字，表示修改表。

② ALTER COLUMN：关键字，表示修改表中列。

③ table_name：需要修改的表名。

④ column_name：添加列的名称。

⑤ new_data_type：要修改列的新数据类型。

⑥[NULL|NOT NULL]：表示修改列为空或不为空。

【例 5-5】 在存取款信息表【CQKXXB】中发现"存取标志（cqbz）"列设置为空了，但实际情况是这列不允许为空，需要进行修改。

在查询编辑器中运行如下命令：

USE XZH_V1_1

GO

ALTER TABLE CQKXXB

ALTER COLUMN cqbz char(4) NOT NULL

GO

(3)删除列。

基本语法如下：

ALTER TABLE table_name

DROP COLUMN column_name

其中参数的含义如下。

① ALTER TABLE：关键字，表示修改表。

② DROP COLUMN：关键字，表示要删除的列。

③ table_name：需要修改的表名。

④ column_name：添加列的名称。

【例 5-6】　在存取款信息表【CQKXXB】中发现"存取标志(cqbz)"列暂时不需要，需要删除。

在查询编辑器中运行如下命令：

USE XZH_V1_1

GO

ALTER TABLE CQKXXB

DROP COLUMN cqbz

GO

3. 使用 T-SQL 语句删除数据表

使用 T-SQL 语句删除数据表的基本语法如下：

DROP TABLE table_name

【例 5-7】　当存取款信息表【CQKXXB】不需要时，通过 T-SQL 语句将其删除。

在查询编辑器中运行如下命令：

USE XZH_V1_1

GO

DROP TABLE CQKXXB

GO

任务 5.4　股民信息数据完整性的需求与实现

　　数据库管理员小王通过 SSMS 和 T-SQL 语句创建了股民信息表和存取款信息表。完成表的创建后就需要输入数据了。但是目前所设置的数据表，只要数据符合对应列的数据类型和长度即可输入，这就会造成输入的数据不合理或不正确，因此需要对数据的列设置约束，以确保数据的正确性。

由于目前对股民信息表的列设置除了数据类型和长度要求外,无其他限制,在输入数据时就可能会出现以下几种情况:

(1)"性别(xb)"列依据现实情况,只能输入"男"或"女",当没有任何限制时,就可以输入其他文字,如"难"等,这就不正确了。因此需要对"性别(xb)"列数据的输入或修改进行检查,确认只能输入"男"或"女"。

(2)"资金余额(zjye)"列和"冻结资金(djzj)"列依据现实情况,只能输入大于等于0的数值,当没有任何限制时,就可以输入小于0的任意数值,这就不符合现实了。因此需要对"资金余额(zjye)"列和"冻结资金(djzj)"列的数据输入或修改进行检查,确认只有"大于等于0"的数据才能输入。

(3)每个股民的资金账号都是唯一的,且不能为空,通过资金账号可以唯一标识股民的其他信息,当没有任何限制时,资金账号可以重复甚至可以不输入,这样就无法进行证券操作了。因此需要对"资金账号(zjzh)"列进行主键设置,让该列的值是唯一的且不能为空。

(4)每个股民的身份证号是唯一的,如果不加任何限制,输入的身份证号就可能重复,这样就容易出错,为了避免此类问题发生,需要对"身份证号(sfzh)"列进行"是否唯一"的检查,确认只有与现有的身份证号不重复才能输入。

(5)"资金余额(zjye)"列和"冻结资金(djzj)"列依据现实情况,客户开户时,这两列的数值应该默认为0,如果不设置默认值,则默认为NULL,因为NULL代表"不确定",这样就会造成统计错误。因此需要将"资金余额(zjye)"列和"冻结资金(djzj)"列的默认值设置为0。

(6)股民信息表和存取款信息表中都有"资金账号(zjzh)"列,现实情况中每个股民有唯一的资金账户,只有在股民信息表中有这个资金账号,才能在存取款信息表中进行资金的存取操作。如果没有任何限制,存取款信息表中的资金账号可能根本不存在,那这个资金账号就无法在现实情况中进行操作了。因此需要对存取款信息表的资金账号进行限制,让存取款信息表中涉及的资金账号与股民信息表中的资金账号一致。

(7)股民信息表和存取款信息表中都有"编号(bh)"列,这个列的数据类似于序号,没有特殊的含义,但又不能重复。如果没有进行任何设置,则需要自己手动输入,有可能重复或错误输入。可以让该列在输入数据时从1开始,每次累加1,自动输入,这样既可以简化输入,又可以避免重复或错误输入的情况出现。

5.4.1 使用SSMS界面创建股民信息表的主键约束

需求分析

股民信息表的主键是"资金账号(zjzh)"列,需要对该列进行主键设置。

实现过程

(1)打开 SSMS 窗口,在【对象资源管理器】窗口中展开数据库【XZH_V1_1】,然后展开【表】,选中表【GMXXB】,单击鼠标右键,在弹出的快捷菜单中选择【设计】命令,打开【表设计】窗口。

(2)在【表设计】窗口中,选择"zjzh"列,单击鼠标右键,在弹出的快捷菜单中选择【设置主键】命令(或单击工具栏上的),如图 5-9 所示。最后保存数据表即可。

说明:设置好主键后,刷新表【GMXXB】,在其【键】中可以查看到是主键"PK_GMXXB",如图 5-10 所示。可以对其单击鼠标右键,选择快捷菜单中的【修改】或【删除】命令进行主键约束的管理。

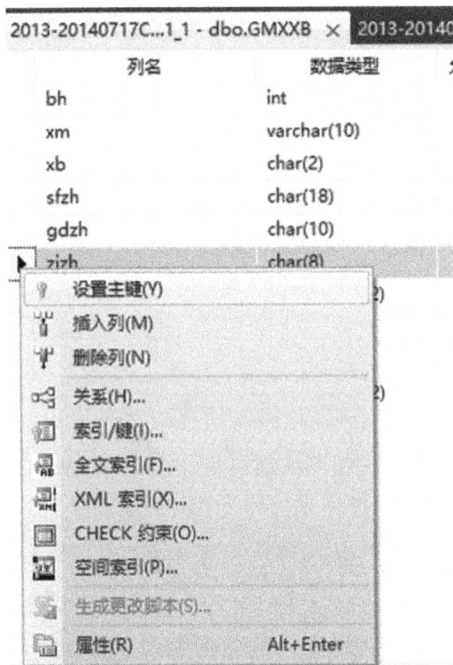

图 5-9 设置股民信息表的主键

图 5-10 查看股民信息表的主键

如果主键是由一组列组成,则需要一起选中相关的列,然后设置主键。

5.4.2 使用 SSMS 界面创建股民信息表的检查约束

需求分析

股民信息表的"性别(xb)"列只能输入"男"或"女",需要对该列的检查约束进行验证。

实现过程

（1）打开 SSMS 窗口，在【对象资源管理器】窗口中展开数据库【XZH_V1_1】，然后展开【表】，选中表【GMXXB】，单击鼠标右键，在弹出的快捷菜单中选择【设计】命令，打开【表设计】窗口。

（2）在【表设计】窗口中，选择"xb"列，单击鼠标右键，在弹出的快捷菜单中选择【CHECK】命令（或选择【表设计器】→【CHECK】命令，或点击工具栏中的□），然后弹出【CHECK 约束】对话框，如图 5-11 所示。

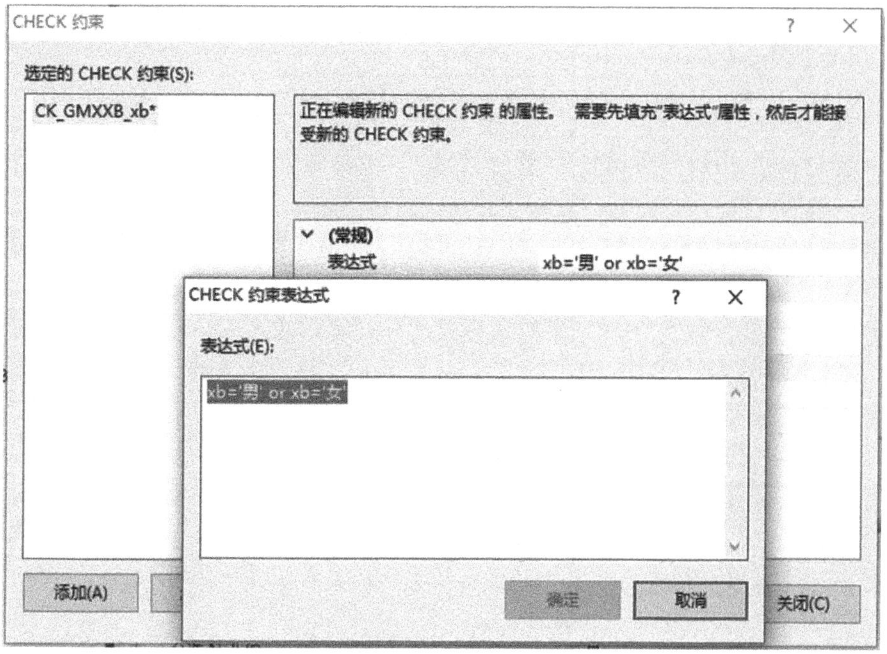

图 5-11　设置"xb"列的检查约束

（3）在【CHECK 约束】对话框中，点击"添加"按钮，在右边的名称处输入"CK_GMXXB_xb"（一般 CHECK 约束的名称为 CK_数据表名_列名），单击【表达式】后面的…按钮，在弹出的【CHECK 约束表达式】对话框的【表达式】文本框中输入表达式"xb='男' or xb='女'"，如图 5-11 所示。单击"确定"按钮。

（4）设置完成后，关闭【CHECK 约束】对话框，保存数据表即完成了"xb"列的检查约束设置。

说明：由于 CHECK 默认会检查现有数据，也会对以后输入或更新的数据进行检查。因此如果现有数据中有不符合"男"或"女"的性别，则无法保存 CHECK 约束，需要先将现有数据进行修改再设置。

设置好"xb"列的 CHECK 约束后，刷新表【GMXXB】，在其【约束】中可以查看 CHECK 约束"CK_GMXXB_xb"。可以对其单击鼠标右键，选择快捷菜单中的【修改】或【删除】命令进行 CHECK 约束的管理。

股民信息表中，还有很多列需要设置检查约束，如"资金余额（zjye）"列和"冻结资金（djzj）"列，其需要输入的数据大于等于 0，设置方法与"xb"列的设置类似，这里就不再详细说明。

5.4.3 使用 SSMS 界面设置股民信息表的默认约束

需求分析

股民信息表的"资金余额(zjye)"列在未设置时默认为 0,需要对该列进行默认约束。

实现过程

(1)打开 SSMS 窗口,在【对象资源管理器】窗口中展开数据库【XZH_V1_1】,然后展开【表】,选中表【GMXXB】,单击鼠标右键,在弹出的快捷菜单中选择【设计】命令,打开【表设计】窗口。

(2)在【表设计】窗口中,选择"zjye"列,在其【列属性】设置框的【默认值或绑定】文本框中输入 0,如图 5-12 所示。然后保存数据表即可。

说明:设置好"资金余额(zjye)"列的默认约束后,刷新表【GMXXB】,在其【约束】中可以查看到是默认约束"DF_GMXXB_zjye",如图 5-13 所示。可以对其单击鼠标右键,选择快捷菜单中的【删除】等命令,但修改只能在【表设计】窗口中进行。

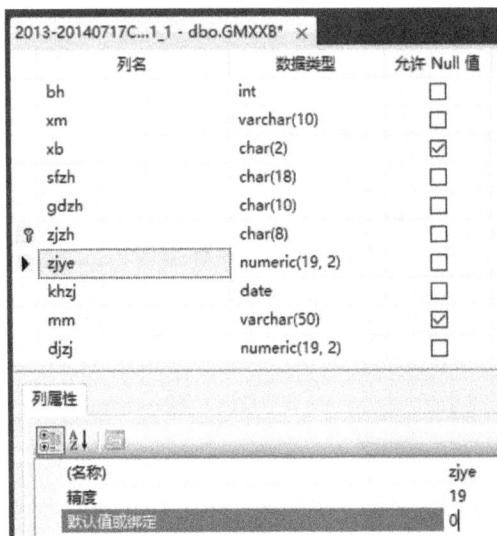

图 5-12 设置"资金余额(zjye)"列的默认约束   图 5-13 查看"资金余额(zjye)"列的默认约束

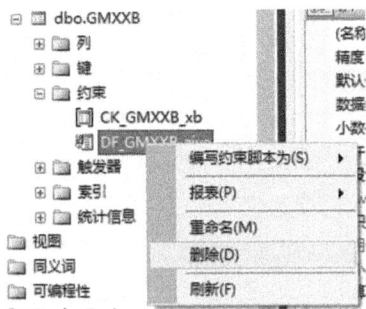

"冻结资金(djzj)"列的默认值约束设置方法与"资金余额(zjye)"列相同,这里不再详细说明。

5.4.4 使用 SSMS 界面设置股民信息表的唯一约束

需求分析

股民信息表的"身份证号(sfzh)"列是唯一的,不能重复,需要对该列进行唯一约束。

实现过程

(1)打开 SSMS 窗口,在【对象资源管理器】窗口中展开数据库【XZH_V1_1】,然后展开【表】,选中表【GMXXB】,单击鼠标右键,在弹出的快捷菜单中选择【设计】命令,打开【表设计】窗口。

(2)在【表设计】窗口中,选择"sfzh"列,单击鼠标右键,在弹出的快捷菜单中选择【索引/键】命令(或选择【表设计器】→【索引/键】,或点击工具栏中的▣),弹出【索引/键】对话框。

(3)在【索引/键】对话框中,点击"添加"按钮,在右边的名称处输入"IX_GMXXB_sfzh"(一般索引的名称为 IX_数据表名_列名),将类型设置成"唯一键",再单击【列】后面的…,选择列名为"sfzh",如图 5-14 所示。然后单击"确定"按钮。

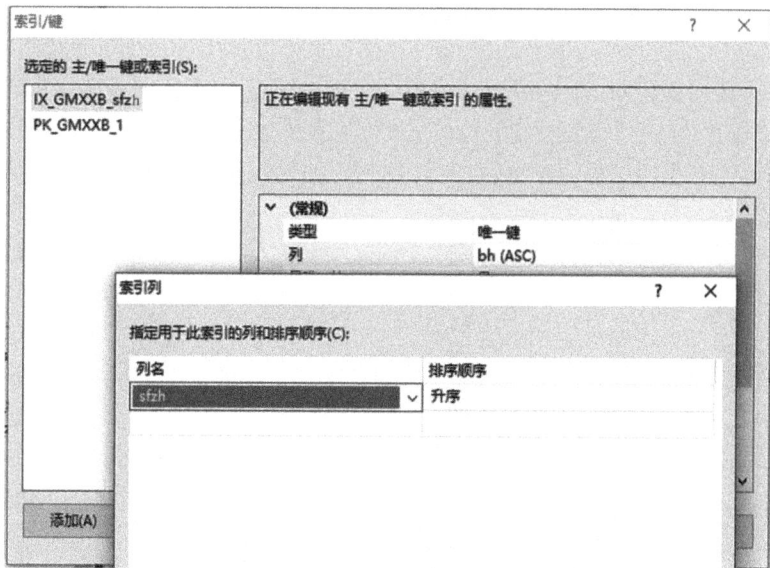

图 5-14 设置"身份证号(sfzh)"列的唯一约束

(4)设置完成后,关闭【索引/键】对话框,保存数据表即完成了"身份证号(sfzh)"列的唯一约束设置。

说明:设置好"身份证号(sfzh)"列的唯一约束后,刷新表【GMXXB】,可以在其【键】中查看到 CHECK 约束"IX_GMXXB_sfzh"。可以对其单击鼠标右键,选择快捷菜单中的【修改】或【删除】命令进行唯一约束的管理。

唯一约束和 CHECK 约束一样,都会对现有数据进行检查,需要将重复的身份证号先修改好,才能设置该列的唯一约束。

5.4.5 使用 SSMS 界面设置股民信息表和存取款信息表的关系

需求分析

股民信息表和存取款信息表虽然都有"资金账号(zjzh)"列,但只有股民信息表中有资金账号,才能在存取款信息表中进行资金的存取。因此需要在存取款信息表中设置外键约束,让存取款信息表中涉及的资金账号与股民信息表中的资金账号一致。

实现过程

(1)打开 SSMS 窗口,在【对象资源管理器】窗口中展开数据库【XZH_V1_1】,然后展开【表】,检查【GMXXB】中是否已经将"zjzh"列设置成主键,如果没有就先设置它为主键。

(2)选中表【CQKXXB】,单击鼠标右键,在弹出的快捷菜单中选择【设计】命令,打开【表设计】窗口。在【表设计】窗口中,单击鼠标右键,在弹出的快捷菜单中选择【关系】命令(或者单击工具栏上的），在弹出的【外键关系】对话框中,单击"添加"按钮,然后单击【表和列规范】选项后面的。

(3)在打开的【表和列】对话框中,在【主键表】下拉列表框中选择"GMXXB",并在下面的列表框中选择"zjzh"列;在【外键表】下拉列表框中选择"zjzh"列,如图 5-15 所示。然后单击"确定"按钮。

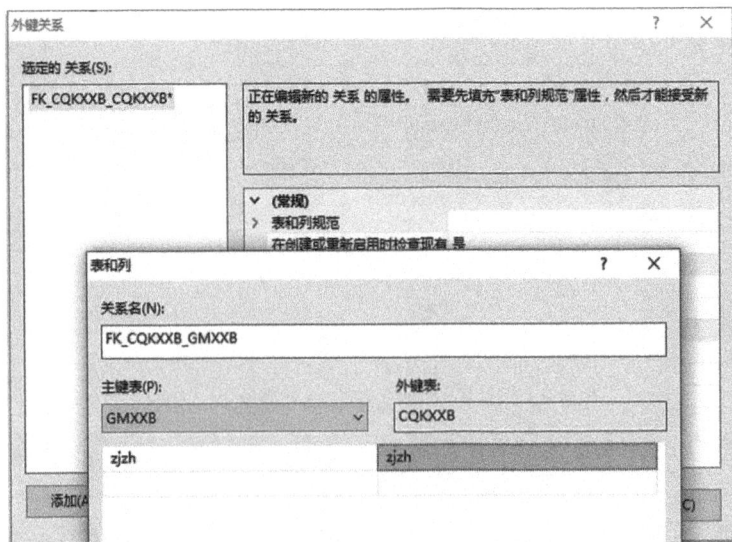

图 5-15 设置存取款信息表的外键约束

（4）设置完成后，关闭【外键关系】对话框，保存数据表即完成了外键约束的设置。

说明：设置完外键约束后，刷新表【CQKXXB】，在其【键】中可以查看到 CHECK 约束"FK_CQKXXB_GMXXB"。可以对其单击鼠标右键，选择快捷菜单中的【删除】命令进行外键约束的管理。

5.4.6 使用 SSMS 界面设置股民信息表的标识属性

需求分析

股民信息表的"编号（bh）"列的作用是设置一个初始值，当输入数据时，无须输入此列，它会自动从 1 开始累加，每次加 1，因此需要对此列设置标识属性。

实现过程

（1）打开 SSMS 窗口，在【对象资源管理器】窗口中展开数据库【XZH_V1_1】，然后展开【表】，选中表【GMXXB】，单击鼠标右键，在弹出的快捷菜单中选择【设计】命令，打开【表设计】窗口。

（2）在【表设计】窗口中，选择"bh"列，在其【列属性】设置框的【标识规范】下列列表中选择"是"，其默认的标识增量（每次增量）和标识种子（起始值）都为 1，如图 5-16 所示。然后保存数据表即可。

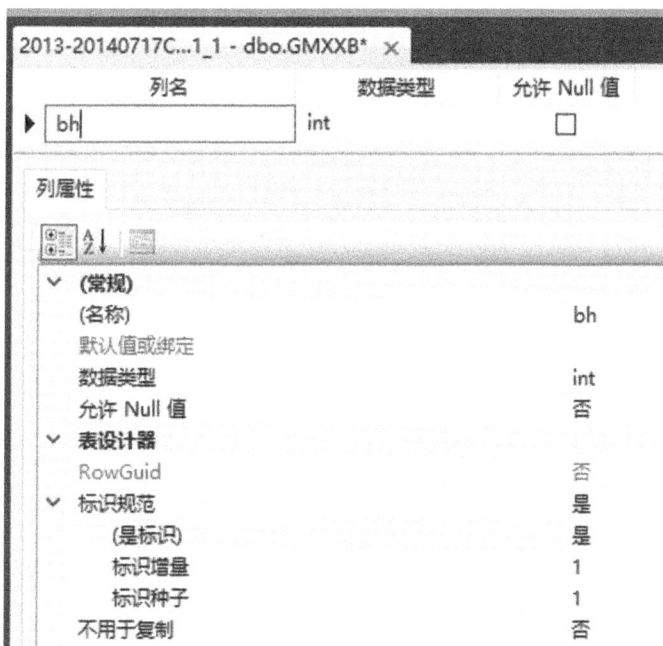

图 5-16 设置"编号（bh）"列的标识属性

说明：标识属性只有在整数类型的列中才能设置。

知识储备

1. 完整性概念

数据的完整性是指数据库中数据的正确性、一致性和可靠性。为了保证数据的完整性，SQL Server 提供了定义、检查和控制数据的完整性的机制。根据数据的完整性所作用的数据库对象和范围不同，数据的完整性分为实体完整性、域完整性、参照完整性和用户定义完整性 4 种。

（1）实体完整性：也称为表的完整性。规定表的每一行在表中是唯一的实体。可以通过主键约束（PRIMARY KEY Constraint）、唯一性约束（UNIQUE Constraint）、索引或标识属性（IDENTITY）来实现。

（2）域完整性：指表中的列必须满足某种特定的数据类型约束，包括取值范围、精度、是否为空等。如年龄必须是一个不小于 0 的整数。

（3）参照完整性：指两个表的主关键字和外关键字的数据应一致，保证表之间数据的一致性，防止数据丢失或无意义的数据在数据库中扩散。

（4）用户定义完整性：不同的关系数据库系统根据其应用环境的不同，往往还需要一些特殊的约束条件。用户定义的完整性即是针对某个特定关系数据库的约束条件，它反映某一具体应用必须满足的语义要求。

2. 约束的类型

约束是 SQL Server 提供的自动保持数据库完整性的一种方法，它通过限制字段中数据、记录中数据和表之间的数据来保证数据的完整性。

约束又可以分为列级约束和表级约束两种：

（1）列级约束：列级约束是行定义的一部分，只能应用在一列上。

（2）表级约束：表级约束的定义独立于列级约束的定义，可以应用在一个表中的多列上。

在 SQL Server 2012 中有 5 种约束：主键约束（PRIMARY KEY Constraint）、唯一性约束（UNIQUE Constraint）、检查约束（CHECK Constraint）、默认约束（DEFAULT Constraint）和外键约束（FOREIGN KEY Constraint）。

（1）主键约束。

主键能够唯一地确定表中的每一条记录，主键不能取空值。主键约束可以保证实体的完整性，是最重要的一种约束。如果表中有一列被指定为主键，则该列不允许被指定为 NULL 属性，且 image 和 text 类型的列不能被指定为主键。如果主键约束定义在不止一列上，则一列中的值可以重复，但所有列的组合值必须唯一。

（2）唯一性约束。

唯一性约束用于指定一列或多列的组合值具有唯一性，以防止在列中输入重复的值。如前所述，每个表中只能有一个主键，因此当表中已经有一个主键值时，如果还要保证其他的标识符唯一时，就可以使用唯一性约束。当使用唯一性约束时，需要考虑以下几个因素：

① 使用唯一性约束的字段允许为空值。

② 一个表中可以允许有多个唯一性约束。

③ 可以把唯一性约束定义在多个字段上(单一字段不唯一,多个字段联合起来是唯一的)。

④ 唯一性约束用于强制在指定字段上创建一个唯一性索引。

(3)检查约束。

检查约束用于对输入列或整个表中的值设置检查条件,以限制输入值,保证数据库数据的完整性。当使用检查约束时,应该考虑和注意以下几点:

① 一个列级检查约束只能与限制的字段有关;一个表级检查约束只能与限制的表中字段有关。

② 一个表中可以定义多个检查约束。

③ 每个 CREATE TABLE 语句中的每个字段只能定义一个检查约束。

④ 如果在多个字段上定义检查约束,则必须将检查约束定义为表级约束。

⑤ 当执行 INSERT 语句或者 UPDATE 语句时,检查约束将验证数据。

⑥ 检查约束中不能包含子查询。

(4)默认约束。

默认约束指在插入操作中没有提供输入值时,系统自动指定值。默认约束可以包括常量、函数、不带变元的内建函数或者空值。使用默认约束时,应该注意以下几点:

① 每个字段只能定义一个默认约束。

② 如果定义的默认值长于其对应字段的允许长度,那么输入到表中的默认值将被截断。

③ 默认约束不能设置在带有 IDENTITY 属性的字段上。

④ 如果字段定义为用户定义的数据类型,而且有一个默认绑定到这个数据类型上,则不允许该字段有默认约束。

(5)外键约束。

外键是一个表(表 B)中的某(些)列的值保证在另一个表(表 A)的主键(或唯一性约束)所包含的列中存在,表 B 的这(些)列就是表 A 的外键。外键约束主要用来维护两个表之间数据的一致性,实现表之间的参照完整性。当使用外键约束时,应该考虑以下几个因素:

① 外键约束提供了字段参照完整性。

② 外键字段数目和数据类型都必须与主键字段相匹配。

③ 一个表中最多可以有 31 个外键约束。

④ 主键和外键的数据类型必须严格匹配,字段名称可以不同。

3. 使用 T-SQL 语句设置约束

在本任务中已经说明了如何通过使用 SSMS 界面来设置表的各项约束,下面通过 T-SQL 语句来实现上述设置。

USE XZH_V1_1

GO

(1)设置股民信息表的主键约束。

——新增:

ALTER TABLE GMXXB

　　ADD CONSTRAINT PK_GMXXB PRIMARY KEY CLUSTERED(zjsh)

——删除：

```
ALTER TABLE GMXXB
    DROP CONSTRAINT PK_GMXXB
```

(2)设置股民信息表中性别列的检查约束。

——新增：

```
ALTER TABLE GMXXB
    ADD CONSTRAINT CK_GMXXB_xb CHECK(xb='男' or xb='女')
```

——删除：

```
ALTER TABLE GMXXB
    DROP CONSTRAINT CK_GMXXB_xb
```

(3)设置股民信息表中"资金余额(zjye)"列的默认约束。

——新增：

```
ALTER TABLE GMXXB
    ADD CONSTRAINT DF_GMXXB_zjye DEFAULT('0') FOR zjye
```

——删除：

```
ALTER TABLE GMXXB
    DROP CONSTRAINT DF_GMXXB_zjye
```

(4)设置股民信息表和存取款信息表的外键约束。

——新增：

```
ALTER TABLE CQKXXB
    ADD CONSTRAINT FK_CQKXXB_GMXXB FOREIGN KEY(zjsh) REFERENCES
GMXXB(zjsh)
```

——删除：

```
ALTER TABLE CQKXXB
    DROP CONSTRAINT FK_CQKXXB_GMXXB
```

(5)设置股民信息表中"身份证号(sfzh)"列的唯一约束(唯一键)。

——新增：

```
CREATE UNIQUE INDEX IX_GMXXB_sfzh on GMXXB(sfzh)
```

——删除：

```
DROP INDEX GMXXB. IX_GMXXB_sfzh
```

(6)设置股民信息表中的"编号(bh)"列的标识属性。

——先删除编号列：

```
ALTER TABLE GMXXB
    DROP COLUMN bh
```

——再增加"编号(bh)"列，在新增时，设置标识属性：

```
ALTER TABLE GMXXB
    ADD bh int IDENTITY(1,1) NOT NULL
```

任务 5.5　数据完整性的验证

需求分析

数据库管理员小王进行了股民信息表的完整性设置后,要进行数据的验证。

数据完整性的主键、唯一键、默认等各项约束设置完成后,需要通过数据的输入、修改等进行各项约束设置的验证,确认是否设置正确。

实现过程

(1)打开 SSMS 窗口,在【对象资源管理器】窗口中选中需要查看的证券数据库 V1.1【XZH_V1_1】,展开该数据库。

(2)展开【XZH_V1_1】数据库下的【表】,选择股民信息表【GMXXB】,单击鼠标右键,在弹出的快捷菜单中选择【编辑前 200 行】命令。

(3)在数据输入窗口中,输入如表 5-4 所示的相关数据,输入后按<Enter>键。

表 5-4　　　　　　　　　　　　　　　　**股民信息表验证数据 1**

xm	xb	sfzh	gdzh	zjzh	zjye	khsj	mm
张三	男	330117198008081234	1001	20161001	0	2016-02-02	123

如果能输入成功,输入后的效果如图 5-17 所示,说明"股民编号(bh)"列已经自动输入,并且从 1 开始,标识属性设置成功;"资金余额(zjye)"列默认设置为 0,默认约束也设置成功。否则说明设置失败。

	bh	xm	xb	sfzh	gdzh	zjzh	zjye	khsj	mm
	1	张三	男	330117198008081234	1001 ...	20161001	0.00	2016-02-02	123
▶*	NULL	NULL	NULL	NULL	NULL	NULL	NULL	NULL	NULL

图 5-17　股民信息表数据

(4)在数据输入窗口中,输入如表 5-5 所示的相关数据,输入后按<Enter>键。如果能弹出如图 5-18 所示的【错误提示】对话框,将其改成与第一条记录不同的身份证号后再按<Enter>键,如果输入成功,说明身份证号的唯一约束设置成功,否则说明设置失败。

表 5-5　　　　　　　　　　　　　　　　**股民信息表验证数据 2**

xm	xb	sfzh	gdzh	zjzh	zjye	khsj	mm
李四	女	330117198008081234	1002	20161002	0	2016-02-02	123

图 5-18　"身份证号(sfzh)"列唯一约束错误提示框

(5)将第一条记录中的"性别(xb)"设置成"难",如果能弹出如图 5-19 所示的对话框,说明"性别(xb)"列的 CHECK 约束设置成功,否则说明设置失败。

图 5-19　"性别(xb)"列 CHECK 约束错误提示框

(6)将第一条记录中的"资金账号(zjzh)"设置成与第二条记录中的"资金账号(zjzh)"一致,如果能弹出如图 5-20 所示的对话框,说明资金账号(zjzh)主键约束设置成功,否则说明设置失败。

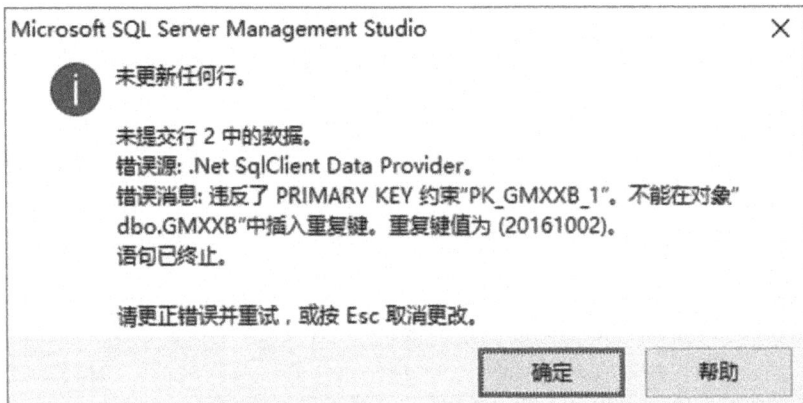

图 5-20　"资金账号(zjzh)"列主键约束错误提示框

实训任务

(1)使用 SSMS 中的【对象资源管理器】创建股票信息表【GPXXB】,并设置其完整性约束,具体要求如表 5-6 所示。

表 5-6 **GPXXB(股票信息表)**

字段名	数据类型	长度	允许空	说明
gpbh	char	6	否	股票编号
gpmc	varchar	20	否	股票名称
fxgs	int	4	否	发行股数
ssrq	date	3	是	上市日期

(2)使用 SSMS 中的【对象资源管理器】,在股票信息表【GPXXB】中添加"所属行业"列,列名为 sshy,列属性为 varchar,长度为 20,允许为空。

(3)使用 SSMS 中的【对象资源管理器】,在股票信息表【GPXXB】中设置以下约束:

① 股票编号(gpbh)设置为主键约束;

② 股票名称(gpmc)设置唯一约束;

③ 发行股数(fxgs)设置默认约束,默认为 0。

(4)使用 T-SQL 语句,创建委托信息表【WTXXB】,并设置其完整性约束,具体设置如表 5-7 所示。

表 5-7 **WTXXB(委托信息表)**

字段名	数据类型	长度	允许空	说明
wtbh	int	4	否	委托编号
gdzh	char	10	否	股东账户
wtsj	datetime	8	否	委托时间
gpbh	char	6	否	股票编号
wtgs	int	4	否	委托股数
wtjg	numeric	(19,2)	否	委托价格
cjgs	int	4	是	成交股数
cjjg	numeric	(19,2)	是	成交价格

(5)使用 T-SQL 语句,在委托信息表【WTXXB】中添加"成交时间"列。列名为 cjsj,列属性为 datetime,允许为空。

(6)使用 T-SQL 语句,将新增的"cjsj"列删除。

(7)使用 T-SQL 语句,在委托信息表【WTXXB】中设置以下约束:

① 将委托编号(wtbh)设置为主键,并设置自动增长的标识属性,从 1 开始,每次加 1;

② 将股票编号(gpbh)设置为股票信息表【GPXXB】的外键约束;

③ 委托股数(wtgs)和成交股数(cjgs)设置 CHECK 约束(大于 0);

④ 委托价格(wtjg)和成交价格(cjjg)设置默认约束(默认值为 0)。

(8)使用 SSMS 中的【对象资源管理器】,将股票信息表【GPXXB】的结构脚本导出,并保存为 GPXXB. sql 文件。

(9)在 GPXXB(股票信息表)和 WTXXB(委托信息表)中输入数据进行约束的验证。

(10)思考:存取款信息表(CQKXXB)需要设置哪些约束?该如何完成?如何实现委托信息表(WTXXB)的"委托股数(wtgs)"列只能输入 100 的倍数?

拓展任务

(1)使用 SSMS 中的【对象资源管理器】创建、修改、删除数据表。

① 创建一个进销存数据库,数据库名称设置为 JXC,保持默认设置。

② 在 JXC 数据库中创建一个商品库存表(SPKCB),如表 5-8 所示,并完成完整性设置。

表 5-8　　　　　　　　　　　　　　　　商品库存表(SPKCB)

字段名	数据类型	长度	允许空	说明
spbh	char	10	否	商品编号,主键
spmc	varchar	40	否	商品名称,唯一约束
kcsl	int	4	否	库存数量,CHECK 约束(大于等于 0)
pfj	numeric	(19,2)	否	批发价,默认值 0
lsj	numeric	(19,2)	是	零售价,默认值 0

③ 在 JXC 数据库中创建一个商品进货表(SPJHB),并完成完整性设置。

表 5-9　　　　　　　　　　　　　　　　商品进货表(SPJHB)

字段名	数据类型	长度	允许空	说明
jhbh	int	4	否	进货编号,主键,自动增长
spbh	char	10	否	商品编号,外键约束
jhsl	int	4	否	进货数量,CHECK 约束(大于等于 0)
jhj	numeric	(19,2)	否	进货价,默认值 0
jhrq	date	3	是	进货日期
gys	varchar	40	是	供应商

(2)使用代码创建、修改、删除数据表。

在 JXC 数据库中创建一个商品销售表(SPXSB),如表 5-10 所示,并完成完整性设置。

表 5-10　　　　　　　　　　　　　　　　**商品销售表(SPXSB)**

字段名	数据类型	长度	允许空	说明
xhbh	int	4	否	销货编号,主键,自动增长
spbh	char	10	否	商品编号,外键约束
xhsl	int	4	是	销货数量,CHECK 约束 (大于等于 0)
xhj	numeric	(19,2)	是	销货价,默认为 0
xhrq	date	3	是	销货日期
kh	varchar	40	是	客户

(3)使用 SSMS 将商品库存表(SPKCB)的脚本导出。

项目小结

本项目通过具体示例介绍了使用 SSMS 和 T-SQL 语句创建、修改和删除数据表的方法、数据表结构脚本的导出方法、数据表完整性的设置和数据完整性的验证方法。通过数据表各种创建、修改和删除方法的学习,应能熟练掌握并能灵活对数据表进行管理;通过数据完整性设置方法的学习,应能掌握唯一值、默认值、有数据范围等输入限制和参照限制等约束设置方法,以满足实际应用的需求。

课外练习

(1)创建数据表结构的命令是什么?

(2)为已有数据表增加一个字段的命令是什么?

(3)删除数据表的命令是什么?

(4)数据表的自动编号字段在添加记录时需要指定数值吗?

(5)数据表可以为空字段有什么实际意义?

(6)常用的约束有哪些?

(7)数据表的主键约束和唯一性约束有什么不同?

(8)主键与外键的制约关系是怎样的?

(9)举例说明默认值可以有哪些应用。

(10)char 或 varchar 有什么不同?

项目 6
数据库的管理

当在样板数据库中建立了数据表,并对数据表进行了增删改查之后,必须要对自己的数据建立数据库。为此,本项目设立的学习目标和对应任务如下。

◈ **知识目标**

❑ 掌握查看已有数据库的文件组成和存储方式;
❑ 掌握数据库主要参数的设置方法,建立新的数据库;
❑ 验证所建数据库的可用性。

◈ **技能目标**

❀ 学会在 SSMS 中查看数据库参数;
❀ 学会导出已有数据库的脚本;
❀ 使用命令建立、修改和删除数据库。

◈ **任务列表**

任务 6.1　证券数据库的查看

数据库的查看，一般可以分为数据库属性的查看和数据库对象的查看。

6.1.1　证券数据库属性查看

需求分析

小王刚担任数据库管理员(DBA)，主要管理公司的数据库，主管让他先了解现有的证券数据库 XZH_STOCK_INFO，查看数据库的大小、备份情况、基本选项情况等。

实现过程

如何查看数据库？这是数据库操作过程中经常遇到的问题。对于已创建的证券数据库的查看，可以利用 SSMS 的【对象资源管理器】和在查询编辑器里使用 T-SQL 语句来查看数据库的信息。本任务主要采用 SSMS 的【对象资源管理器】进行查看。

(1) 进入 SSMS 窗口，在【对象资源管理器】窗口中选中需要查看的数据库【XZH_STOCK_INFO】，单击鼠标右键，在弹出的快捷菜单中选择【属性】命令，如图 6-1 所示。

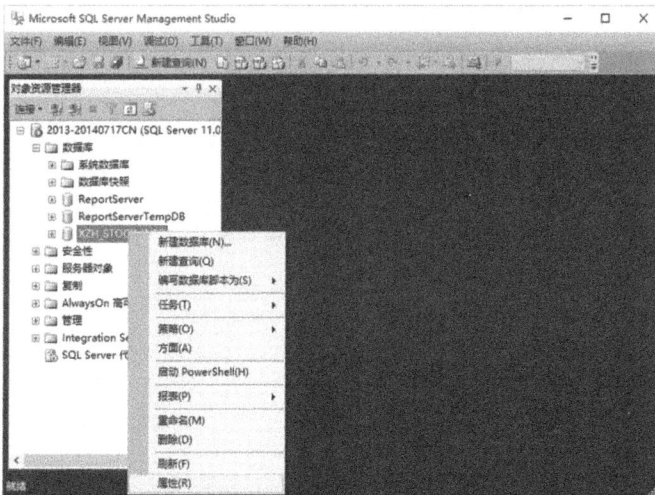

图 6-1　查看【XZH_STOCK_INFO】数据库信息

数据库属性窗口有【常规】、【文件】、【文件组】、【选项】、【更改跟踪】、【权限】、【扩展属性】、【镜像】和【事务日志传送】9 个选项卡。

(2)在弹出的【数据库属性-XZH_STOCK_INFO】窗口中,选择【常规】选项,右侧界面列出了数据库【XZH_STOCK_INFO】的备份、数据库、维护等信息,如图 6-2 所示。其中备份信息包括数据库和数据库日志上次备份日期;数据库信息包括数据库的名称、状态、所有者、创建日期、大小、可用空间和用户数;维护信息主要涉及排序规则。

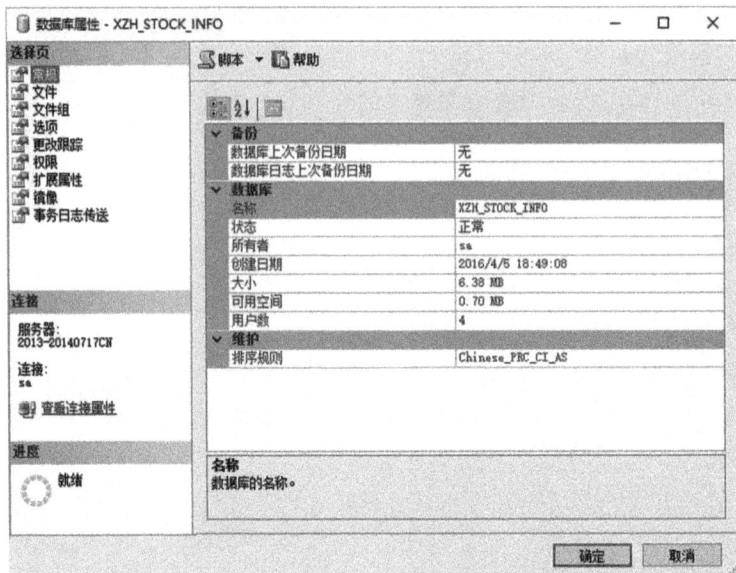

图 6-2 【XZH_STOCK_INFO】数据库常规窗口

(3)在弹出的【数据库属性-XZH_STOCK_INFO】窗口中,选择【文件】选项,可以查看数据库【XZH_STOCK_INFO】现有的数据库数据文件和数据库日志文件的设置信息。在这个窗口中可对数据库文件(主数据库文件和辅助数据库文件)的初始容量、最大容量、增长量进行设置和修改,也可以新增或删除数据文件,确定新增文件的名称和物理位置。在某一个文件组中进行文件的增删,会影响该文件组中包含文件的数量。如图 6-3 所示。

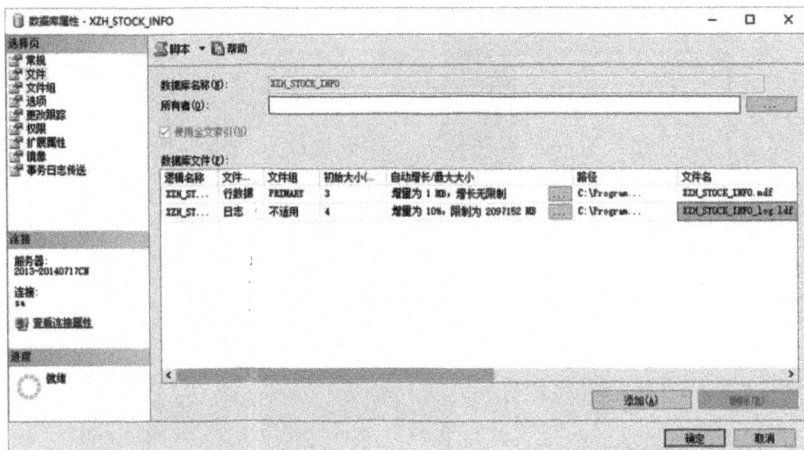

图 6-3 【XZH_STOCK_INFO】数据库文件窗口

（4）在弹出的【数据库属性-XZH_STOCK_INFO】窗口中，选择【文件组】选项，可以查看数据库【XZH_STOCK_INFO】的文件组的设置信息。在这个窗口可增删文件组，对文件组的名称、分组数、只读属性及默认值进行设置和修改。如图 6-4 所示。

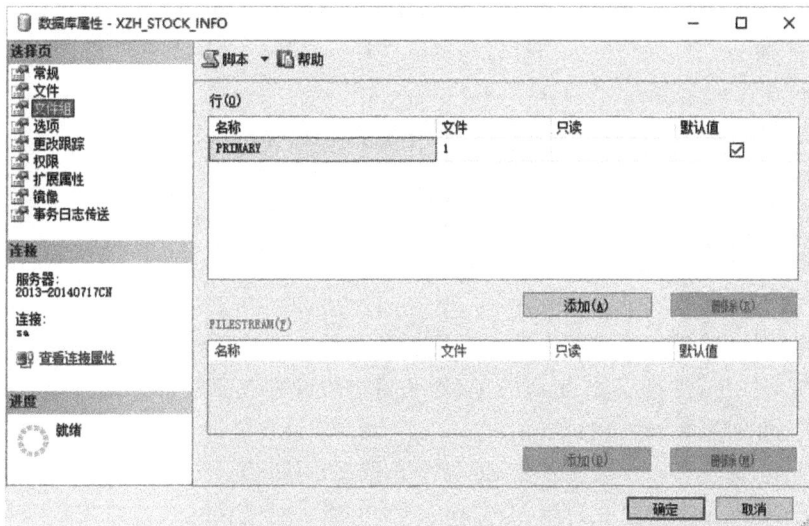

图 6-4　【XZH_STOCK_INFO】数据库文件组窗口

（5）在弹出的【数据库属性-XZH_STOCK_INFO】窗口中，选择【选项】选项，可以查看数据库【XZH_STOCK_INFO】的排序规则、恢复模式、兼容级别、包含类型以及数据库状态、自动信息等设置。在这个窗口可对数据库的访问权限及多项属性进行设置和修改。如图 6-5 所示。

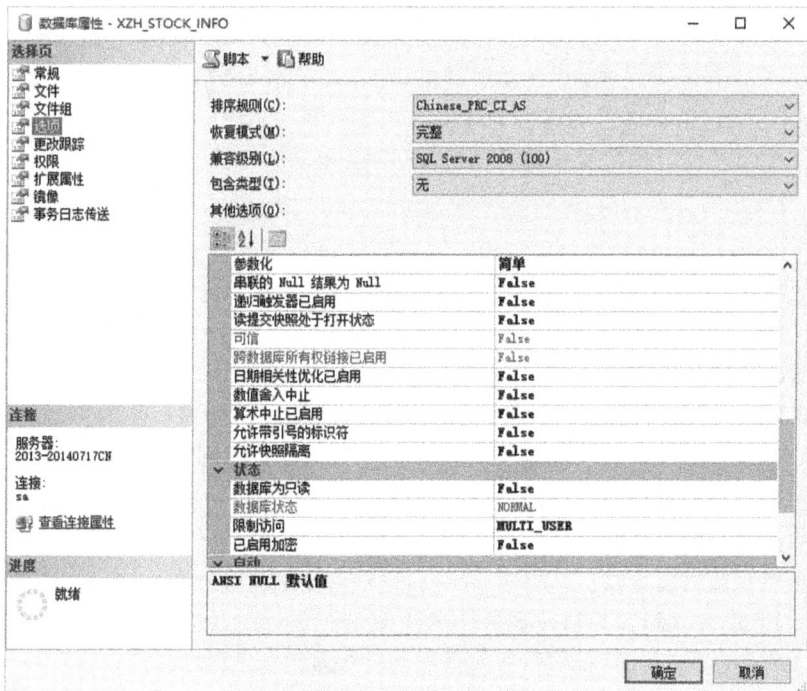

图 6-5　【XZH_STOCK_INFO】数据库选项窗口

125

此外,还有【更改跟踪】、【权限】、【扩展属性】、【镜像】和【事务日志传送】等选项可以查看,这里不再详细说明。

知识储备

数据库属性窗口有【常规】、【文件】、【文件组】、【选项】、【更改跟踪】、【权限】、【扩展属性】、【镜像】和【事务日志传送】等9个选项卡。

(1)【常规】选项可以查看备份、数据库、维护等信息。其中备份信息包括数据库和数据库日志上次备份日期;数据库信息包括数据库的名称、状态、所有者、创建日期、大小、可用空间和用户数;维护信息主要涉及排序规则。

(2)【文件】选项可以查看或修改所选数据库的属性。主要是对数据库文件(主数据库文件和辅助数据库文件)的初始容量、最大容量、增长量进行设置和修改,也可以新增或删除数据文件,确定新增文件的名称和物理位置。

(3)【文件组】选项可以查看文件组,或为所选数据库添加新的文件组。文件组类型分为行文件组、FILESTREAM 数据文件组和内存优化文件组。行文件组包含常规数据和日志文件。FILESTREAM 数据文件组包含 FILESTREAM 数据文件。这些数据文件存储的信息是关于二进制大型对象(BLOB)数据在使用 FILESTREAM 存储时在文件系统中的存储方式。两种类型的文件组具有相同的选项。如果未启用 FILESTREAM,则不能使用 FILESTREAM 部分。可以通过服务器属性("高级"页)启用 FILESTREAM 存储。

(4)【选项】选项可以查看或修改所选数据库的选项。主要包含页眉、自动、包含、游标、FILESTREAM、杂项、恢复、状态等类型的选项设置。其中页眉主要涉及排序规则、恢复模式和兼容级别等;自动涉及自动关闭、自动统计等;包含涉及在数据库级别配置,通常在服务器级别配置时的某些设置;游标涉及默认游标和是否在提交时关闭游标功能等;FILESTREAM 涉及 FILESTREAM 目录名称和非事务访问设置;杂项涉及 ANSI NULL 默认值、ANSI 警告已启用等;恢复涉及页验证和目标恢复时间;状态涉及数据库为只读、限制访问和已启用加密等设置。

(5)【更改跟踪】选项可以查看或修改所选数据库的更改跟踪设置。包含更改跟踪、保持期、保持期单位和自动清除等选项设置。

(6)【权限】选项可以查看和配置服务器权限、数据库用户或角色列表以及相应的权限。

(7)【扩展】选项可以向数据库对象添加自定义属性。使用此页可以查看或修改所选对象的扩展属性。"扩展属性"页对于所有类型的数据库对象都是相同的。

(8)【事务日志传送】选项可以配置和修改数据库的日志传送属性。包含将此数据库启用为日志传送配置中的主数据库、备份设置、备份计划、上次备份创建时间、辅助服务器实例和数据库、添加、移除等选项设置。

(9)【镜像】选项可以配置并修改数据库的镜像属性,还可以使用该页来启动配置数据库镜像安全向导,以查看镜像会话的状态,并可以暂停或删除数据库镜像会话。

6.1.2　证券数据库对象查看

需求分析

小王在了解证券数据库 XZH_STOCK_INFO 的基本属性信息后,需要查看数据库的数据表和其他数据库对象的情况,加强了解。

实现过程

(1)进入 SSMS 窗口,在【对象资源管理器】窗口中选中需要查看的数据库【XZH_STOCK_INFO】。点击数据库【XZH_STOCK_INFO】前面的"＋"或双击数据库【XZH_STOCK_INFO】,展开数据库即可查看数据库【XZH_STOCK_INFO】目前已有的表、存储过程等相关数据库对象。如图 6-6 所示。

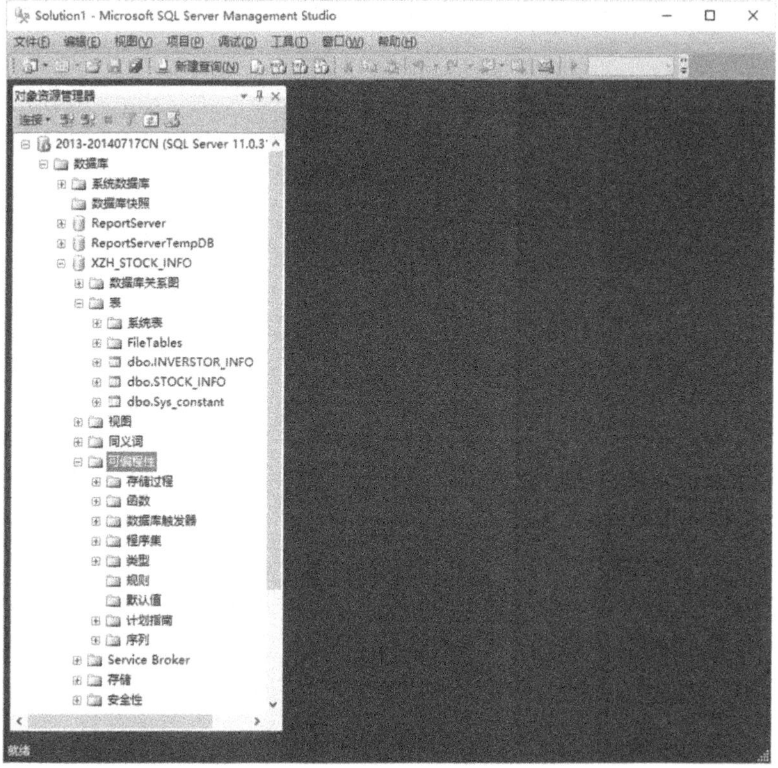

图 6-6　查看【XZH_STOCK_INFO】数据库对象

(2)选择数据库【XZH_STOCK_INFO】的表等数据库对象,单击鼠标右键,在弹出的快捷菜单中可以选择各种命令查看对象的基本信息。如图 6-7 所示为查看表【STOCK_INFO】的列设置。

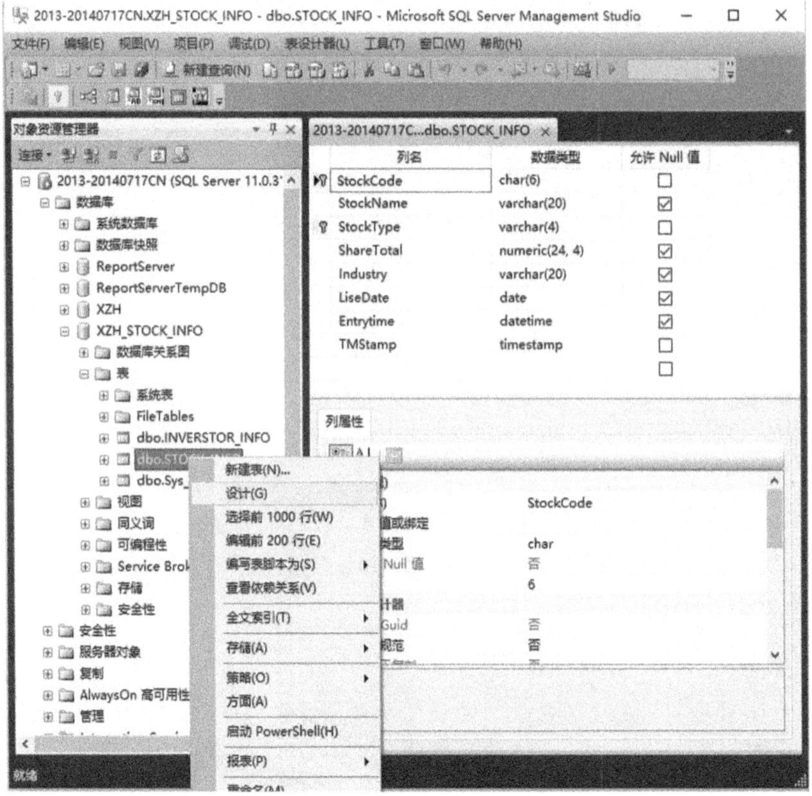

图 6-7　查看【XZH_STOCK_INFO】表【STOCK_INFO】的列设置

其他对象的查看方式与表的查看方式类似，这里就不再详细说明。

知识储备

SQL Server 的数据库不只存储数据，还存储所有与数据处理操作相关的信息。实际上，SQL Server 的数据库由诸如表、视图、索引等各种不同的数据库对象组成，它们分别用来存储特定信息并支持特定功能，构成数据库的逻辑存储结构。

SQL Server 2012 的数据库中的数据及信息在逻辑上组成一系列对象，用户打开某个数据库时，所看到的是逻辑对象，而不是存放在磁盘上的物理数据文件。

常见的数据库对象有表（Table）、视图（View）、存储过程（Stored procedures）、触发器（Triggers）、索引（Indexes）、规则（Constraints）、默认值（Defaults）、约束（Constraint）、用户自定义数据类型（User-defined data types）、用户自定义函数（User-defined functions）等。其中：

（1）表是包含数据库中所有数据的数据库对象。数据在表中的逻辑组织方式与在电子表格中相似，都是按行和列的格式组织的。每一行代表一条唯一的记录，每一列代表记录中的一个字段。例如，在包含公司雇员数据的表中，每一行代表一名雇员，各列分别代表该雇员的信息，如雇员编号、姓名、地址、职位及家庭电话号码等。

（2）视图是一个虚拟表，其内容由查询定义。同表一样，视图包含一系列带有名称的列和行数据。视图在数据库中并不是以数据值存储集形式存在的，除非是索引视图。行和列数据用来自由定义视图的查询所引用的表，并且在引用视图时动态生成。

（3）索引提供指向存储在表的指定列中的数据值的指针，然后根据指定的顺序对这些指针进行排序。数据库使用索引的方式和书籍中使用索引的方式相似，都是以搜索索引去查找特定值，然后依据指针找到包含该值的行。可以根据实际应用的需要，在表中建立一个或多个索引，以提供多种存储路径，加快查找速度。

（4）存储过程可以将一些固定的操作集中起来由数据库服务器完成，以执行某个特定的任务。实际上存储过程就是为完成特定的功能而汇集在一起的一组 SQL 语句，编译后存储在数据库中。存储过程有以下功能：接收输入参数并以输出参数的格式向调用程序返回多个值；包含用于在数据库中执行操作的编程语句。这包括调用其他过程；向调用程序返回状态值，以指明成功或失败（以及失败的原因）。

（5）触发器是一个用户自定义的 SQL 事务命令的集合，它在指定表中的数据发生变化时自动执行。触发器被调用时自动执行 INSERT、UPDATE、DELETE 和 SELECT 语句，实现表间的数据完整性和复杂的业务规则。

（6）约束是 SQL Server 强制执行的应用规则，它能够限制用户存放到表中的数据的格式和可能值，目的是保证数据的完整性。约束可以作为数据库定义的一部分 CREATE TABLE 语句中，可以通过 ALTER TABLE 语句来添加或删除。在删除一个表后，该表所带的所有约束定义也被随之删除。

任务 6.2　使用 SSMS 创建数据库

需求分析

小王在了解了证券数据库 XZH_STOCK_INFO 的基本属性信息和对象信息后，发现目前的数据库不是很完善。主管希望他重新开发 2.0 版本的证券数据库系统，完善所需功能，并再创建一个新的数据库。数据库的设置要求如下：

创建一个名为"XZH"的数据库，设置数据库的所有者为"sa"，数据库的主数据文件逻辑名称为"XZH"，物理文件名为"XZH.mdf"，存储在"D:\"目录下，初始大小为 10MB，最大为60MB，增量为 5MB；数据库的日志文件逻辑名称为"XZH_log"，物理文件名为"XZH_log.ldf"，存储在"D:\"目录下，初始大小为 5MB，最大为 25MB，增量为 15％。

创建数据库一般有两种方式，可以利用 SSMS 的【对象资源管理器】向导和在查询编辑器里使用 T-SQL 语句来创建数据库（SQL Server 的实例可以支持多个数据库，但最多不超过32767 个）。本任务主要采用 SSMS 的【对象资源管理器】向导来创建数据库。

实现过程

（1）进入 SSMS 窗口，并弹出【连接到服务器】对话框，如图 6-8 所示。设置好服务器类型、服务器名称、身份验证、登录名和密码，单击"连接"按钮，连接到目标服务器。

图 6-8 【连接到服务器】对话框

（2）连接到目标服务器后，在【对象资源管理器】窗口选择【数据库】选项，单击鼠标右键，在弹出的快捷菜单中选择【新建数据库】命令。如图 6-9 所示。

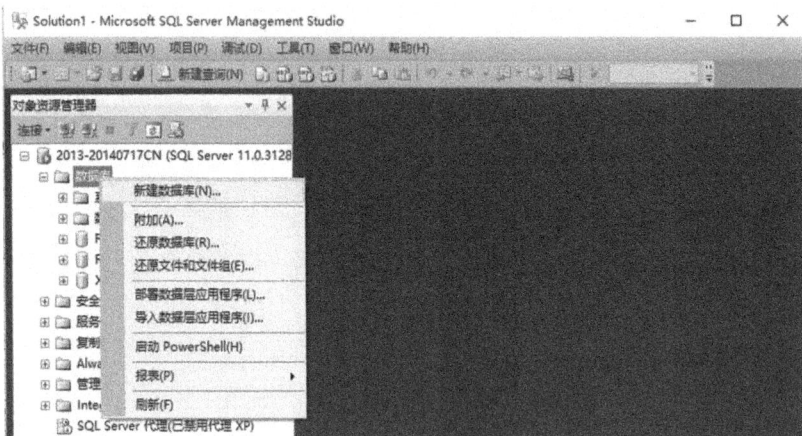

图 6-9 选择【新建数据库】命令

（3）弹出【新建数据库】窗口，在【常规】选项的右侧界面的【数据库名称】文本框中输入要创建的数据库名称"XZH"，【所有者】文本框可以选择默认值，也可以指定拥有者，如图 6-10 所示。可以通过点击文本框右侧的浏览按钮 　　　　 ，进入【选择数据库所有者】对话框来选择数据库"XZH"的拥有者，如图 6-11 所示。

图 6-10　设置数据库的名称

(4)在【选择数据库所有者】对话框中,选择对象类型为"登录名",然后在【输入要选择的对象名称(示例)】文本框中单击"浏览"按钮,在弹出的【查找对象】对话框中,选择对象名称"sa",单击"确定"按钮,即可选取数据库"XZH"的使用者为"sa",如图 6-11 所示。

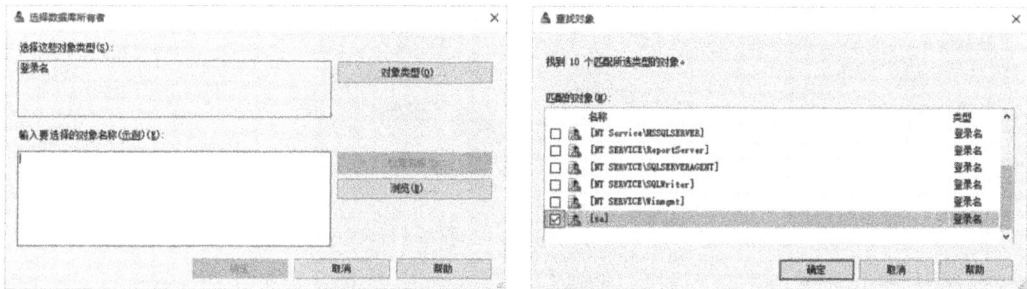

图 6-11　选择数据库所有者

(5)在【新建数据库】窗口的【数据库文件】编辑框内的"逻辑名称"列输入数据库文件名"XZH",一般情况下当输入数据库名后,数据库的数据文件名为数据库名,即为"XZH",数据库的日志文件名为数据库名_log,即为"XZH_log";在"初始大小"列设置数据库数据文件的初始大小为 10MB,日志文件的初始大小为 5MB。如图 6-12 所示。

在"自动增长"列设置自动增长方式和值的大小(当数据库文件或日志文件满时,会根据设定的初始值自动方式增大文件的容量)。单击"自动增长"列值后面的 ... 按钮,弹出【更改XZH 的自动增长设置】对话框,在其中设置数据库数据文件的自动增长方式为最大值 60MB,增量为 5MB;数据库日志文件的自动增长方式为最大值 25MB,增量为 15%。具体设置如图 6-13 和图 6-14 所示。

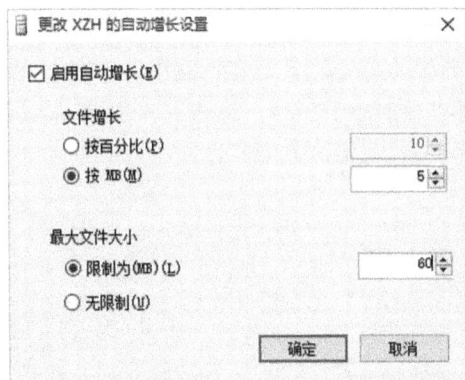

图 6-12　设置数据库数据文件和日志文件的初始大小

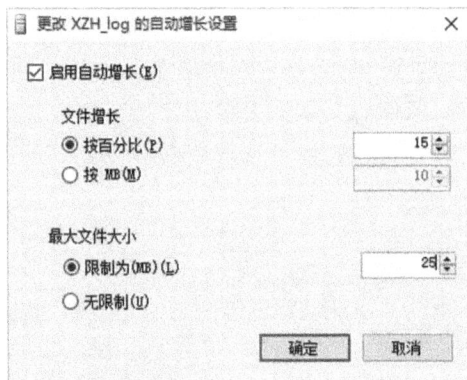

图 6-13　设置数据库数据文件的自动增长　　图 6-14　设置数据库日志文件的自动增长

在"路径"列设置文件的保存路径,默认是保存在系统数据库的文件夹路径。单击"路径"列后的 　　　 按钮,出现"定位文件夹"对话框,选择保存数据文件和日志文件的目录,设置后效果如图 6-15 所示。也可以直接在"路径"列文本框上直接修改路径。如果不改变以上各列的值,则数据库文件按默认值保存。注意:一般情况下,数据库的数据文件和日志文件保存在同一个路径中。

(6)在【新建数据库】窗口中选择【选择页】下的【选项】选项,如图 6-16 所示。在右侧界面中设置数据库的配置参数。由于本任务中没有要求设置选项,保持默认即可。

(7)如果需要添加新的文件组,则选择【选择页】下的【文件组】选项,在右侧界面中单击"添加"按钮,就会增加一个文件组,在"名称"列输入文件组的名称,如图 6-17 所示。如果不需要文件组,则可以点击"删除"按钮删除文件组(其中 PRIMARY 组不可以删除)。由于本任务中不要求设置选项,保持默认即可。

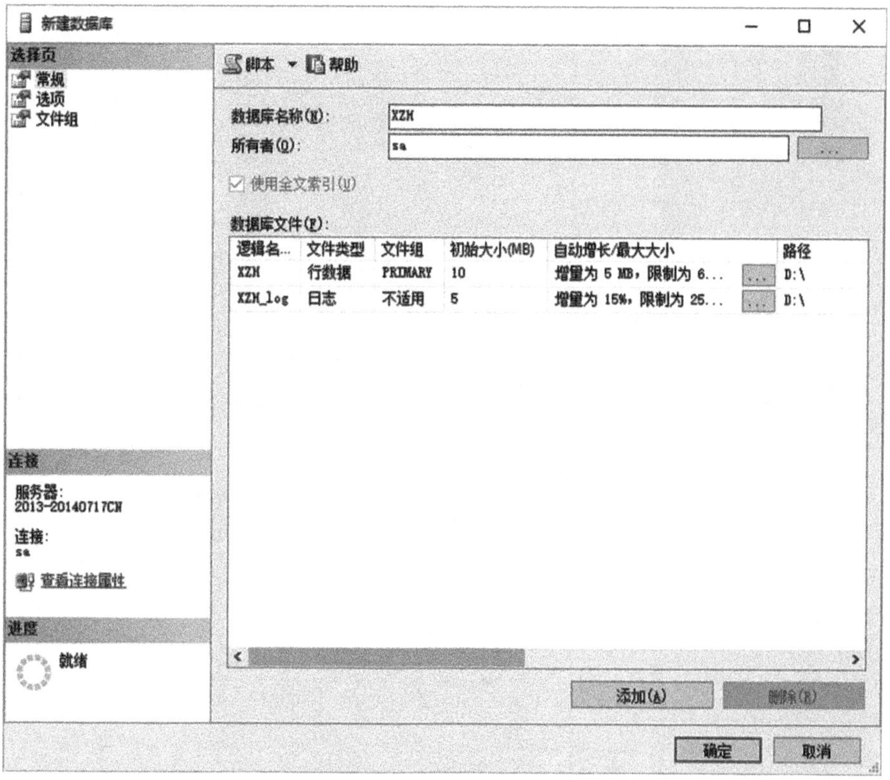

图 6-15 设置数据库保存路径

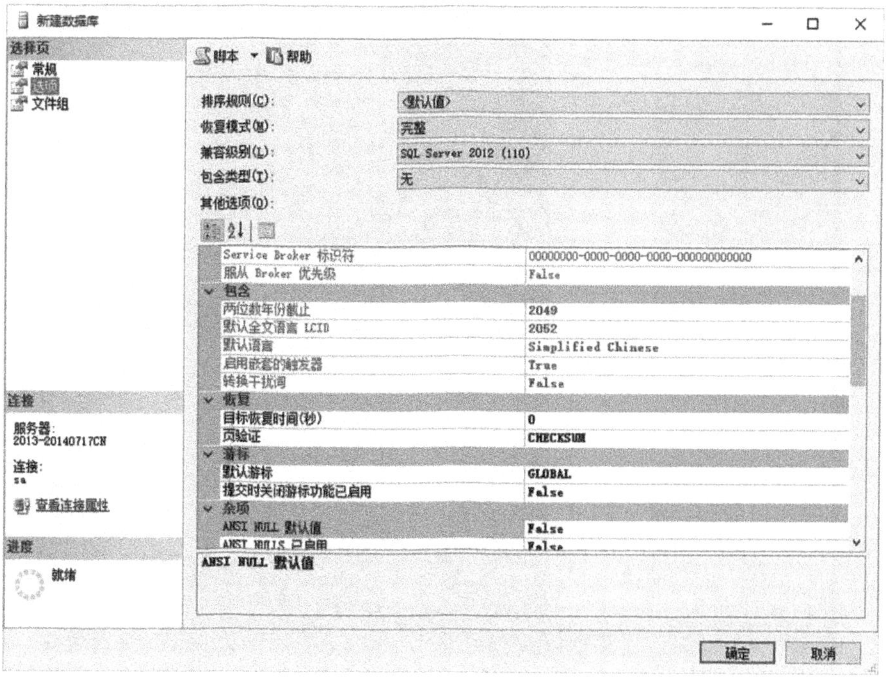

图 6-16 数据库选项设置

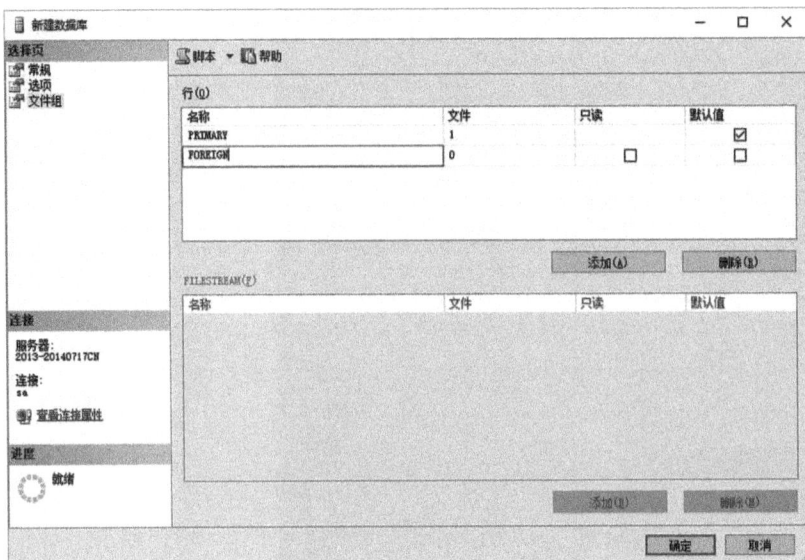

图 6-17　数据库文件组设置

（8）设置完所有属性后，单击"确定"按钮。系统开始创建数据库，创建成功后，在【对象资源管理器】的【数据库】节点下就会显示新创建的数据库"XZH"。如图 6-18 所示。

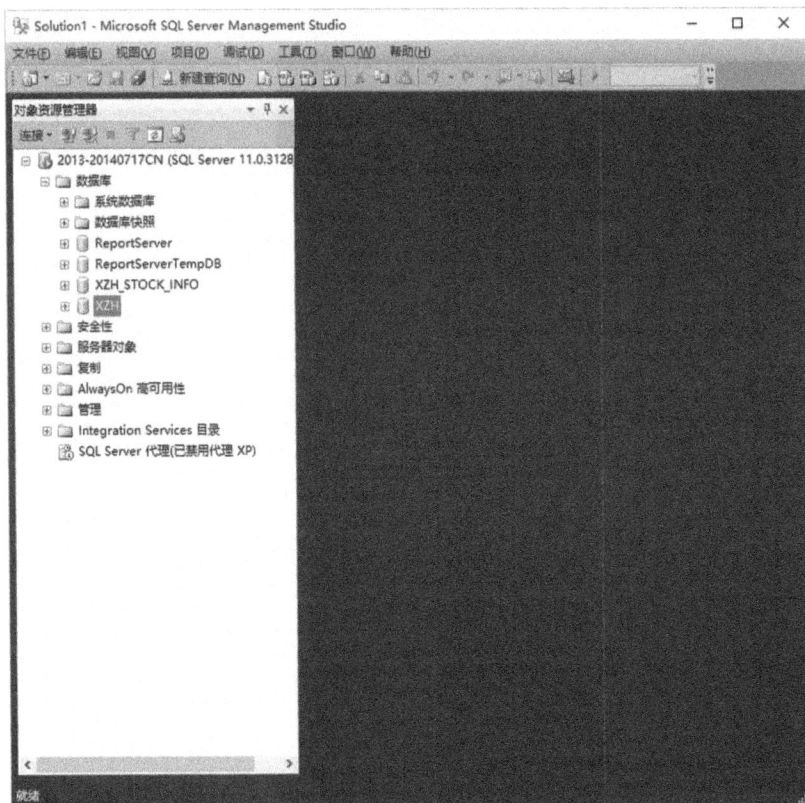

图 6-18　新建的"XZH"数据库

在 D 盘就会出现如图 6-19 所示的两个文件。

图 6-19 显示文件

知识储备

SQL Server 数据库是有组织的数据的集合。在 SQL Server 中,数据库是作为一个整体集中管理的,因此每个数据库必须有唯一的"数据库名"以对其进行标识(在所在的数据库实例中唯一即可)。

数据库命名必须符合 SQL Server 标识符的构成规则:

(1)由字母、汉字、数字、下画线组成;

(2)不能以数字开头,不能是关键字;

(3)最长不超过 128 个字符。

在 SSMS 的【对象资源管理器】中,选择"数据库"节点,可以看到 SQL Server 2012 系统中已有的数据库。如图 6-20 所示。

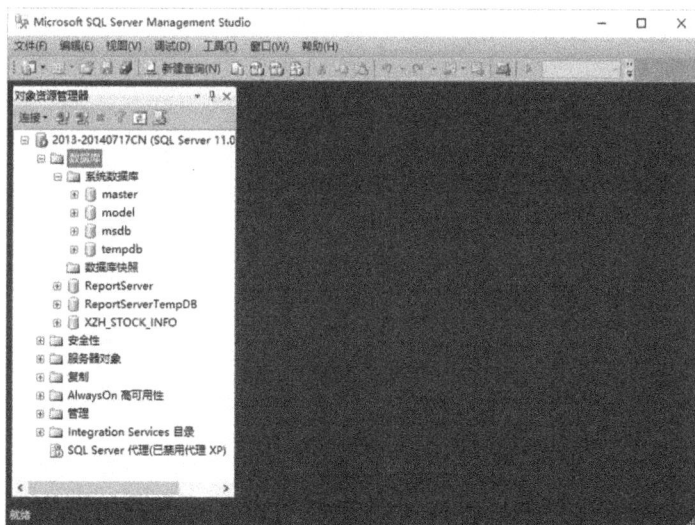

图 6-20 【对象资源管理器】中看到的数据库

1.系统数据库

SQL Server 2012 安装成功后,系统会自动创建 4 个数据库,它们分别是 master、model、msdb 和 tempdb。这些数据库的文件存储在 Microsoft SQL Server 默认安装目录下的 MSSQL 子目录的 Data 文件夹中。各数据库的主要功能如下:

(1)master 数据库。

master 数据库是 SQL Server 系统最重要的数据库。它记录了 SQL Server 系统的所有系统信息。这些系统信息包括所有的登录信息、系统设置信息、SQL Server 的初始化信息和其他系统数据库及用户数据库的相关信息。因此,创建一个数据库、更改系统的配置、添加个人登录账户以及任何会更改系统数据库 master 的操作之后,应当及时备份 master 数据库。

(2)model 数据库。

model 数据库是所有用户数据库和 tempdb 数据库产生时的模板。它含有 master 数据库的所有系统表子集,这些系统数据库是每个用户定义数据库时都需要的。当创建新的数据库时,SQL Server 以此作为新数据库的基础,这样可以大大简化数据库及其对象的创建和设置工作,为用户节省大量的时间。

(3)msdb 数据库。

msdb 数据库是代理服务数据库。它为报警、任务调度和记录操作员的操作提供存储空间。

(4)tempdb 数据库。

tempdb 数据库是一个临时数据库。它为所有的临时表、临时存储过程及其他临时操作提供存储空间。tempdb 数据库由整个系统的所有数据库使用,不管用户使用哪个数据库,它们建立的所有临时表存储在 tempdb 上。SQL Server 每次启动时,tempdb 数据库被重新建立。当用户与 SQL Server 断开连接时,其临时表被自动删除。

2. 数据库文件

逻辑上,SQL Server 数据库由数据库对象组成,数据库是存放数据库对象的容器;物理上,SQL Server 数据库以文件的形式存放在物理磁盘中,数据库对象没有对应的磁盘文件。

数据库在磁盘中是以文件为单位存储的,由数据库文件和事务日志文件组成,一个数据库至少应该包含一个数据库文件和一个事务日志文件。

SQL Server 2012 中的每个数据库由多个操作系统文件组成,数据库的所有数据、对象和数据库操作日志均存储在这些操作系统文件中。根据这些文件作用的不同,可以将它们划分为以下 3 种:

(1)主数据库文件(Primary Database File)。

数据库文件是存放数据库数据和数据库对象的文件,一个数据库可以有一个或多个数据库文件,一个数据库文件只能属于一个数据库。当有多个数据库文件时,有一个文件被定义为主数据库文件(简称主文件),其扩展名为. mdf。

主数据库文件用来存储数据库的启动信息及部分或全部数据,是所有数据库文件的起点,包含指向其他数据库文件的指针。一个数据库只能有一个主数据库文件。

(2)辅助数据库文件(Secondary Database File)。

辅助数据库文件(简称辅助文件)用于存储主数据库文件中未存储的剩余数据和数据库对象,一个数据库可以没有辅助数据库文件,也可以同时拥有多个辅助数据库文件。

使用辅助数据库文件的优点在于,可以在不同的物理磁盘上创建辅助数据库文件并将数据存储在文件中,这样可以提高数据处理的效率。另外,当数据庞大时,如果主数据库文件的大小超过操作系统对单一文件大小的限制,也需要使用辅助数据库文件来存储数据。辅助数据库文件的扩展名为.ndf。

(3)事务日志文件。

事务日志文件存储数据库的更新情况等事务日志信息。当使用 INSERT、DELETE、UPDATE 等语句对数据库进行更改的操作都会记录在此文件中,而如 SELECT 等对数据库内容不会有影响的操作不会记录在案。当数据库损坏时,管理员使用事务日志恢复数据库。每一个数据库必须至少拥有一个事务日志文件,而且允许拥有多个日志文件。事务日志文件的扩展名为.ldf,日志文件的大小至少是 512KB。

SQL Server 事务日志采用提前写入的方式,即对数据库的修改先写入事务日志中,然后写入数据库。为了提高执行效率,此更改不会立即写入硬盘中的数据库,而是由系统以固定的时间间隔执行 CHECKPOINT 命令,将更改过的数据库批量写入硬盘。SQL Server 在执行数据更改时会设置一个开始点和一个结束点,如果尚未到达结束点而因某种原因使操作中断,则在 SQL Server 重新启动时会自动恢复已修改的数据,使其返回未被修改的状态。因此,当数据库被破坏时,可以用事务日志来恢复。

注意:

由于 SQL Server 2012 中的数据和事务日志文件随着数据的不断操作而变化,同时需要系统反应灵敏。因此,这些文件不能存放在压缩文件系统或共享网络目录等远程的网络驱动器上。

3. 数据库文件组

为了提高服务器的性能,可以为一个数据库在不同的硬盘中创建多个数据库文件。为了便于管理,将这些文件归为一组,并赋予一个名称,这就是文件组。

SQL Server 中的数据库文件组分为主文件组(Primary File Group)和用户定义文件组(User_defined Group)。

(1)主文件组。

主文件组包含主数据文件和没有明确指派给其他文件组的数据文件。数据库的系统表都包含在主文件组中。

(2)用户定义文件组。

用户定义文件组是在 CREATE DATABASE 或 ALTER DATABASE 语句中,使用FILEGROUP 关键字指定的文件组。

主文件组中包含了所有的系统表,当建立数据库时,主文件组包括主数据库文件和未指定组的其他文件。在用户定义文件组中可以指定一个默认文件组,在创建数据库对象时,如果没有指定将其放在哪一个文件组中,系统就会将它放在默认文件组中。如果没有指定默认文件组,则主文件组为默认文件组。通常,默认文件组指向主文件组。

一个文件只能存在于一个文件组中,一个文件组也只能被一个数据库使用;文件组只能包含数据文件(主数据库文件和辅助数据库文件),这些文件可以存放在不同的物理磁盘中。

任务 6.3　使用 SSMS 修改数据库基本参数

需求分析

　　小王向主管汇报新建的数据库 XZH 的设置，主管提出了一些修改要求，将数据库的日志文件的增长方式由原来的最大文件大小无限制，修改为最大值为 30MB，增量为 3MB 。

　　对数据库基本参数的修改主要是对属性面板中的【文件】选项进行设置。本次任务主要采用 SSMS 的【对象资源管理器】进行查看。

实现过程

　　(1)进入 SSMS 窗口，在【对象资源管理器】窗口中选中需要查看的数据库【XZH】，单击鼠标右键，在弹出的快捷菜单中选择【属性】命令，出现【数据库属性-XZH】窗口，如图 6-21 所示。

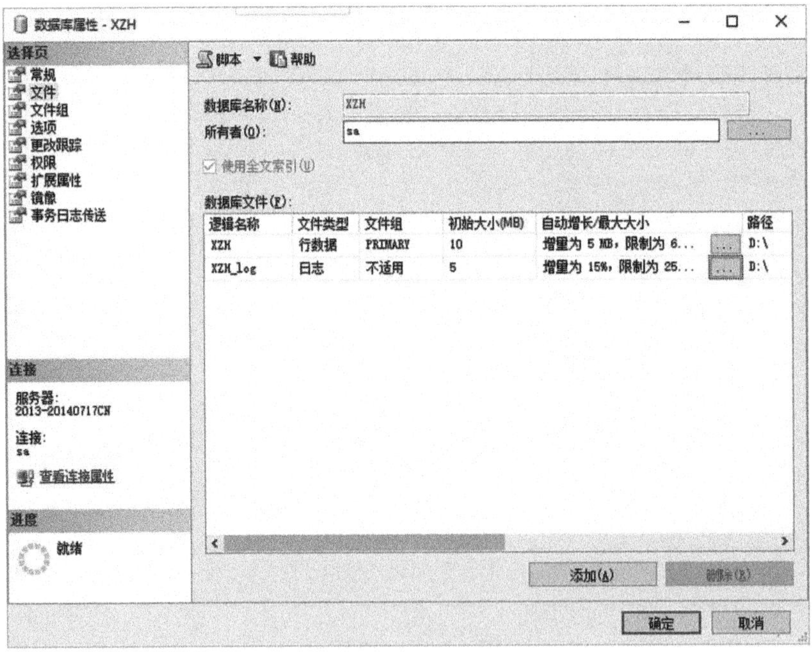

图 6-21　【数据库属性-XZH】窗口

　　(2)在弹出的【数据库属性-XZH】窗口中，选择【文件】选项，可以查看数据库【XZH】现有的数据库数据文件和数据库日志文件的设置信息。在【数据库文件】编辑框内的日志文件行的"自动增长"列点击 ... 按钮，在弹出的【更改 XZH 的自动增长设置】对话框中修改最大值为 30MB，增量为 3MB，如图 6-22 所示。设置完后点击"确定"按钮即完成修改。

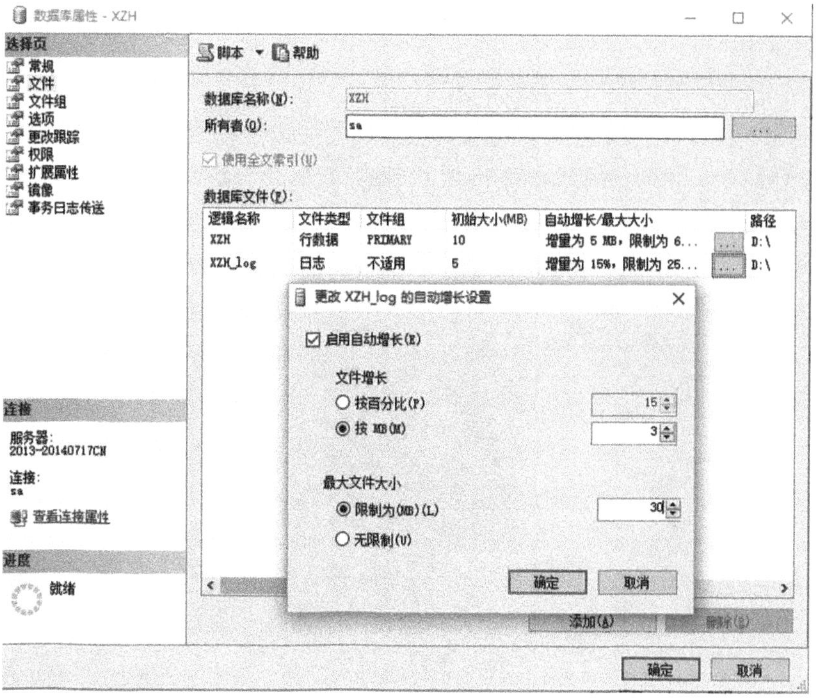

图 6-22 数据库 XZH 的日志文件的自动增长设置

知识储备

数据库基本参数修改的主要方法如下：

在【对象资源管理器】窗口中，在要修改的数据库上单击鼠标右键，在弹出的快捷菜单中，选择【属性】命令，打开【数据库属性】对话框，在【数据库文件】的编辑框内对数据文件和日志文件的初始大小空间及自动增长方式等进行重新设定。

此外，如果只是想自动地缩小数据库的容量，还可以采用在【对象资源管理器】窗口中要缩减容量的数据库上单击鼠标右键，在弹出的快捷菜单中，选择【任务】→【收缩】→【数据库】命令，打开数据库的【收缩数据库】窗口，保持默认设置，单击"确定"按钮，实现数据库收缩。

任务 6.4 使用 SSMS 导出数据库代码

需求分析

公司员工小王希望将原数据库 XZH_STOCK_INFO 和新建数据库 XZH 的代码导出，查看数据库的详细设置，并进行备份保存。

实现过程

(1)进入 SSMS 窗口,在【对象资源管理器】窗口中选中需要导出代码的数据库【XZH_STOCK_INFO】,单击鼠标右键,在弹出的快捷菜单中选择【任务】→【生成脚本】命令,如图 6-23 所示。

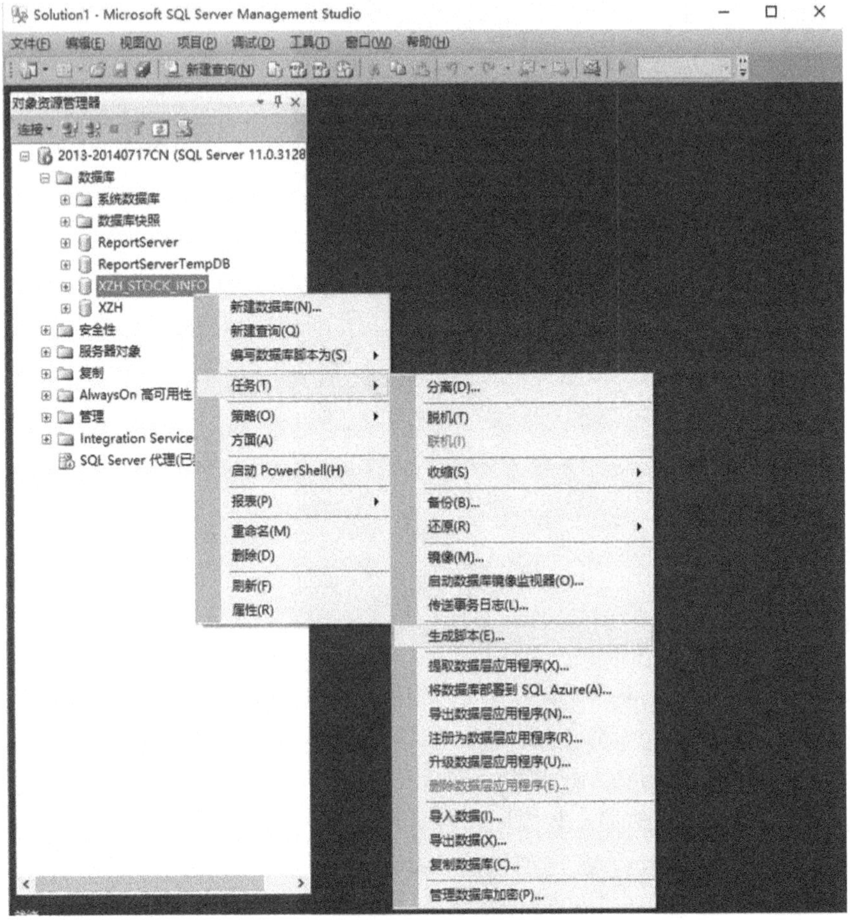

图 6-23 选择【任务】→【生成脚本】命令

(2)在选择【生成脚本】命令后,会弹出【生成和发布脚本】向导的【简介】界面,主要说明生成数据库脚本的步骤,如图 6-24 所示。这个界面无须操作,直接点击"下一步"按钮即可。

(3)【生成和发布脚本】向导的【选择对象】界面,主要用来选择需要导出哪些数据库对象的脚本,如图 6-25 所示。可以选择【编写整个数据库及所有数据库对象的脚本】,也可以选择【选择特定数据库对象】(通过勾选数据库中已存在的数据库对象)。本任务选择第一种方式,然后点击"下一步"按钮即可。

(4)【生成和发布脚本】向导的【设置脚本编写选项】界面,主要设置脚本文件的保存路径、保存名称和保存格式等信息,如图 6-26 所示。本任务选择默认方式,然后点击"下一步"按钮即可。

图 6-24　【生成和发布脚本】向导的【简介】界面

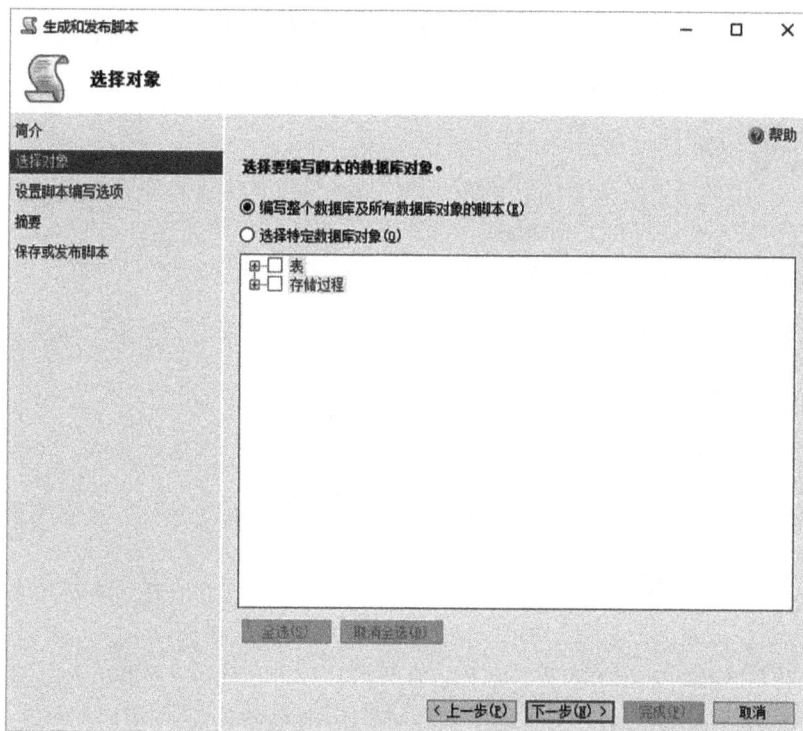

图 6-25　【生成和发布脚本】向导的【选择对象】界面

图 6-26 【生成和发布脚本】向导的【设置脚本编写选项】界面

　　(5)【生成和发布脚本】向导的【摘要】界面,主要是数据库源文件的基本信息、导出对象的设置信息和目标文件及选项的信息说明,如图 6-27 所示。这个界面无须操作,只需点击"下一步"按钮即可。

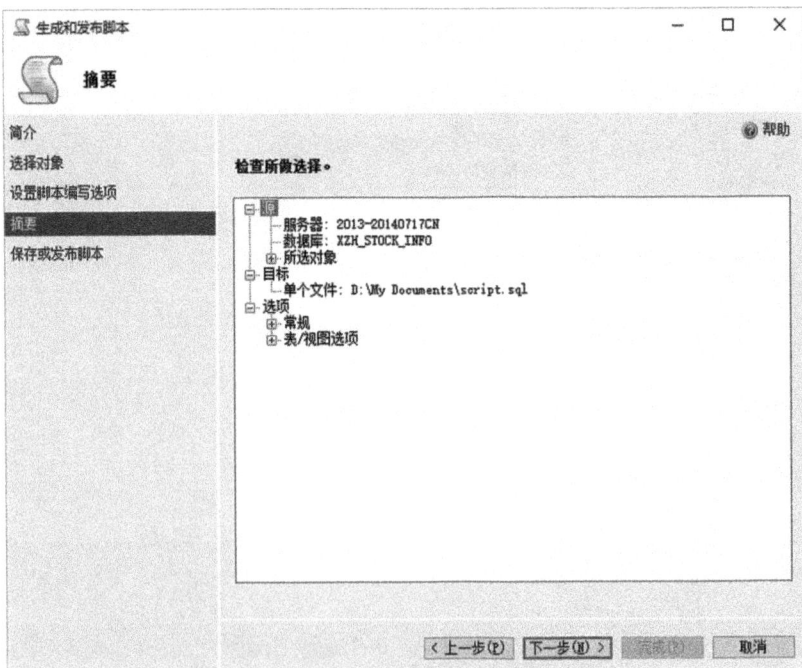

图 6-27 【生成和发布脚本】向导的【摘要】界面

（6）【生成和发布脚本】向导的【保存或发布脚本】界面，主要说明保存和发布脚本的进度及操作结果，如图 6-28 所示。保存完成后可以点击"保存报表"按钮进行结果保存，也可以直接点击"完成"按钮完成数据库脚本的生成。

图 6-28 【生成和发布脚本】向导的【保存或发布脚本】界面

（7）数据库【XZH_STOCK_INFO】生成脚本后的效果如图 6-29 所示。

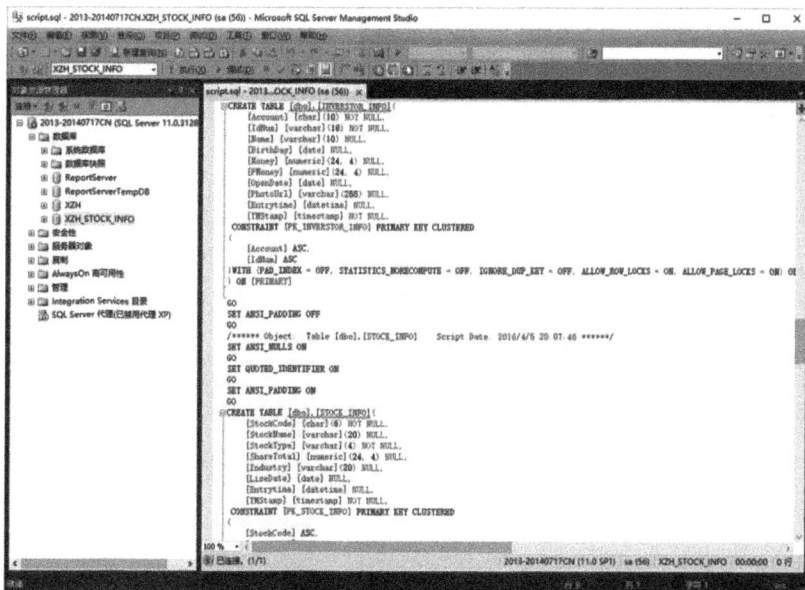

图 6-29 数据库【XZH_STOCK_INFO】生成和发布脚本后的文件内容

数据库【XZH】生成脚本的方法和数据库【XZH_STOCK_INFO】生成脚本的方法相同,最后文件如图 6-30 所示。

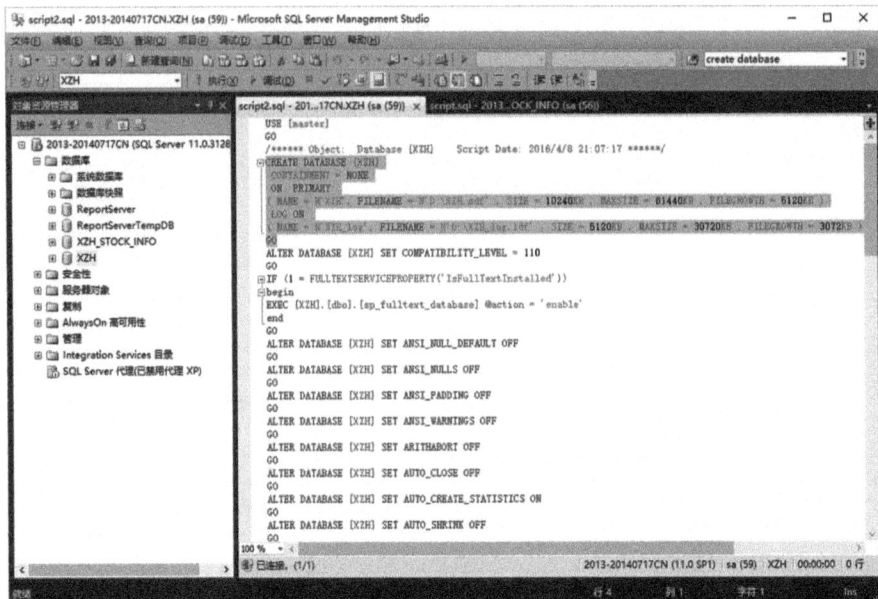

图 6-30 数据库【XZH】生成和发布脚本后的文件内容

说明:如果只需要数据库的创建、修改和删除脚本,不需要相关对象的脚本,还可以通过编写数据库脚本的方法得到。【XZH_STOCK_INFO】数据库创建具体方法如下:

在【对象资源管理器】窗口中选中需要导出代码的数据库【XZH_STOCK_INFO】,单击鼠标右键,在弹出的快捷菜单中选择【编辑数据库脚本为】→【CREATE 到】→【新查询编辑器窗口】命令,即可得到数据库的创建脚本。如图 6-31 和图 6-32 所示。

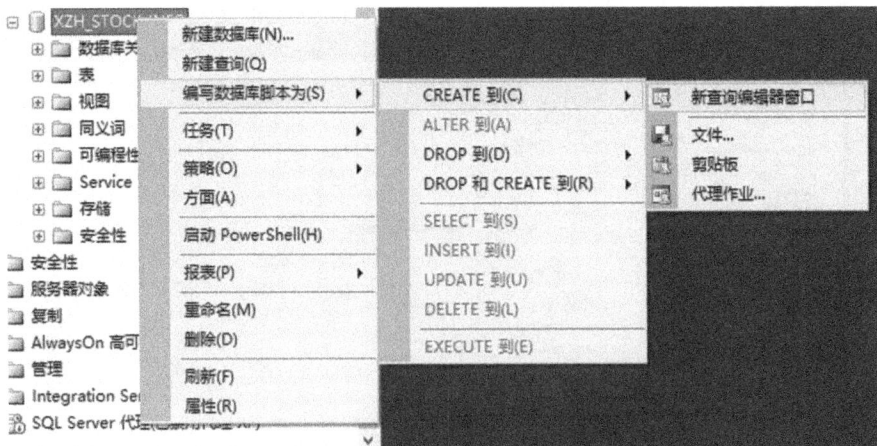

图 6-31 【编辑数据库脚本为】命令菜单

得到修改、删除的数据库脚本代码的方法与得到创建数据库脚本代码的方法类似,这里就不再详细说明。

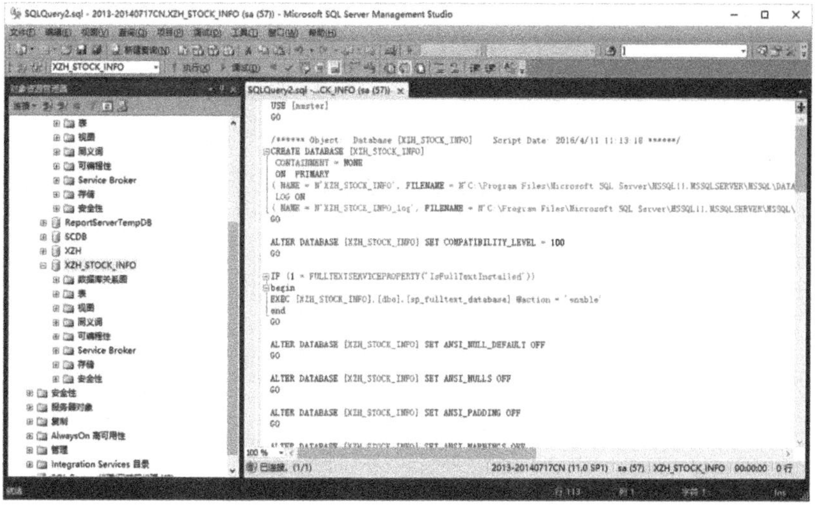

图 6-32　【编辑数据库脚本为】→【CREATE 到】后脚本内容

知识储备

1. 数据库创建脚本

数据库文件生成脚本后会把这个数据库和数据库对象的创建信息、设置信息等以 T-SQL 方式导出来。以数据库 XZH 为例,由于这个数据库目前只进行了创建操作,因此导出的内容主要是数据库的创建内容,具体创建数据库的 T-SQL 语句如下:

CREATE DATABASE[XZH]

CONTAINMENT=NONE

ON PRIMARY

(NAME=N'XZH',FILENAME=N'D:\XZH. mdf',SIZE=10240KB,MAXSIZE=61440KB,FILEGROWTH=5120KB)

LOG ON

(NAME= N ' XZH _ log ', FILENAME = N ' D:\ XZH _ log. ldf ', SIZE = 5120KB,MAXSIZE=30720KB,FILEGROWTH=3072KB)

GO

2. 数据库选项设置脚本

其他的内容主要是针对数据库创建时默认属性的设置,如语句"ALTER DATABASE [XZH]SET AUTO_CLOSE OFF"是指在最后一个用户退出后,数据库仍然保持打开状态。这样的默认设置语句有很多,这里就不一一详述。

3. 数据表创建脚本

以数据库 XZH_STOCK_INFO 为例,其生成的脚本中有创建其他数据库对象的语句,如下语句是创建 INVERSTOR_INFO 表:

CREATE TABLE[dbo]. [INVERSTOR_INFO](

［Account］［char］(10) NOT NULL,

［IdNum］［varchar］(18) NOT NULL,

［Name］［varchar］(10) NULL,

［BirthDay］［date］NULL,

［Money］［numeric］(24,4) NULL,

［FMoney］［numeric］(24,4) NULL,

［OpenDate］［date］NULL,

［PhotoUrl］［varchar］(255) NULL,

［Entrytime］［datetime］NULL,

［TMStamp］［timestamp］NOT NULL,

CONSTRAINT［PK_INVERSTOR_INFO］PRIMARY KEY CLUSTERED

(

［Account］ASC,

［IdNum］ASC

) WITH (PAD _ INDEX = OFF, STATISTICS _ NORECOMPUTE = OFF, IGNORE _ DUP_KEY = OFF, ALLOW _ ROW _ LOCKS = ON, ALLOW _ PAGE _ LOCKS = ON) ON ［PRIMARY］

) ON［PRIMARY］

任务 6.5　使用 SSMS 删除数据库

需求分析

公司主管想暂时还是用原有的数据库 XZH_STOCK_INFO,因此小王新建的数据库 XZH 没有用了,需要删除。

当数据库不再需要时,可以删除它,但是系统数据库不能删除。用户可以使用 SSMS 的【对象资源管理器】非常方便地删除数据库。

实现过程

(1)在 SSMS 的【对象资源管理器】窗口中,展开【数据库】选项,选择需要删除的数据库【XZH】,单击鼠标右键,在弹出的快捷菜单中选择【删除】命令,如图 6-33 所示。

(2)在弹出的【删除对象】窗口中,可以通过勾选复选框选择是否需要删除数据库备份和还原历史记录信息以及关闭现有连接。如图 6-34 所示。

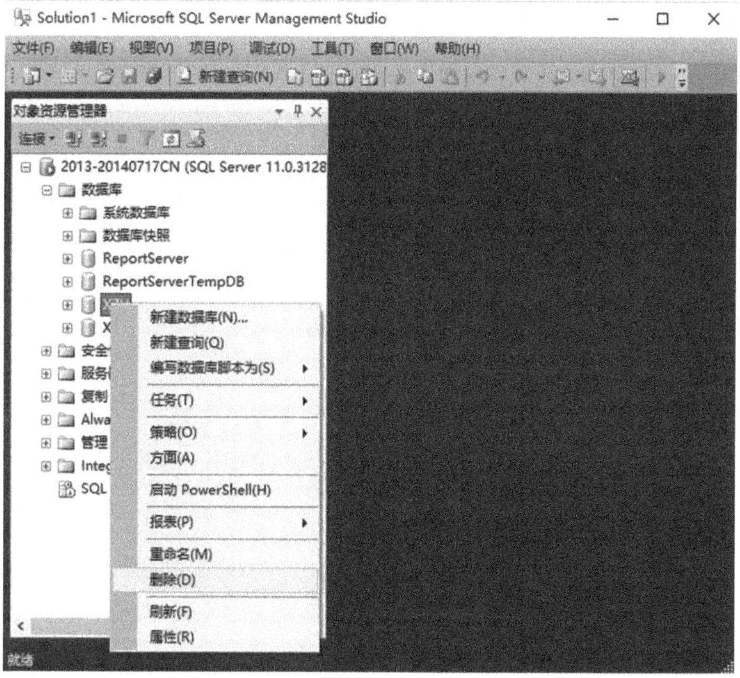

图 6-33 选择【删除】命令

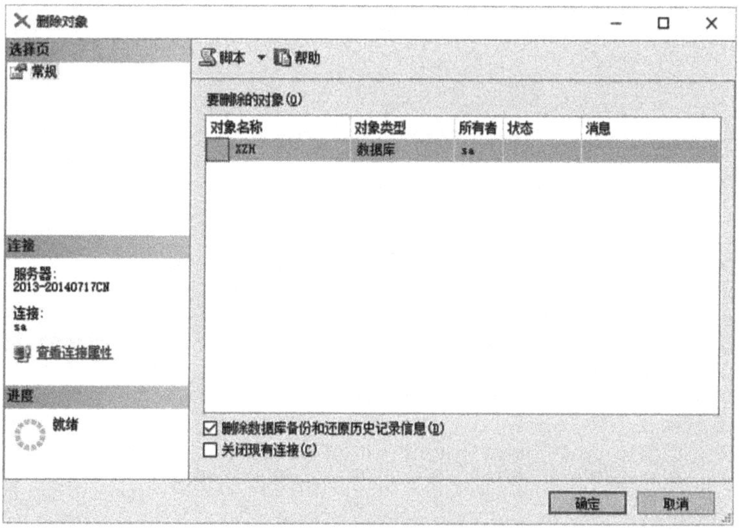

图 6-34 【删除对象】窗口

知识储备

在 SQL Server 中可以使用快捷菜单命令管理数据库,具体如下:

在 SSMS 的【对象资源管理器】中,展开【数据库】选项,选择需要管理的数据库,单击鼠标右键,在弹出的快捷菜单中有【新建数据库】、【新建查询】、【任务】、【重命名】、【删除】、【属性】等命令,可以通过这些命令来新建、查看和管理数据库。

任务 6.6 使用代码管理数据库

除了通过 SSMS 的【对象资源管理器】进行数据库管理,还可以在查询编辑器里使用 T-SQL 语句来管理数据库。

6.6.1 查看数据库

需求分析

小王想通过查询编辑器查看数据库 XZH_STOCK_INFO 的属性信息,如数据库的大小、备份情况、基本选项情况等。

实现过程

(1)在 SSMS 的【对象资源管理器】的工具栏中,点击【新建查询】,进入查询编辑器。

(2)在查询编辑器中输入打开【XZH_STOCK_INFO】数据库的 T-SQL 语句:

USE XZH_STOCK_INFO

(3)在查询编辑器中输入查看【XZH_STOCK_INFO】数据库的 T-SQL 语句:

EXEC sp_helpdb XZH_STOCK_INFO

执行以上语句后的运行效果如图 6-35 所示。

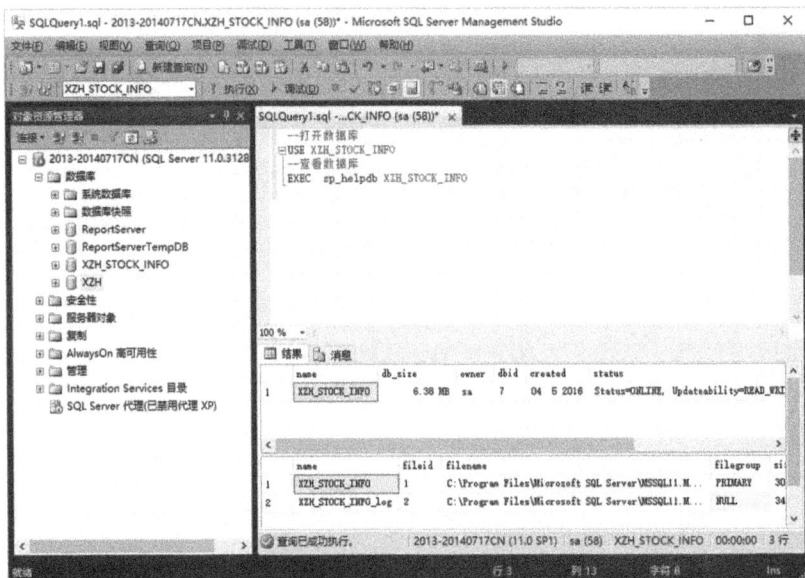

图 6-35　通过 T-SQL 语句查看【XZH_STOCK_INFO】数据库

知识储备

在查询分析器中查看数据库要使用系统存储过程 sp_helpdb。语法格式如下：

［EXECUTE］sp_helpdb［数据库名］

EXECUTE 可以缩写为 EXEC，如果它是一个批处理中的第一个语句则可全部省略。如果省略数据库名，则查看所有数据库信息。

另外，使用系统存储过程 sp_databases 可以查看所有可用数据库名称和大小；使用系统存储过程 sp_helpfile 可以查看当前数据库中某个文件的名称、位置和大小；用系统存储过程 sp_helpfilegroup 可以查看当前数据库中某个文件组的名称、编号和包含的文件数。

6.6.2　创建数据库

需求分析

小王想通过查询编辑器创建数据库【XZH】，数据库的设置要求如下：

数据库的主数据文件逻辑名称为"XZH"，物理文件名为"XZH.mdf"，存储在"D:\"目录下，初始大小为 10MB，最大为 60MB，增量为 5MB；数据库的日志文件逻辑名称为"XZH_log"，物理文件名为"XZH_log.ldf"，存储在"D:\"目录下，初始大小为 5MB，最大为 25MB，增量为 15%。

实现过程

程序清单如下：

```
CREATE DATABASE XZH
ON PRIMARY
(NAME=XZH,
FILENAME='D:\XZH.mdf',
SIZE=10MB,
MAXSIZE=60MB,
FILEGROWTH=5MB)
LOG ON
(NAME=XZH_log,
FILENAME='D:\XZH_log.ldf',
SIZE=5MB,
MAXSIZE=25MB,
FILEGROWTH=15%)
```

系统输出结果如图 6-36 所示。刷新对象资源库里的数据库即可看到新建的数据库。

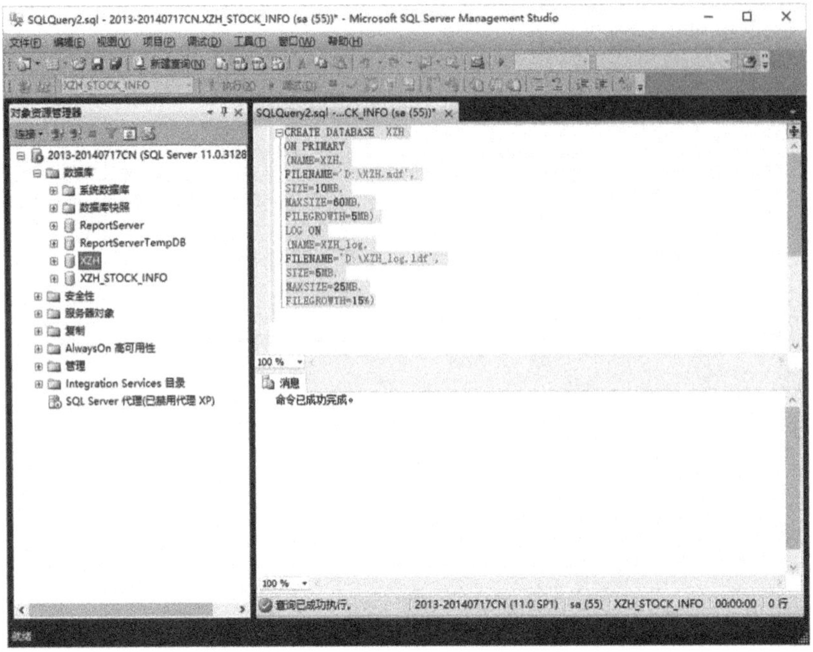

图 6-36　通过 T-SQL 语句创建【XZH】数据库

注意：

如果设置的保存路径的文件夹不存在,必须事先创建好,FILENAME 项要用单引号。

知识储备

T-SQL 语句使用 CREATE DATABASE 命令来创建数据库。该命令的语法如下：

CREATE DATABASE database_name

[ON

  [＜filespec＞[,…n]]

  [,＜filegroup＞[,…n]]

]

[LOG ON｛＜filespec＞[,…n]｝]

[COLLATE collation_name]

[FOR LOAD | FOR ATTACH]

＜filespec＞::=

〔PRIMARY〕

（〔NAME＝logical_file_name,〕

FILENAME＝'os_file_name'

〔,SIZE＝size〕

〔,MAXSIZE＝{max_size ｜ UNLIMITED}〕

〔,FILEGROWTH＝growth_increment〕）〔,…n〕

＜filegroup＞::＝

FILEGROUP filegroup_name＜filespec＞〔,…n〕

说明：在 T-SQL 语句的命令格式中，用"〔〕"括起来的内容表示是可选的；〔,…n〕表示重复前面的内容；用"＜＞"括起来表示在实际编写语句时，可用相应的内容替代；用"{}"括起来表示是必选的；类似"A｜B"格式，表示 A 和 B 只能选择一个，不能同时都选。

CREATE DATABASE 命令中的各参数说明如下。

（1）database_name：新数据库的名称。数据库名称在服务器中必须唯一，最长为 128 个字符，并且要符合标识符的命名规则。每个服务器管理的数据库最多为 32767 个。

（2）ON：指定存放数据库的数据文件信息。该关键字后面可以包含用逗号分隔的 filespec 列表，filespec 列表用于定义主文件组的数据文件。主文件组的文件列表后可以包含用逗号分隔的 filegroup 列表，filegroup 列表用于定义用户文件组及其中的文件。

（3）PRIMARY：用于指定主文件组中的文件。主文件组不仅包含数据库系统表中的全部内容，还包含用户文件组中没有包含的全部对象。主文件组的第一个由 filespec 指定的文件是主文件，该文件包含数据库的逻辑起点及其系统表。一个数据库只能有一个主文件，默认情况下，如果不指定 PRIMARY 关键字，则在命令中列出的第一个文件将被默认为主文件。

（4）LOG ON：指明事务日志文件的明确定义。如果没有本选项，则系统会自动产生一个文件名前缀与数据库名相同，容量为所有数据库文件大小 1/4 的事务日志文件。

（5）FOR LOAD：表示计划将备份直接装入新建的数据库，主要是为了和过去的 SQL Server 版本兼容。

（6）FOR ATTACH：表示在一组已经存在的操作系统文件中建立一个新的数据库。

（7）NAME：指定数据库的逻辑名称。这是在 SQL Server 系统中使用的名称，是数据库在 SQL Server 中的标识符。

（8）FILENAME：指定数据库所在文件的操作系统文件名称和路径，该操作系统文件名和 NAME 的逻辑名称一一对应。

（9）SIZE：指定数据库的初始容量大小。如果没有指定主文件的大小，则 SQL Server 默认其与模板数据库中的主文件大小一致，其他数据库文件和事务日志文件则默认为 1MB。可以使用 KB、MB、GB 和 TB 后缀，默认的后缀为 MB。SIZE 中不能使用小数，其最小值为 512KB，默认值为 1MB。主文件的 SIZE 不能小于模板数据库中的主文件。

（10）MAXSIZE：指定操作系统文件可以增长到的最大尺寸。如果没有指定，则文件可以不断增长直到充满磁盘。

（11）FILEGROWTH：指定文件每次增加容量的大小，当指定数据为 0 时，表示文件不增长。增加量可以确定为以 KB、MB 作后缀的字节数或以％作后缀的被增加容量文件的百分比来表示。默认后缀为 MB。如果没有指定 FILEGROWTH,则默认值为 10%,每次扩充的最小值为 64KB。

使用 CREATE DATABASE 命令创建数据库的过程中,SQL Server 用模板数据库(model)来初始化新建的数据库。在模板数据库中,所有用户定义的对象和数据库的设置都会被复制到新数据库中。

【例 6-1】 使用 CREATE DATABASE 创建一个名为 Sales 的数据库,所有参数均取默认值。

程序清单如下:

```
CREATE DATABASE Sales
```

说明:这是最简单的创建数据库的命令。由于没有指定主文件和日志文件,默认情况下,命名主文件为 Sales.mdf,日志文件为 Sales_log.ldf。同时,由于其是按照 model 数据库的方式来创建的数据库,因此主文件和日志文件的大小与 model 数据库的主文件和日志文件的大小相同。又由于没有指定主文件和日志文件的最大长度,因此主文件和日志文件都可以自由增长直到充满整个磁盘空间。

【例 6-2】 创建一个指定多个数据文件和日志文件的数据库。该数据库名称为 Students,有一个 10MB 和一个 20MB 的数据文件及两个 10MB 的事务日志文件。数据文件指定在主文件组中,逻辑名称为 Student1 和 Student2,物理文件名为 student1.mdf 和 student2.ndf,两个数据文件的最大尺寸分别为 80MB 和 100MB,增长速度分别为 10% 和 1MB。事务日志文件的逻辑名为 studentlog1 和 studentlog2,物理文件名为 studentlog1.ldf 和 studentlog2.ldf,最大尺寸均为 50MB,文件增长速度为 1MB。

程序清单如下:

```
CREATE DATABASE Students
ON PRIMARY
(NAME=Student1,
FILENAME=' e:\data\student1.mdf ',
SIZE=10,
MAXSIZE=80,
FILEGROWTH=10%),——在下一行为"("时,应有","
(NAME=Student2,
FILENAME=' f:\data\student2.ndf ',
SIZE=20,
MAXSIZE=100,
FILEGROWTH=1)
LOG ON
(NAME=studentlog1,
FILENAME=' j:\data\studentlog1.ldf ',
SIZE=10,
```

```
MAXSIZE=50,
FILEGROWTH=1),
(NAME=studentlog2,
FILENAME='k:\data\studentlog2.ldf',
SIZE=10,
MAXSIZE=50,
FILEGROWTH=1)
```

注意：

如果磁盘空间足够大，可以将日志文件和数据文件放在同一磁盘中，但从安全和性能上考虑，日志文件和数据文件应分别放在不同的物理磁盘中为好。

6.6.3 修改数据库基本参数

当数据库的数据增长到要超过它指定的使用空间时，必须为它增加容量。如果为数据库指派了过多的设备空间，可以通过缩减数据库容量来减少设备空间的浪费。

需求分析

小王想通过查询编辑器修改数据库【XZH】，将数据库日志文件的增长方式由原来的最大文件大小无限制，修改为最大值为30MB，增量为3MB。

实现过程

(1)在 SSMS 的【对象资源管理器】的工具栏中，点击【新建查询】，进入查询编辑器。

(2)在查询编辑器中输入打开【XZH】数据库的 T-SQL 语句：

USE XZH

(3)在查询编辑器中输入设置【XZH】数据库的日志文件的 T-SQL 语句，输出结果如图 6-37 所示。

```
ALTER DATABASE XZH
MODIFY FILE
(NAME=XZH_log,
SIZE=30MB,
FILEGROWTH=3MB)
```

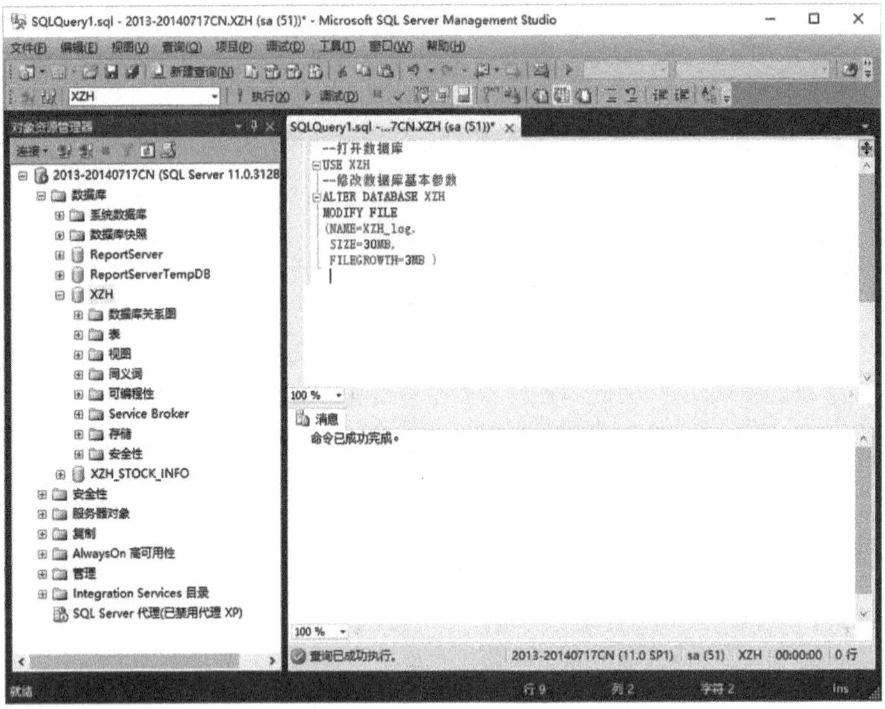

图 6-37　通过 T-SQL 语句修改 XZH 数据库

注意：

修改数据库(ALTER DATABASE)时使用 MODIFY FILE 命令需要指定的大小要大于或等于当前大小。

知识储备

1. 增加数据库容量

(1)使用企业管理器增加数据库容量。在【控制台根目录】窗口中,选择要增加容量的数据库,单击鼠标右键,弹出快捷菜单,选择【属性】命令,打开【数据库属性】对话框,通过选择"数据文件"和"事务日志"标签,在属性对话框中对数据库文件的分配空间进行重新设定。重新指定的数据库分配空间必须大于现有空间,否则会报错。

(2)使用 T-SQL 语句,在查询分析器中增加数据库容量。增加数据库容量的语句为：

ALTER DATABASE database_name

MODIFY FILE

(NAME＝file_name，

SIZE＝newsize)

其中：

① database_name 为需要增加容量的数据库名称。

② file_name 为需要增加容量的数据库文件名称。

③ newsize 为数据库文件指定的新容量,该容量必须大于现有的数据库的分配空间。

④ 使用权限默认为数据库的所有者"sa"。

2.缩减数据库容量

(1)使用企业管理器缩减数据库容量。在【控制台根目录】窗口中,选择要缩减容量的数据库,单击鼠标右键,弹出快捷菜单,选择【所有任务】级菜单中的【收缩数据库】命令项,打开数据库的【收缩数据库】窗口,保持默认设置,单击"确定"按钮,实现数据库收缩。

(2)使用查询分析器来缩减数据库容量。可以通过在查询窗口执行 T-SQL 语句实现。收缩数据库容量的语句如下：

DBCC SHRINKDATABASE(database_name,new_size[,'MASTEROVERRIDE']])

其中：

① database_name 为要缩减的数据库名称。

② new_size 指明要缩减数据库容量至多少,如果不指定,将缩到最小容量。

注意：

最小容量不能比数据库初始容量更小。

③ MASTEROVERRIDE 是指缩减 master 数据库。

④ 使用权限默认为 dbo。

在缩减数据库之前,将要缩减的数据库设定为单用户模式,可以使用 sp_dboption 语句实现。

6.6.4 重命名数据库

需求分析

小王想通过查询编辑器将数据库 XZH 的名字改为 XZH2。

实现过程

(1)在 SSMS 的【对象资源管理器】的工具栏中,点击【新建查询】,进入查询编辑器。

(2)在查询编辑器中输入打开【XZH】数据库的 T-SQL 语句：

USE XZH

(3)在查询编辑器中输入重命名【XZH】数据库的 T-SQL 语句：

EXEC sp_renamedb XZH,XZH2

输出结果如图 6-38 所示。刷新对象资源库里的数据库即可看到重命名的数据库。

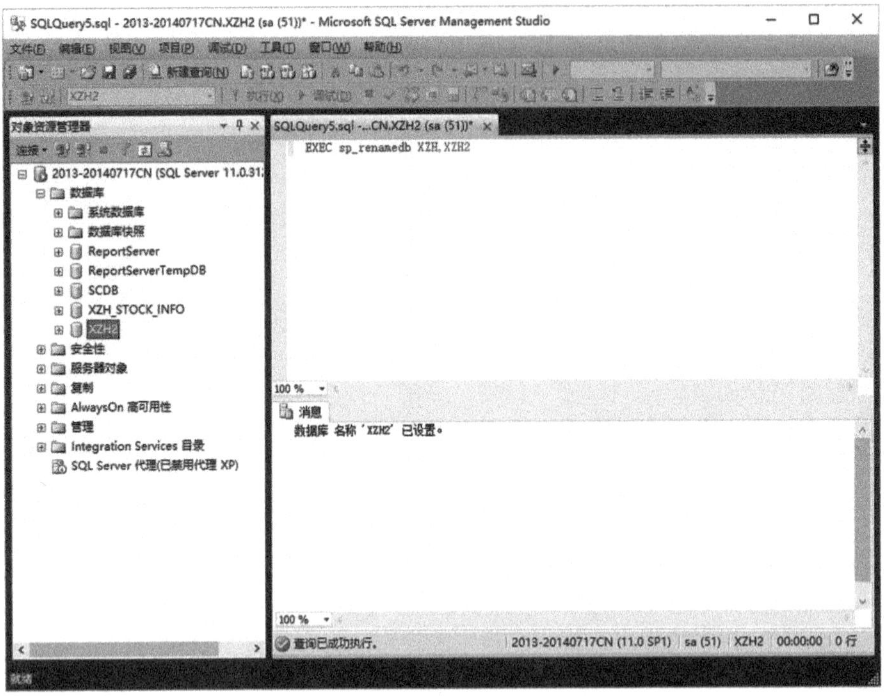

图 6-38　通过 T-SQL 语句重命名【XZH】数据库

知识储备

如果需要更改数据库的名称,可以通过在查询分析器中执行 T-SQL 命令来实现,格式如下:

EXEC sp_renamedb oldname,newname

其中:

(1)EXEC 为执行命令语句。

(2)sp_renamedb 为系统存储过程。

(3)oldname 为更改前的数据库名称。

(4)newname 为更改后的数据库名称。

(5)使用权限仅限于数据库的所有者"sa"。

6.6.5　删除数据库

需求分析

小王想通过查询编辑器删除数据库【XZH】。

实现过程

(1)在 SSMS 的【对象资源管理器】的工具栏中,点击【新建查询】,进入查询编辑器。

(2)在查询编辑器中输入打开【XZH2】数据库的 T-SQL 语句:

USE master

(3)在查询编辑器中输入删除【XZH2】数据库的 T-SQL 语句:

DROP DATABASE XZH2

输出结果如图 6-39 所示。刷新对象资源库里的数据库即可发现数据库已被删除。

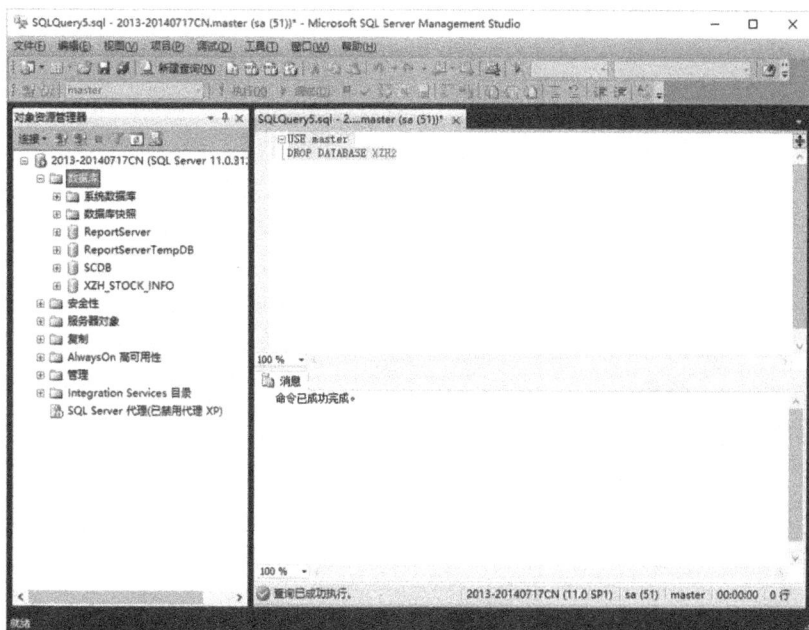

图 6-39 通过 T-SQL 语句删除【XZH2】数据库

注意:

数据库的创建和阐述都要在 master 数据库下,如果直接在当前数据库下执行 DROP DATABASE 命令,会提示无法删除数据库【XZH2】,因为该数据库当前正在使用。

知识储备

如果要删除数据库,在企业管理器中,选择所要删除的数据库,单击鼠标右键,从弹出的快捷菜单中选择【删除】选项,或直接按下键盘上的<Delete>键即可删除数据库,也可以选择数据库文件夹或图标后单击工具栏中的表示删除的图标来删除数据库。系统会弹出确认是否要删除数据库的对话框,单击"是"按钮则删除该数据库。删除数据库一定要慎重,如果没有做过数据库备份,系统无法恢复被删除的数据库。使用这种方法每次只能删除一个数据库。

在查询分析器中,用 DROP 语句可以从 SQL Server 中一次删除一个或多个数据库。其语法如下:

DROP DATABASE database_name[,…n]

注意:

并不是所有的数据库在任何时候都可以被删除,只有处于正常状态下的数据库,才能使用 DROP 语句删除。当数据库处于以下状态时不能被删除:数据库正在使用;数据库正在恢复;数据库包含用于复制的、已经出版的对象。

实训任务

(1)使用 SSMS 的【对象资源管理器】创建、查看和管理数据库。

① 使用 SSMS 的【对象资源管理器】查看系统自带的数据库【ReportServer】的属性(包括常规、文件、文件组、选项等)。

② 使用 SSMS 的【对象资源管理器】查看数据库【ReportServer】的相关数据库对象(包括表、视图、存储过程等)。

③ 使用 SSMS 的【对象资源管理器】创建一个进销存的数据库,数据库的设置如下:

创建一名为【JXC】的数据库,设置数据库的所有者为"sa",数据库的主要数据文件逻辑名称为"JXC",物理文件名为"JXC.mdf",存储在"D:\Data"目录下,初始大小为 5MB,最大为 40MB,增量为 5MB;数据库的日志文件逻辑名称为"JXC_log",物理文件名为"JXC_log.ldf",存储在"D:\Data"目录下,初始大小为 4MB,最大为 30MB,增量为 10%。

④ 使用 SSMS 的【对象资源管理器】修改进销存数据库【JXC】的基本参数,具体要求如下:数据库的主要数据文件的初始大小为 6MB,最大为 60MB,增量为 6MB。

⑤ 使用 SSMS 的【对象资源管理器】将进销存数据库【JXC】通过生成脚本代码导出数据库的代码。

⑥ 使用 SSMS 的【对象资源管理器】删除进销存数据库【JXC】。

(2)使用代码创建、查看和管理数据库。

① 在查询编辑器中查看系统自带的数据库【ReportServer】的属性信息。

② 在查询编辑器中使用 T-SQL 语句创建一个进销存的数据库,数据库的设置如下:

创建一名为【JXC】的数据库,设置数据库的所有者为"sa",数据库的主要数据文件逻辑名称为"JXC",物理文件名为"JXC.mdf",存储在"D:\Data"目录下,初始大小为 5MB,最大为 40MB,增量为 5MB;数据库的日志文件逻辑名称为"JXC_log",物理文件名为"JXC_log.ldf",存储在"D:\Data"目录下,初始大小为 4MB,最大为 30MB,增量为 10%。

③ 在查询编辑器中使用 T-SQL 语句重命名进销存数据库【JXC】为【JXC2】。

④ 在查询编辑器中重新执行创建进销存数据库【JXC】的 T-SQL 语句,并在【JXC】数据库中验证执行创建数据表、插入数据和查询数据的 T-SQL 语句。

拓展任务

(1)使用 SSMSR 的【对象资源管理器】创建、查看和管理数据库。

① 使用 SSMS 的【对象资源管理器】创建一个名为【ShopDB】的数据库,该数据库的主要数据文件逻辑名称为"ShopDB",物理文件名为"ShopDB. mdf",存储在"D:\Data\"目录下,初始大小为 20MB,最大为 60MB,增量为 5MB;数据库的日志文件逻辑名称为"ShopDB_log",物理文件名为"ShopDB_log. ldf",存储在"D:\Data\"目录下,初始大小为 5MB,最大为 25MB,增量为 5MB。

② 使用 SSMS 的【对象资源管理器】将数据库【ShopDB】文件"ShopDB. mdf"的初始分配空间由原来的 20MB 扩充到 30MB。

③ 使用 SSMS 的【对象资源管理器】查看数据库【ShopDB】的属性。

④ 使用 SSMS 的【对象资源管理器】将数据库【ShopDB】删除。

(2)使用代码创建、查看和管理数据库。

① 使用 SSMS 的【对象资源管理器】创建一个名为【ShopDB】的数据库,该数据库的主要数据文件逻辑名称为"ShopDB",物理文件名为"ShopDB. mdf",存储在"D:\Data\"目录下,初始大小为 20MB,最大为 60MB,增量为 5MB;数据库的日志文件逻辑名称为"ShopDB_log",物理文件名为"ShopDB_log. ldf",存储在"D:\Data\"目录下,初始大小为 5MB,最大为 25MB,增量为 5MB。

② 使用 SSMS 的【对象资源管理器】将数据库【ShopDB】文件"ShopDB. mdf"的初始分配空间由原来的 20MB 扩充到 30MB。

③ 使用 SSMS 的【对象资源管理器】查看数据库【ShopDB】的属性。

④ 使用 SSMS 的【对象资源管理器】将数据库【ShopDB】删除。

项目小结

本项目通过具体示例介绍了数据库的查看、创建、管理和验证。通过本项目的学习,应熟练掌握数据库创建的各种方法并能灵活地对数据库进行管理,以满足实际应用的需求。

课外练习

(1)数据库文件的扩展名. mdf、. ndf、. ldf 分别代表什么意思?

(2)系统数据库有哪些? 分别有什么作用?

（3）为什么不建议把最大文件设为"没有限制"？

（4）为了提高安全性，日志文件与数据文件应放在同一个硬盘上还是分开？

（5）删除数据库用什么命令？

（6）数据库文件的增量应设置为固定值还是百分比？

（7）导出数据库的脚本代码，指出创建数据库的主要代码段。

项目 7
多表查询与数据视图

当能够完成单个数据表的各种查询后,自然会考虑将多个数据表放在一起查询,同时会有需要将查询的脚本形成一个新的数据库对象,方便更多人使用。为此,本项目设立的学习目标和对应任务如下:

◈ **知识目标**

❏ 了解 union 关键字的多数据集合并功能;

❏ 掌握 join 关键字的多表连接功能;

❏ 了解子查询的嵌套功能;

❏ 掌握视图的概念和用途。

◈ **技能目标**

❀ 正确使用 union 关键字、join 关键字,并能正确排列这些关键字到相关的子句中去;

❀ 学会使用子查询进行多表查询;

❀ 学会通过 SSMS 图形界面创建视图;

❀ 学会通过视图做多表连接。

◈ **任务列表**

任务 7.1　使用 union 合并多个数据集

需求分析

为了分析股票的股数结构，即大盘股还是小盘股，先会把不同股数段的股票分别查出来，并标上相关符号，然后把这些数据记录放在一起，按照这些股票的上市时间来排序，或分组统计，利用 union 做这样的事特别合适。

实现过程

(1)确定数据表和数据列：要显示股票名称、上市时间。

(2)划分股数标准：1000 万股以下算小盘股，1 亿股以上算大盘股。

(3)分别写出查询语句：

select gpmc as 股票名称,ssrq as 上市日期,'大盘股' from gpxxb where fxgs＞100000000

select gpmc as 股票名称,ssrq as 上市日期,'一般股' from gpxxb where fxgs between 10000000 and 100000000

select gpmc as 股票名称,ssrq as 上市日期,'小盘股' from gpxxb where fxgs＜10000000

(4)用 union 连接：

select gpmc as 股票名称,ssrq as 上市日期,'大盘股' as '股本特征' from gpxxb where fxgs＞100000000

union

select gpmc as 股票名称,ssrq as 上市日期,'一般股' as '股本特征' from gpxxb where fxgs between 10000000 and 100000000

union

select gpmc as 股票名称,ssrq as 上市日期,'小盘股' as '股本特征' from gpxxb where fxgs＜10000000

(5)运行后得到混合结果集如图 7-1 所示。

图 7-1 union 连接的数据集

知识储备

使用 union 语句可以将多个查询结果集合并为一个结果集,也就是集合的并操作。
union 子句的语法格式如下:
select 语句
{union select 语句}[,…n]
其中:
(1)参加 union 操作的各结果集的列数必须相同,对应的数据类型也必须相同。
(2)系统将自动去掉并集的重复记录。
(3)最后结果集的列名来自第一个 select 语句。

任务 7.2　使用 join 连接多个数据表

需求分析

把多个有联系的数据表关联在一起,获取综合的信息是数据库系统中经常使用的,尤其是大数据时代来临,原先想不到或者联系不上的信息,也可以被广泛利用了。小王接到任务,要把两次股民活动中搜集到的股民联系方式信息集成在一起,一次是姓名、手机号等信息,另一次是手机号、邮箱等信息,两张 Excel 表已经导入数据库,现在要进行匹配,产生姓名、手机号、邮箱集成在一起的信息表,首先要获得姓名与邮箱的联系信息。

实现过程

(1)分析两个信息表的联系,共同点是都具有手机号。

(2)t1 表包含姓名、手机号,t2 表包含手机号、邮箱,先分别查询一下,如图 7-2 所示。

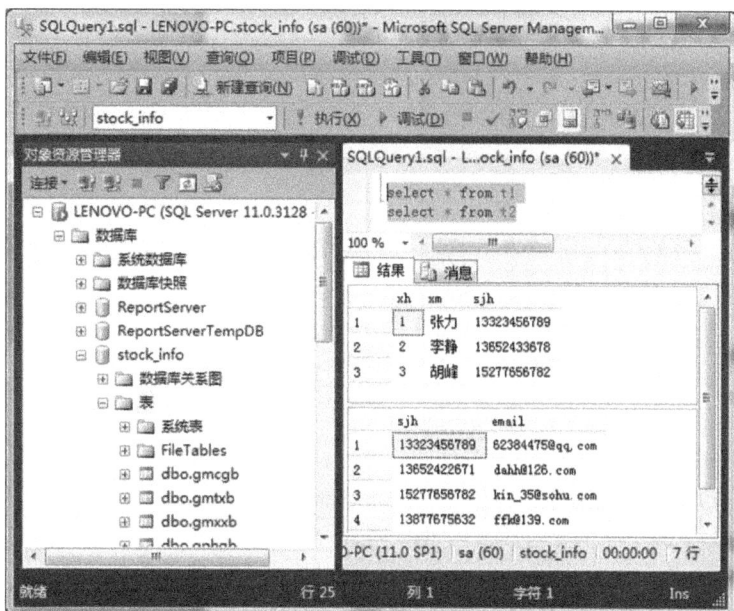

图 7-2　两张基本表

(3)写出连接的查询语句:

select t1. xm as 姓名,t2. email as 邮箱

　　from t1 join t2 on t1. sjh＝t2. sjh

(4)运行查询,结果如图 7-3 所示。

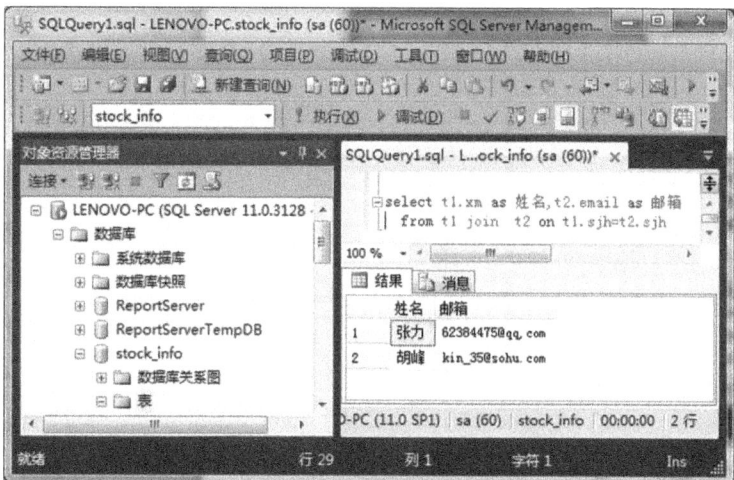

图 7-3　join 查询结果

（5）这样就找到了用手机号联系的姓名和邮箱信息。

（6）找出了联系的信息，但是也有信息丢失了，有的人本来有姓名和手机号，现在却看不见了。改进查询语句：

select t1. xm as 姓名,t1. sjh as 手机号 1,t2. sjh as 手机号 2,

t2. email as 邮箱 from t1 left join t2 on t1. sjh=t2. sjh

（7）执行语句，结果如图 7-4 所示。

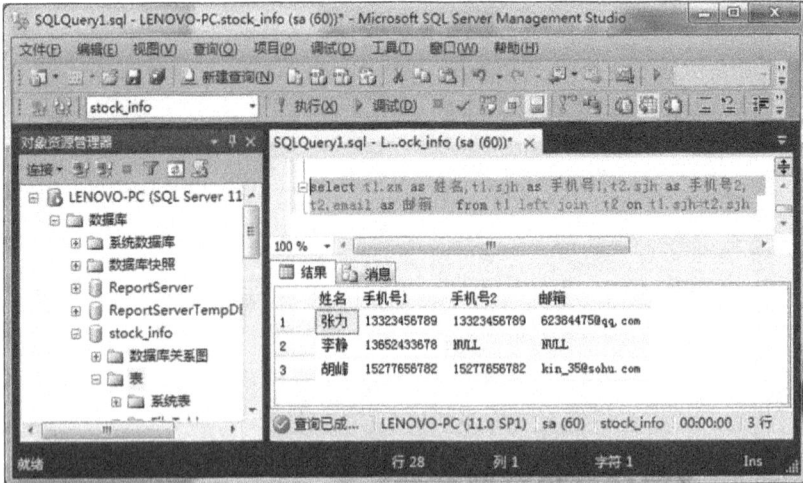

图 7-4 左外连接显示左表全部信息

（8）继续改进查询语句，将右边的表信息也全部显示。

select t1. xm as 姓名,t1. sjh as 手机号 1,t2. sjh as 手机号 2,

t2. email as 邮箱 from t1 full join t2 on t1. sjh=t2. sjh

（9）执行语句，结果如图 7-5 所示。

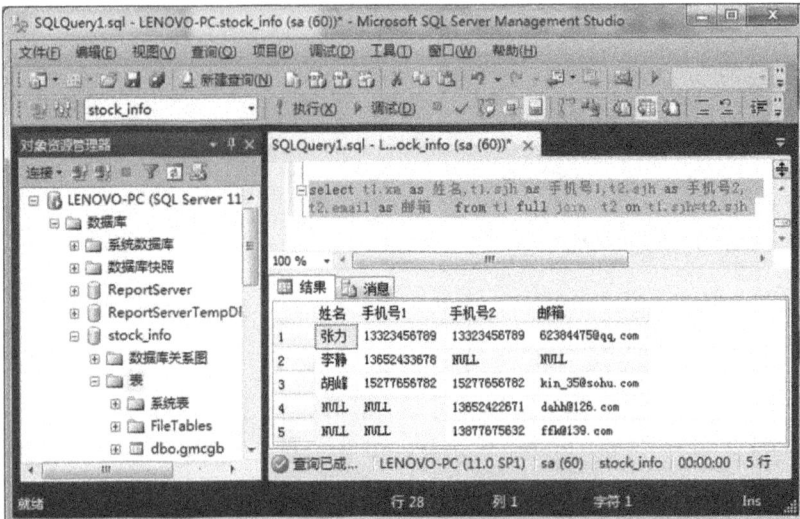

图 7-5 全外连接显示全部信息

知识储备

1. 内连接

内连接也称自然连接，指将两个表中满足指定条件的记录连接成一条新记录，舍弃所有因不满足条件而没有进行连接的记录。

内连接是数据表最常用的连接方式，其语法格式有两种。

格式一：

select 列名列表

from 表名 1 {[inner]join 表名 2

on 表名 1.列名＝表名 2.列名}[,…n]

格式二：

select 列名列表

from 表名 1,表名 2[,…]

where 表名 1.列名＝表名 2.列名[and …]

说明：

当表名太长时，一般可在 from 指定表的同时为表定义一个别名，定义格式为：

表名[AS]别名(用 as 或空格隔开)或：表名.别名

如果两个表有相同的字段名，在指定字段名时必须在列名前面加上表名(或表别名)作为前缀加以区别，用"表名.列名"或"表别名.列名"表示。

如果列名是某个表中单独具有的，可以不加前缀，但加上表名会增强可读性。

注意：

(1)为表名定义别名后，在 select 及各个子句中指定字段时必须使用"别名.列名"的格式，不允许再使用"表名.列名"。

(2)如果有某个表中的信息填错或者漏填，找不到另一个表的对应记录，那么这条记录就不显示。两个表共有的字段若内容相同，可任选其一，但表名前缀不能省略。如果表名太长，可以用表的别名代替。

2. 外连接

在内连接(自然连接)中，必须是两个表中匹配的记录才能在结果集中出现。而外连接只限制一个表，对另一个表不加限制(所有的行都可出现在结果集中)，以便在结果集中保证该表的完整性。外连接分为左外连接、右外连接和全外连接 3 种。

(1)左外连接。

左外连接取左表的全部记录按指定条件与右表中满足条件的记录进行连接，若右表中没有满足条件的记录,则在相应字段填入 NULL(bit 位类型字段填 0)。但条件不限制左表,左表的全部记录都包括在结果集中,以保持左表的完整性。语法格式如下:

select 列名列表

from 表名 1 left[outer]join 表名 2

on 表名 1.列名＝表名 2.列名

注意:

左外连接默认按左表的主键顺序排序。

左外连接可以保证左表的完整性,即表名 1 的姓名全部显示,在查询结果中可以看到右表有字段内容为 NULL。

(2)右外连接。

右外连接返回右表(表名 2)的全部记录及左表相关的信息。

右外连接与左外连接相同,只是把两个表的顺序颠倒了,就是取右表的全部记录按指定条件与左表中满足条件的记录进行连接,若左表中没有满足条件的记录则在相应字段填入 NULL(bit 位类型字段填 0),右表的全部记录都在结果集中,保持右表的完整性。语法格式如下:

select 列名列表

from 表名 1 right[outer]join 表名 2

on 表名 1.列名＝表名 2.列名

注意:

右外连接与左外连接只是表的顺序不一样,如果把左外连接中表的顺序变一下,再使用右外连接,其结果是相同的。

(3)全外连接。

全外连接返回左表与右表的全部记录。

全外连接相当于先进行左外连接再进行右外连接的综合连接,就是取左表的全部记录按指定条件与右表中满足条件的记录进行连接,右表中不满足条件的记录则在相应字段填入 NULL,再将右表不满足条件的记录列出,在左表不符合条件记录的相应字段填入 NULL。

全外连接使两个表的全部记录都包括在结果集中,可以保持两个表的完整性。语法格式如下:

select 列名列表

from 表名 1 full[outer]join 表名 2

on 表名 1.列名＝表名 2.列名

任务7.3 使用子查询实现复杂查询

需求分析

在数据库中,单一的查询往往不能够查询出所需的结果,所以常常把几个查询结合起来使用。现在数据库管理员小王接到领导的任务,要求查询存款余额高于平均存款余额的股民资金账号和姓名。

实现过程

(1)按照简单思路,首先算出平均存款余额,写出查询语句:

select avg(zjye) as 平均余额 from gmxxb

(2)执行查询,结果如图7-6所示。

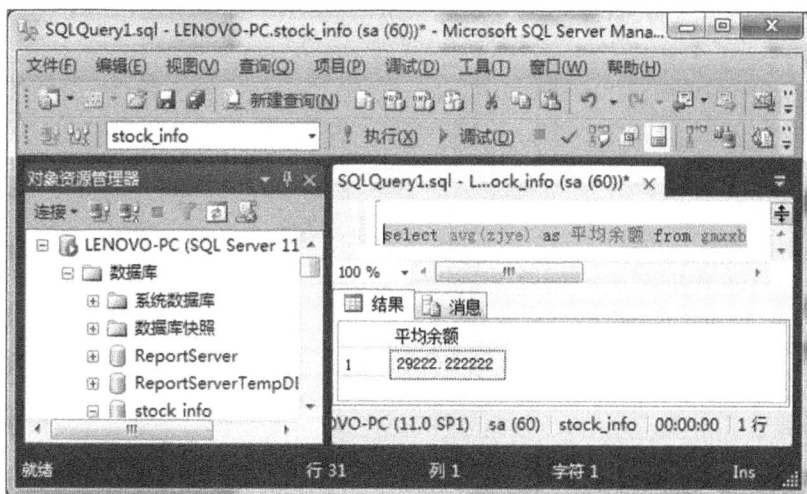

图7-6 查到平均余额

(3)查询高于平均余额的股民,写出查询语句:

select zjzh,xm from gmxxb where zjye>29222.222222

(4)执行查询得到如图7-7所示的结果。

现在可以合成前两个查询语句(括号内的是子查询):

select zjzh as 资金账号,xm as 姓名 from gmxxb where zjye>

(select avg(zjye) as 平均余额 from gmxxb)

执行带子查询的语句,不需要获得具体的平均余额,可直接获得查询结果,如图7-8所示。

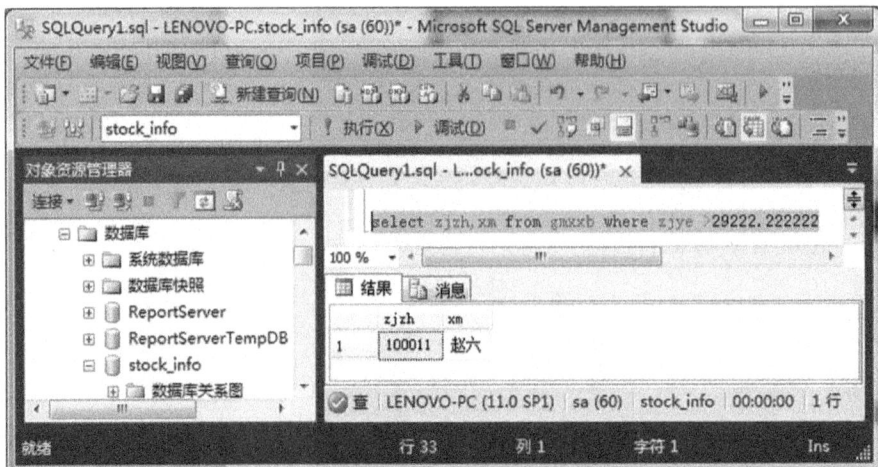

图 7-7　根据平均余额查到符合条件的股民的资金账号和姓名

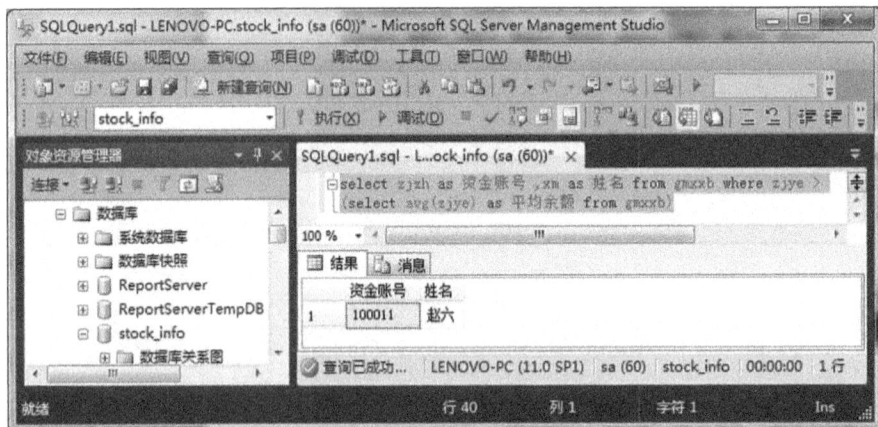

图 7-8　子查询执行结果

知识储备

　　子查询是指一条 select 语句作为另一条 select 语句的一部分,也就是说如果一个查询返回一个单值或一列值并嵌套在 select、insert、update 或 delete 语句中,则称之为子查询,包含子查询的外层 select 语句(称为主查询或外部查询)和内层 select 语句(称为子查询或内部查询)。

　　一个子查询还可以嵌套任意数量的子查询,但子查询必须用圆括号括起来。

　　(1)子查询分嵌套子查询和相关子查询两种。

　　① 嵌套子查询。嵌套子查询的执行不依赖于外部查询,其执行过程为:先执行子查询(只执行一次),其结果不显示,仅将子查询的一个单值或者一列多值作为外部查询的条件使用,然后执行外部查询并显示查询结果。

　　② 相关子查询。相关子查询就是子查询的执行依赖于外部查询,子查询根据外部查询提供的数据进行查询,再将结果返回给外部查询。一般是子查询的 where 子句中引用了外部查

询数据源的字段值,外部查询将字段值逐一传递给子查询并使用子查询的值。其执行过程如下:外部查询每处理一行都将值传递给子查询,子查询立即执行并返回查询值。如果子查询的值满足外部查询条件,外部查询就得到一条结果并处理下一行,否则直接处理下一行,直到外部查询执行完毕。相关子查询引用外部查询的表时可以使用该表的别名。

(2)使用子查询的单值进行比较运算。

子查询通过集合函数或者通过 where 条件可以得到单个值,外部查询可以在条件表达式中使用该值进行比较运算。

(3)使用子查询的一列值进行列表包含[NOT]in 运算。

若子查询返回数据表的一列值,外部查询可以使用列表包含运算符 in 或 NOT in 与返回的该列多值进行比较。

(4)使用子查询的一列值进行列表比较 any|all 运算。

列表运算符 any 与包含运算符 in 功能大致相同,in 可以独立进行相等(包含)比较,而 any 必须与比较运算符配合使用,但可以进行任何比较。

列表比较的条件表达式格式如下:

① 表达式 比较运算符 any(子查询的一列值)

② 表达式 比较运算符 all(子查询的一列值)

该条件将表达式与子查询返回的一整列值逐一比较:

① 只要有一个比较成立,any 结果为 True(相当于或运算)。

② 只有全部比较都成立,all 结果才为 True(相当于与运算)。

在 SQL-92 标准中还可以使用 some 运算符与 any 等效。

(5)相关子查询及记录的存在性[NOT]exists 检查。

相关子查询就是子查询的执行依赖于外部查询,子查询根据外部查询提供的数据得到结果,再将结果返回给外部查询。

外部查询可以使用存在逻辑运算符[NOT]exists 检查相关子查询返回的结果集中是否包含记录。若子查询结果集中包含记录,则 exists 为 True,否则为 False。

存在性检查的逻辑值没有 UNKNOWN。

相关子查询引用外部查询的表时可以使用该表的别名。

任务 7.4　使用 T-SQL 语句创建视图

需求分析

数据库系统中,不同的角色要从不同的角度来操作数据库,若能使用视图就会十分方便。对于数据表的不同查询,可以生成不同的视图,因此,创建数据库也是数据库管理员的一项任务。现在数据库管理员小王要用 T-SQL 语句创建股民联系视图。

实现过程

(1)在股民表中,联系方式只占很小的部分,写出查询语句:

select zjzh,xm,dz,lxdh,email from gmxxb

(2)执行查询语句,结果如图 7-9 所示。

图 7-9　建立视图中的查询

(3)在查询语句上加一个视图的头部代码:

create view 股民通讯录视图

as

select zjzh,xm,dz,lxdh,email from gmxxb

(4)用 select 语句打开视图。

(5)如图 7-10 所示,"股民通讯录视图"就验证成功了。

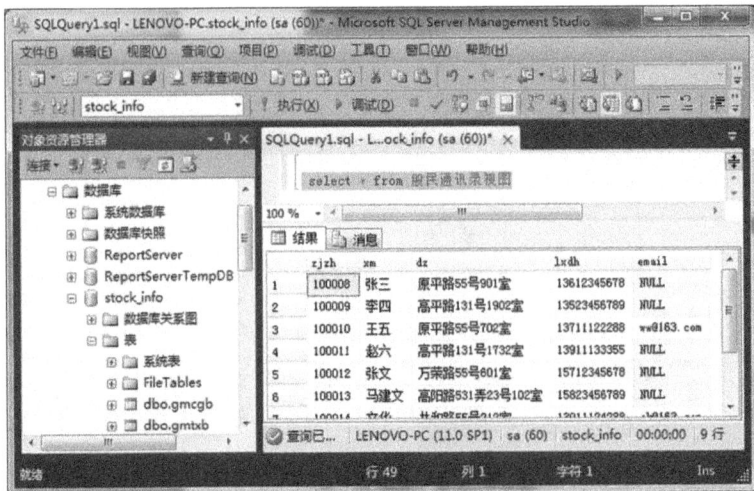

图 7-10　股民通讯录视图

知识储备

1.视图的概念

视图是一种数据库对象,是从一个或多个数据表或视图中导出的虚表。视图所对应的数据并不真正地存储在视图中,而是存储在所引用的数据表中,视图的结构和数据是对数据表进行查询的结果。

视图被定义后便存储在数据库中,和真实的表一样,视图在显示时也包括几个被定义的数据列和多个数据行,但通过视图看到的数据只是存放在基表中的数据。对视图中数据的操作与对表的操作一样,可以对其进行查询、修改和删除,但对数据的操作要满足一定的条件。当修改通过视图看到的数据时,相应的基表的数据也会发生变化,同时,若基表的数据发生变化,这种变化也会自动地反映到视图中。

根据创建视图时给定的条件,视图可以是一个数据表的一部分,也可以是多个基表的联合,它存储了要执行检索的查询语句的定义,以便在引用该视图时使用。在视图中最多可以定义一个或者多个基表的 1024 个字段,能定义的记录数只受表中被引用的记录数的限制。

视图可以用来访问整个表、表的一部分或者多个表的连接,这取决于视图的基表定义。基表的定义可以是基表中字段的子集或者记录的子集、两个或者多个基表的联合或者连接、基表的统计汇总、视图的视图以及视图和基表的混合。

2.视图的优点

在 SQL Server 中,当创建了数据库以后,可以根据用户的实际需要创建视图。使用视图有很多优点,主要优点如下:

(1)视图可以屏蔽数据的复杂性,简化用户对数据库的操作。使用视图,用户不必了解数据库的结构,就可以方便地使用和管理数据。因为在定义视图时,可以把经常使用的连接、投影和查询语句定义为视图,这样在每一次执行相同的查询时,不必重新编写这些复杂的查询语句,只要一条简单的查询视图语句就可以实现相同的功能。可见,视图向用户隐藏了表与表之间复杂的连接操作,简化了对用户操作数据的要求。

(2)视图是为用户而定制的,视图可以使用户只关心他们感兴趣的某些特定数据和他们所负责的特定任务,屏蔽无关的数据。视图可以让不同的用户以不同的方式看到不同或者相同的数据集。当数据表随某个用户的应用变化而增减字段时,数据表结构需要变化,但与这些增减字段无关的用户视图却可以保持稳定。

(3)可以使用视图重新组织数据。在某些情况下,由于表中数据量太大,因此需要对表中的数据进行水平或者垂直分割,如果直接分割数据表,可能会引起应用程序的执行错误。可以使用视图对数据表中的数据进行分块显示,从而使原有的应用程序仍可以通过视图来重载数据。

(4)视图提供了一个简单而有效的安全机制,可以定制不同用户对数据的访问权限。通过视图用户只能查看和修改他们所能看到的数据,其他数据库或者表既不可见又不可访问。如果用户需要访问视图的结果集,则必须授予其访问权限。视图所引用表的访问权限与视图权限的设置互不影响。

3.创建视图的要求

(1)视图的名称必须满足 SQL Server 2012 中规定的标识符的命名规则,且对每个用户必须是唯一的。此外,该名称不得与该用户拥有的数据表的名称相同。

(2)只能在当前数据库中创建视图。

(3)一个视图中最多只能引用 1024 个列,视图中记录的数目限制只由其基表中的记录数决定。

(4)如果视图中某一列是函数、数学表达式、常量或者来自多个表的列名且名字相同,则必须为列定义名称。

(5)如果视图引用的基表或者视图被删除,则该视图不能再被使用,直到新的基表或者视图被创建。

(6)不能在视图上创建索引,不能在规则和默认的定义中引用视图。

(7)当通过视图查询数据时,SQL Server 要进行检查,以确保语句中涉及的所有数据库对象存在,每个数据库对象在语句的上下文中均有效,且数据修改语句不能违反数据完整性规则。

4.使用 T-SQL 语句创建视图

可以使用 T-SQL 中的 CREATE VIEW 语句创建视图,其语法形式如下:

CREATE VIEW[<database_name>.][<owner>.]view_name[(column[,…n])]

    [WITH<view_attribute>[,…n]]

    AS

    select_statement

    [WITH CHECK OPTION]

    <view_attribute>::=

    {ENCRYPTION | SCHEMABINDING | VIEW_METADATA)

其中,各参数的说明如下。

(1)database_name:用于指定创建视图的数据库名称。database_name 必须是现有数据库的名称。如果不指定数据库,database_name 默认为当前数据库。

(2)owner:用于指定创建视图所有者的用户名,owner 必须是 database_name 所指定的数据库中的现有用户名,owner 默认为 database_name 所指定的数据库中与当前连接相关联的用户名。

(3)view_name:用于指定视图的名称,column 用于指定视图中的字段名称。

(4)WITH ENCRYPTION:表示 SQL Server 加密包含 CREATE VIEW 语句文本在内的系统表列。WITH ENCRYPTION 主要用于将存储在系统表 syscomments 中的语句加密。

(5)select_statement:用于创建视图的 select 语句,利用 select 命令可以从多个表中或者视图中选择列构成新视图的列,也可以使用 union 关键字联合多个 select 语句。但是,在 select 语句中,不能使用 order by、compute、compute by 语句和 into 关键字以及临时表。

(6)WITH CHECK OPTION:用于强制视图上执行的所有数据修改语句都必须符合由 select_statement 设置的准则。通过视图修改数据行时,WITH CHECK OPTION 可确保提交修改后,仍可通过视图看到修改后的数据。

(7)SCHEMABINDING：表示在 select_statement 语句中如果包含表、视图或者引用用户自定义函数，则表名、视图名或者函数名前必须包含所有者前缀。

(8)VIEW_METADATA：表示如果某一查询中引用该视图且要求返回浏览模式的元数据时，那么 SQL Server 将向 DBLIB 和 OLE DB APIS 返回视图的元数据信息。

任务 7.5　使用 SSMS 图形界面创建视图

需求分析

SQL Server 2012 数据库中的 SSMS，操作起来非常方便，创建视图也是如此。管理员小王接到任务，要用 SSMS 图形界面创建一个多表连接的视图，用于查看每个股民存款的视图和取款的视图，要显示资金账号、姓名、原有资金，存取资金和资金余额，还要以中文表头显示。

实现过程

(1)从【开始】进入，点击【SSMS】，选中"sa"，输入密码，进入【对象资源管理器】。

(2)展开【数据库】，展开【STOCK_INFO】，选中【视图】，单击鼠标右键，弹出快捷菜单。

(3)点击【新建视图】，弹出【添加表】窗口，如图 7-11 所示。

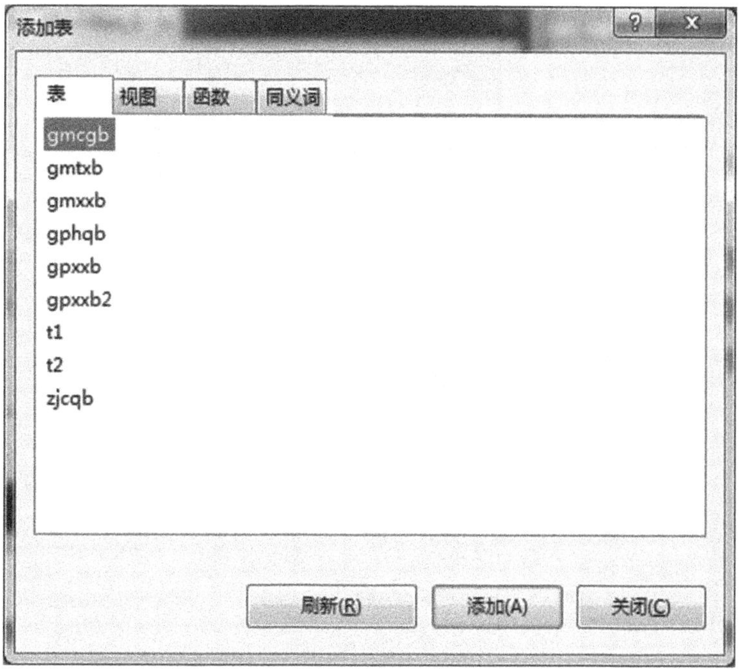

图 7-11　【添加表】窗口

175

（4）按＜Ctrl＞键，同时选中"gmxxb"和"zjcqb"，点击"添加"按钮，然后点击"关闭"按钮。

（5）呈现如图 7-12 所示的界面。

图 7-12　准备选择两个表中的字段

（6）按顺序选中需要的字段，并在别名处写入中文表头的字段名称，如图 7-13 所示。

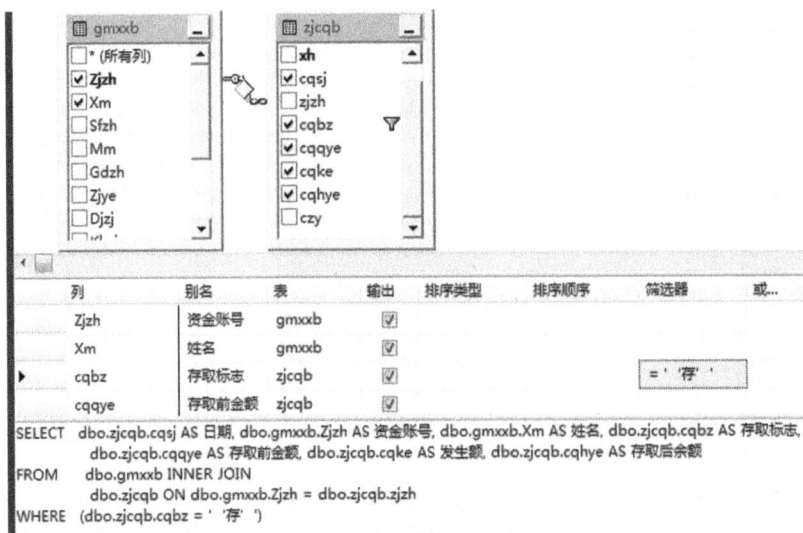

图 7-13　选中字段加中文表头

（7）在"筛选器"列的"存取标志"行输入"＝'存'"。

（8）点击左上角的"保存"按钮，弹出窗口，输入视图名称"股民存款视图"。

（9）用 select 语句打开"股民存款视图"，显示带股民姓名的全部存款记录，如图 7-14 所示。

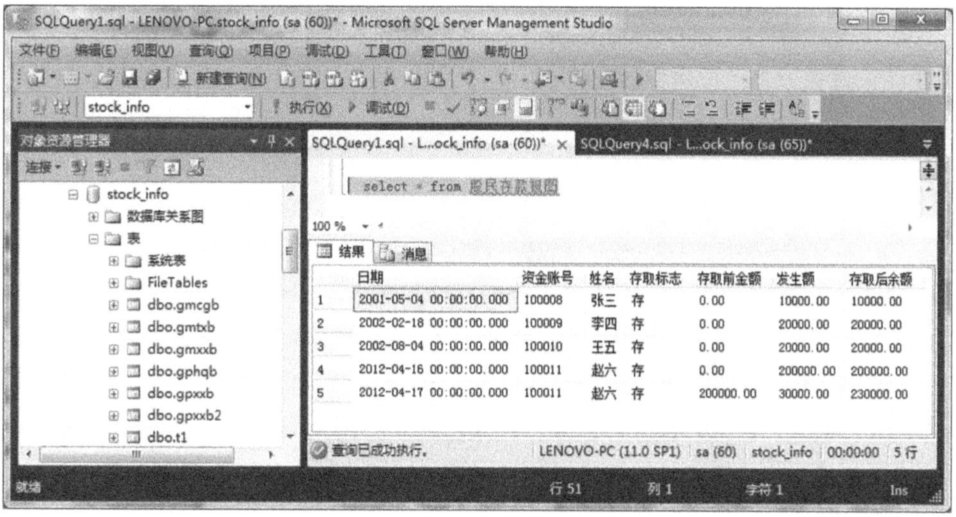

图 7-14 股民存款视图显示成功

任务 7.6 视图的修改和删除

需求分析

随着业务的发展和变化，视图的修改与删除也是常有的。管理员小王接到任务，要用 SSMS 图形界面修改一个视图，需要在股民存款视图中增加"操作员"字段，其他条件不变。

实现过程

（1）在【对象资源管理器】中展开【数据库】，进入【STOCK_INFO】。

（2）展开【视图】，选中【股民存款视图】，单击鼠标右键，弹出快捷菜单，如图 7-15 所示。

（3）点击【设计】，出现界面如图 7-16 所示。

（4）找到【czy】画"√"，并在对应【别名】处写入"操作员"。

（5）点击"保存"按钮。

（6）在【查询编辑器】中输入 select 语句，再次显示【股民存款视图】，会发现多了"操作员"字段，表示视图修改成功。

如果要删除视图，只需要选中视图，单击鼠标右键，在弹出的快捷菜单中点击"删除"就可以了。

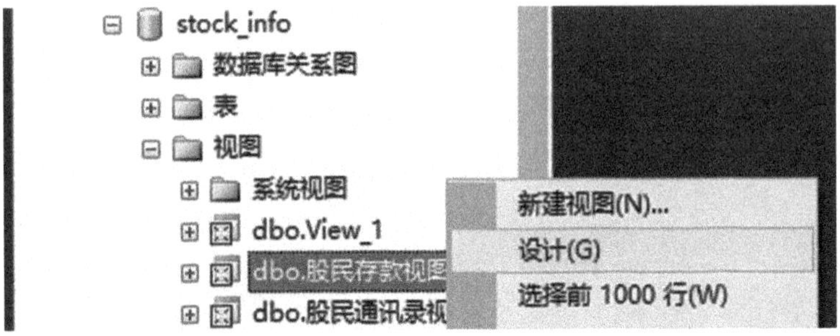

图 7-15　修改视图准备

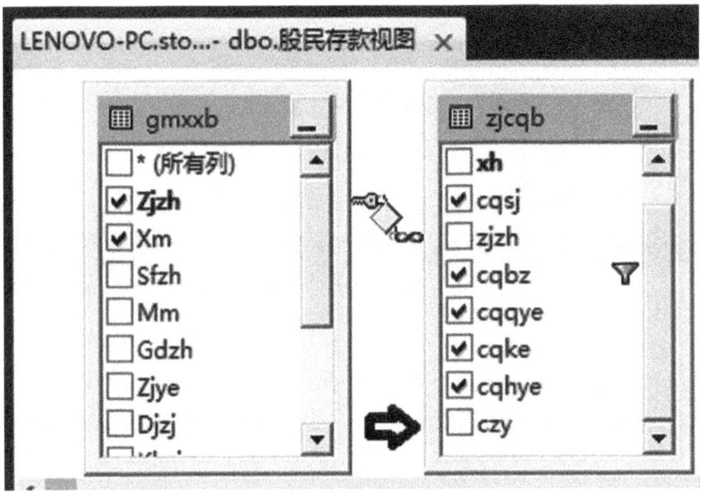

图 7-16　股民存款视图

知识储备

可以使用 T-SQL 语言中的 ALTER VIEW 语句修改视图,但首先必须拥有使用视图的权限,然后才能使用 ALTER VIEW 语句。该语句的语法形式如下:

ALTER VIEW view name

((column[,…n])]

[WITH ENCRYPTION]

AS

select_statement

[WITH CHECK OPTION]

其中,各参数的说明如下。

(1)view_name:用于指定要修改的视图。

(2)column:用于指定视图中包含的一列或者多列的名称,用逗号分开,它们将成为给定视图的一部分。

(3)select_statement:用于指定定义视图的 SELECT 语句。

（4）WITH ENCRYPTION：用于加密 syscomments 表中包含 ALTER VIEW 语句文本的条目，使用 WITH ENCRYPTION 可防止将视图作为 SQL Server 复制的一部分发布。

（5）WITH CHECK OPTION：用于强制视图上执行的所有数据修改语句都必须符合由定义视图的 select_statement 设置的准则。

注意：

如果原来的视图定义是用 WITHENCRYPTION 或 WITHCHECKOPTION 创建的，那么只有 ALTER VIEW 中也包含这些选项时，这些选项才有效。

任务 7.7　视图的利用

需求分析

视图的利用包含很多方面，视图是表的子集，通过视图对表数据进行修改，其范围（字段和记录）就会缩小，从而防止不必要的数据范围暴露在修改操作中。

实现过程

（1）设置 select 子句中的字段，控制列的范围。

（2）设置 where 子句中的条件，减少数据表的行数。

（3）根据不同的用户，设置不同的视图，其权限就得到了控制。

知识储备

通过视图可以方便地检索到任何需要的数据信息。但是视图的作用并不仅仅局限于检索记录，还可以利用视图对创建视图的内部表进行数据修改，比如插入新的记录、更新记录以及删除记录等。使用视图修改数据时，需要注意以下几点：

① 修改视图中的数据时，不能同时修改两个或者多个基表。可以对基于两个或多个基表或者视图的视图进行修改，但是每次修改都只能影响一个基表。

② 不能修改那些通过计算得到的字段，如包含计算值或者合计函数的字段。

③ 如果在创建视图时指定了 WITH CHECK OPTION 选项，那么所有使用视图修改数据库信息的操作，必须保证修改后的数据满足视图定义的范围。

④ 执行 update、delete 命令时，所删除与更新的数据必须包含在视图的结果集中。

⑤ 如果视图引用多个表,则无法用 delete 命令删除数据。若使用 update 命令,则应与 insert 操作一样,被更新的列必须属于同一个表。

下面介绍通过视图来插入、更新和删除基表中的数据。

(1)插入新的数据。

使用视图可以插入新的数据记录,但应该注意的是,新插入的数据实际上是存放在与视图相关的基表中。

> **注意:**
>
> 如果视图创建时定义了限制条件或者基表的列允许空值或有默认值,而插入的记录不满足该条件时,此时仍然可以向表中插入记录,只是用视图检索时不会显示出新插入的记录。如果不想让这种情况发生,则可以使用 WITH CHECK OPTION 选项限制插入不符合视图规则的视图。这样,在插入记录时,如果记录不符合条件则不能插入。

(2)更新原有数据。

使用视图可以更新数据记录,但应该注意的是,更新的只是数据库基表中的数据记录。

视图进行的插入或更新失败,原因可能是目标视图或者目标视图所跨越的某一视图指定了 WITH CHECK OPTION,而该操作的一个或多个结果行又不符合 CHECK OPTION 约束的条件。

(3)删除数据。

使用视图可以删除数据记录,但应该注意的是,删除的只是数据库基表中的数据记录。

使用视图删除记录时可以直接利用 T-SQL 语言的 delete 语句删除视图中的记录。但应注意,必须指定视图中定义过的字段删除记录。

通过 delete 语句从视图中删除记录,也就删除了基表中的相应记录。

实训任务

(1)模仿本模块的 union 应用,选择适当的应用项目(图书借阅或者进销存),使用 union 上下拼接两个查询。

(2)选择常用的应用项目,使用 join 左右拼接两个表或视图,做一次查询。

(3)针对数据库项目,提出使用子查询的理由。

(4)从基本表开始研究,生成有用的子查询。查询借用"数据库"相关图书的读者的姓名和书名。

(5)分别用两种方法创建视图。用 T-SQL 语句为股民分类,编写"散户""中户""大户"的三个视图,资金及股票总价值小于 5 万元为散户,大于 200 万元为大户,介于两者之间为中户。用 SSMS 图形界面重做第(2)题,把一次查询变为一个视图。

(6)使用视图进行数据查询。在进销存项目中,对大额订单和一般订单做两个视图,以后可以授权,一个给公司高层使用,一个给一般员工使用。

(7)使用视图进行数据库的更新。验证通过视图做修改时,基本表也相应修改了,而视图中没有的记录或字段,在数据表中就无法修改。

拓展任务

(1)修改已经建立的视图,并为其加密。

(2)导出加密后的视图,验证其内容已经加密。

项目小结

多表查询对于数据库项目来说是非常有用的,union是同质记录的叠加;join是同一个对象的不同属性的聚集,子查询则更加灵活,应用更广。

视图是面向用户的数据库对象,有四大优点,可以查询,也可以对表增、删、改,还可以加密,使用十分灵活。

课外练习

(1)join外连接有什么作用?

(2)举例说明子查询的作用。

(3)什么情况下既可以用join,又可以用子查询?

(4)使用视图的好处是什么?

(5)创建视图用什么命令?

(6)通过视图可以做增删改吗?

(7)视图之上还可以建立视图吗?

(8)为什么说视图是虚表?

项目 8
存储过程的应用

当有一系列事先安排好的命令语句需要数据库系统执行时，可以将这些语句整合起来存放到数据库中，并起一个合适的名字，以备调用。为此，本项目设立的学习目标和对应任务如下。

◆ **知识目标**

□ 了解常用系统存储过程的应用；
□ 掌握存储过程创建的方法和调用的方法；
□ 了解常用系统变量的意义与调用；
□ 掌握用户变量的定义、赋值和使用；
□ 掌握 IF 条件语句和 CASE 多分支语句的使用；
□ 掌握带参数的存储过程的使用；
□ 了解存储过程的加密与重编译；
□ 了解函数在存储过程中的应用。

◆ **技能目标**

❀ 学会编写与调试存储过程；
❀ 学会使用存储过程查看数据库和数据库对象。

◆ **任务列表**

任务 8.1　系统存储过程的使用
任务 8.2　为查询股民的资金余额和股票市值创建存储过程
任务 8.3　用可变参数指定某个股民查询其总资产
任务 8.4　使用和完善已建立的存储过程

任务 8.1　系统存储过程的使用

需求分析

小王刚进公司,岗位是数据库管理员(DBA),主要是管理公司的数据库,需要查看服务器中有多少数据库,某个数据库的属性设置,有哪些数据表、视图和存储过程。具体需求如下:

(1)使用 sp_helpdb 查看所有数据库。

(2)使用 sp_helpdb＋数据库名查看该数据库的具体信息。

(3)使用 sp_help＋数据库对象名查看该对象的具体信息。

(4)使用 sp_helptext＋视图名或存储过程名查看其文本。

(5)在 master 数据库中寻找常用的系统存储过程。

实现过程

(1)在查询编辑器中输入"exec sp_helpdb",查看所有数据库信息,执行效果如图 8-1所示。

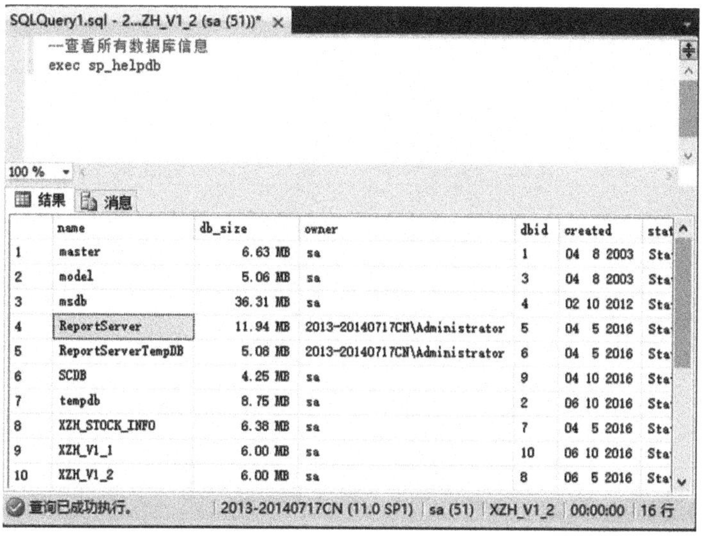

图 8-1　使用 sp_helpdb 查看所有数据库信息

说明:执行存储过程时可以省略"exec",直接用存储过程名执行。

(2)在查询编辑器中输入"exec sp_helpdb XZH_V1_2",查看数据库【XZH_V1_2】的具体信息,执行效果如图 8-2 所示。

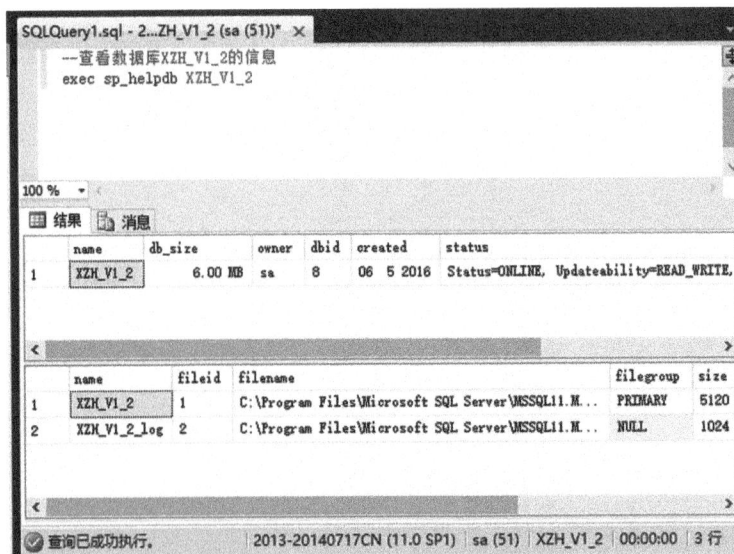

图 8-2　使用 sp_helpdb＋数据库名查看数据库信息

注意:

可以使用 sp_helpdb＋数据库名查看指定数据库的信息。

(3)在查询编辑器中输入"exec sp_help gmxxb",查看数据库【XZH_V1_2】的数据表【gmxxb】的具体信息,执行效果如图 8-3 所示。

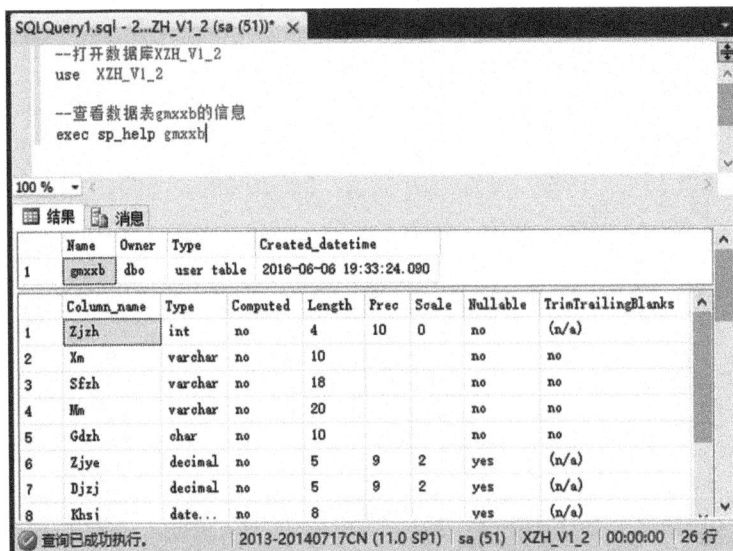

图 8-3　使用 sp_help 查看数据表对象信息

注意:

可以使用 sp_help＋数据库对象名查看所有数据库对象的信息。

(4)在查询编辑器中输入"exec sp_helptext up_gmxxb_qry",查看数据库【XZH_V1_2】的存储过程【up_gmxxb_qry】的具体文本,执行效果如图 8-4 所示。

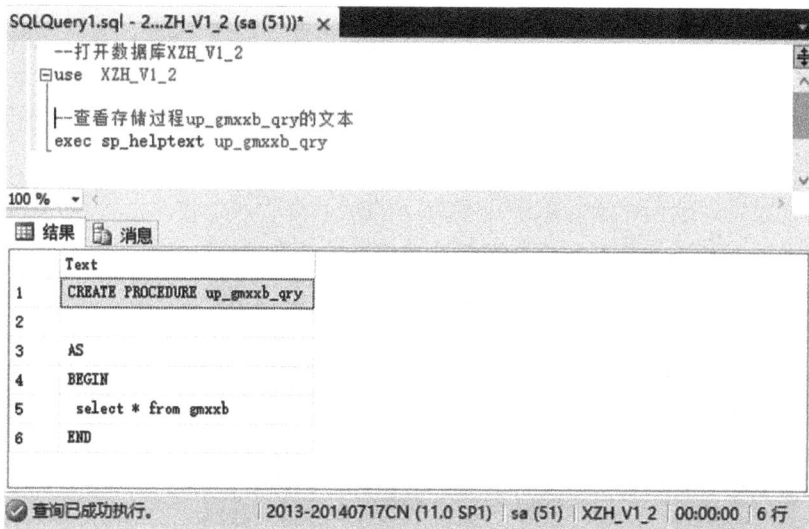

图 8-4　使用 sp_helptext 查看存储过程文本

注意:

要查询的存储过程或视图对象必须已经存在,否则无法查询。

(5)选中【对象资源管理器】中的【master】数据库,展开该数据库的【可编程性】下的【系统存储过程】,可以查看 SQL Server 2012 所用的系统存储过程,如图 8-5 所示,以上示例只是其中几个比较常用的系统存储过程。可以选择某个存储过程,单击鼠标右键,在弹出的快捷菜单中选择【修改】,查看该存储过程的设置文本。

说明:系统存储过程可以在 master 和其他数据库的【可编程性】下的【系统存储过程】中查看。

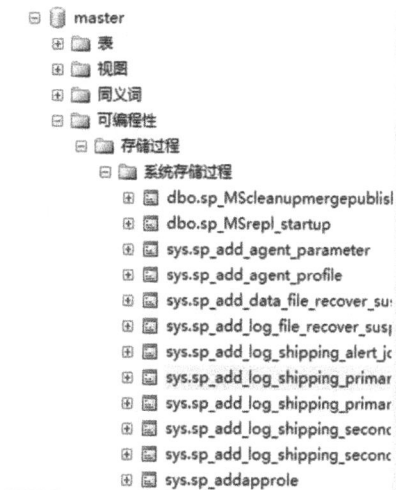

图 8-5　查看系统存储过程

185

知识储备

1. 存储过程的基本概念

存储过程(stored procedure)是在数据库服务器端执行的一组完成特定功能的 SQL 语句集,经编译后存放在数据库服务器中,经过第一次编译后再次调用不需要再次编译,用户通过指定存储过程的名字并给出参数(如果该存储过程带有参数)来执行它。它能够向用户返回数据、向数据表中写入和修改数据,还可以执行系统函数和管理操作。存储过程是数据库中的一个重要对象,任何一个设计良好的数据库应用程序都应该用到存储过程。

存储过程具有以下特点:

(1)存储过程可以包含一条或多条 T-SQL 语句。

(2)存储过程可以接收输入参数并返回输出值。

(3)一个存储过程可以调用另一个存储过程。

(4)存储过程会返回执行情况的状态代码给调用它的程序。

2. 存储过程的优点

存储过程具有很多优点,具体如下。

(1)执行速度快:存储过程在创建时已经通过语法检查和编译,调用时则直接执行,程序的运行效率高,其执行速度要比标准 SQL 语句快得多。含有大量 SQL 语句的批处理需要重复多次执行时,定义为存储过程可大大提高运行效率。

(2)有利于项目化程序设计:存储过程创建后,可多次调用。可根据不同的功能模式设计不同的存储过程以供调用。

(3)便于程序的维护管理:当用户对应用程序的数据库操作方面要求有所变化时,只需对相应的存储过程进行修改而不用修改应用程序。

(4)减少网络通信量:存储过程可包含大量对数据库进行复杂操作的 SQL 语句,它的存储执行都在 SQL Server 服务器(数据库)端,网络用户使用时只需发送一个调用语句就可以实现,大大减少了网络上 SQL 语句的传输次数。

(5)保证系统的安全性:可以在存储过程中设置用户对数据的访问权限,只允许用户调用存储过程而不允许直接对数据进行访问,以充分发挥安全机制的作用。

(6)具有业务逻辑的保密性:可以对存储过程中代表业务逻辑的程序语句加密,存储过程一旦加密,即使是系统管理员也难以解密。

3. 存储过程的分类

SQL Server 中常用的存储过程可分为用户定义存储过程、临时存储过程、系统存储过程和扩展存储过程。

(1)用户定义存储过程。

用户定义存储过程也就是用户自行创建并存储在用户数据库中的存储过程,它用于完成用户指定的某一特定功能(如查询用户所需的数据信息)。

（2）临时存储过程。

临时存储过程是用户定义过程的一种形式。临时存储过程与永久存储过程相似,只是临时存储过程存储于 tempdb 中。临时存储过程有两种类型:本地临时存储过程和全局临时存储过程。它们在名称、可见性及可用性上有区别。本地临时存储过程的名称以"≠"开头,它们仅对当前的用户连接可见,当用户关闭连接时被删除。全局临时存储过程的名称以"≠≠"开头,创建后对任何用户都可见,并且在使用该过程的最后一个会话结束时被删除。

（3）系统存储过程。

系统存储过程是安装数据库系统时由系统自动创建的,主要存储在 master 数据库中,以 sp_为前缀。主要用于管理 SQL Server 和显示有关数据库及用户信息。这些存储过程可以在程序中调用,完成一些复杂的与系统相关的任务。例如,sp_help 提供关于存储过程或其他数据库对象的报告;sp_helptext 用于现实存储过程和其他对象的文本;sp_depends 用于列举引用或依赖指定对象的所有存储过程;sp_tables 用于取得数据库中关于表和视图的相关信息;sp_renamedb 用于更改数据库的名称等。

因为系统过程以前缀 sp_开头,所以,建议在命名用户定义过程时不要使用此前缀。

（4）扩展存储过程。

扩展存储过程是用户可以使用外部程序语言(如 C 语言)编写的存储过程,它存储在系统数据库 master 中。扩展存储过程在使用和执行上与一般存储过程完全相同,其名称通常以 xp_开头。扩展存储过程是 SQL Server 实例可以动态加载和运行的 DLL。

任务 8.2　为查询股民的资金余额和股票市值创建存储过程

需求分析

公司员工小王参加的股票系统项目,需要通过存储过程查看股民的资金余额和股票市值。

股民的资金余额主要包括所有股民的资金余额和某个股民的资金余额;股民的股票市值是由股民的持股数量×股票成交价格所得。具体需求如下:

（1）创建存储过程,实现股民资金余额的查询;

（2）创建存储过程,实现股民所持股票的信息及当前市值的查询;

（3）执行所创建的存储过程。

说明:这两个存储过程都可以查询所有股民的相关信息,也可以通过设置变量,来查询指定股民的相关信息。

实现过程

(1)在查询编辑器中,创建存储过程,实现股民资金余额的查询。

此功能可以用三种方式来设置:第一种方式,查询所有股民的资金余额;第二种方式,通过在条件语句中指定股东账号,查询该股民的资金余额;第三种方式,通过设置股东账号变量,并指定数据,查询该股民的资金余额。具体设置如下。

```
--打开数据库 XZH_V1_2
USE XZH_V1_2
GO
--方式一:查询所有股民的资金余额
CREATE PROCEDURE up_gmzjye_qry1
AS
BEGIN
    SELECT Gdzh,Zjye FROM gmxxb
END
GO
```

设置完成后,点击工具栏上的 ! 执行(X) 按钮或按<F5>键,执行创建存储过程的语句。如果执行结果显示"命令已成功完成",则说明创建成功。在【对象资源管理器】中刷新【存储过程】,可以看到新建的存储过程,如图 8-6 所示。

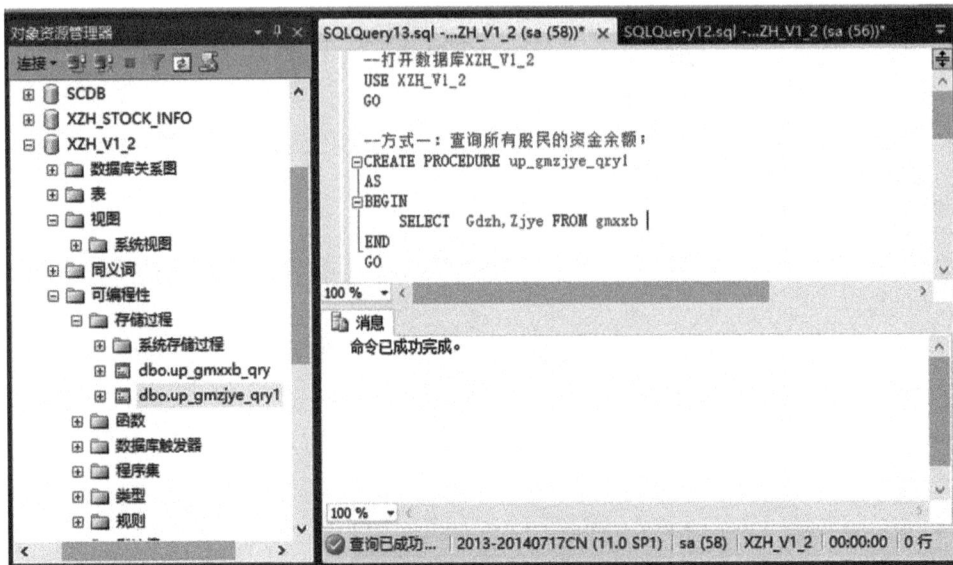

图 8-6　创建存储过程 up_gmzjye_qry1

创建成功后,可以在查询编辑器中输入"EXEC up_gmzjye_qry1"语句,执行此次创建的存储过程,执行后的效果如图 8-7 所示。

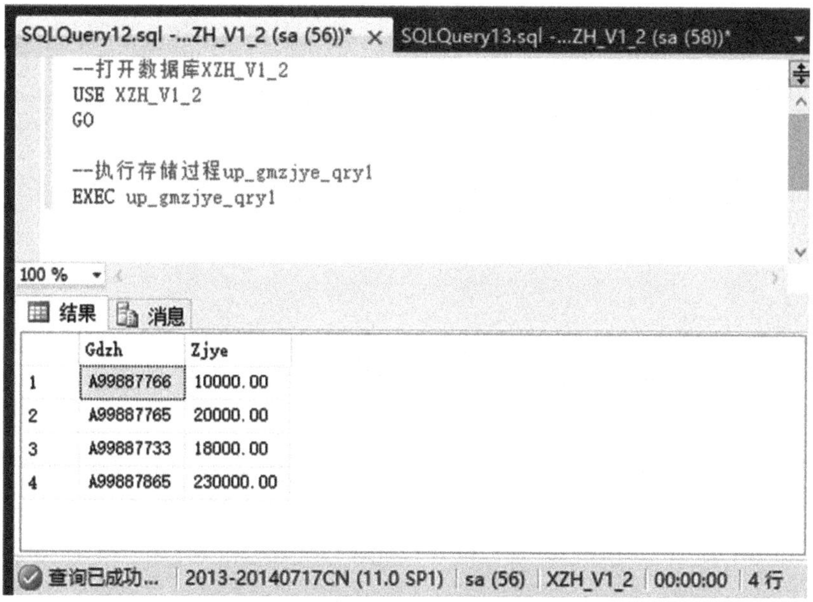

图 8-7　执行存储过程 up_gmzjye_qry1

--打开数据库 XZH_V1_2

USE XZH_V1_2

GO

--方式二:通过在条件语句中指定股东账号,查询该股民的资金余额

CREATE PROCEDURE up_gmzjye_qry2

AS

BEGIN

　　SELECT Gdzh,Zjye FROM gmxxb WHERE Gdzh='A99887766'

END

GO

此方式的存储过程执行效果如图 8-8 所示。

--打开数据库 XZH_V1_2

USE XZH_V1_2

GO

--方式三:通过设置股东账号变量,并指定数据,查询该股民的资金余额

CREATE PROCEDURE up_gmzjye_qry3

AS

BEGIN

　DECLARE @Gdzh char(10)

　SET @Gdzh='A99887766'

　SELECT Gdzh,Zjye FROM gmxxb WHERE Gdzh=@Gdzh

END

GO

图 8-8　执行存储过程 up_gmzjye_qry2

说明：在存储过程中，DECLARE 用于声明一个变量，声明变量时需要设置变量名、变量类型；SET 用于设置一个变量的值，可以通过变量名来代表这个值。

此方式的存储过程执行效果如图 8-9 所示。

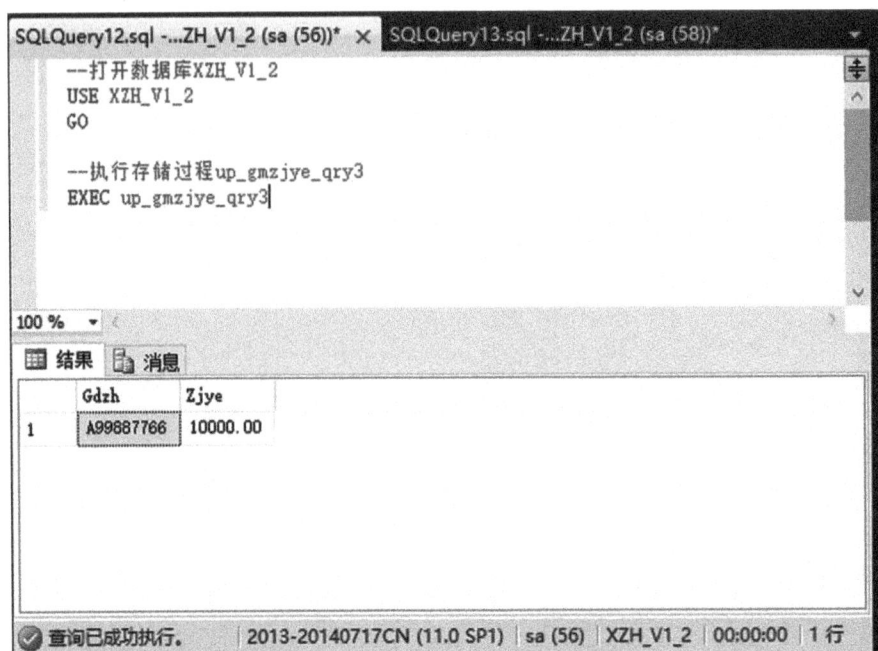

图 8-9　执行存储过程 up_gmzjye_qry3

说明：如果需要查询"可用资金"，则需要由"资金余额"—"冻结资金"得出。

(2)在存储过程编辑界面中,创建存储过程,实现股民所持股票的信息及当前市值的查询。该功能同样可以采用上述三种方式进行设置,具体设置如下。

```
--打开数据库 XZH_V1_2
USE XZH_V1_2
GO
--方式一:查询所有股民的股票市值
CREATE PROCEDURE up_gmgpsz_qry1
AS
BEGIN
    SELECT Gdzh '股东账号',gmcgb. Gpbh '股票编号',Cgsl * gphqb. Zxj '股票市值'
    FROM gmcgb INNER JOIN
            gphqb ON gmcgb. Gpbh=gphqb. Gpbh
END
GO
--方式二:通过在条件语句中指定股东账号,查询该股民的股票市值
CREATE PROCEDURE up_gmgpsz_qry2
AS
BEGIN
    SELECT Gdzh '股东账号',gmcgb. Gpbh '股票编号',Cgsl * gphqb. Zxj '股票市值'
    FROM gmcgb INNER JOIN
            gphqb ON gmcgb. Gpbh=gphqb. Gpbh
    WHERE Gdzh=' A99887766 '
END
GO
--方式三:通过设置股东账号变量,并指定数据,查询该股民的股票市值
CREATE PROCEDURE up_gmgpsz_qry3
AS
BEGIN
    DECLARE @Gdzh char(10)
    SET @Gdzh=' A99887766 '
    SELECT Gdzh '股东账号',gmcgb. Gpbh '股票编号',Cgsl * gphqb. Zxj '股票市值'
    FROM gmcgb INNER JOIN
            gphqb ON gmcgb. Gpbh=gphqb. Gpbh
    WHERE Gdzh=@Gdzh
END
GO
```

这三种方式的存储过程执行方式类似,以第三种方式为例进行执行效果说明,具体如图 8-10 所示,其他两种方式不再一一说明。

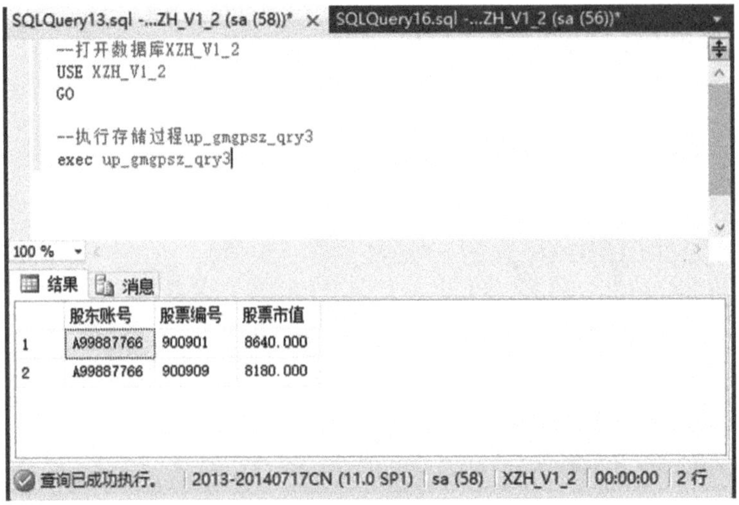

图 8-10 执行存储过程 up_gmgpsz_qry3

知识储备

1. 创建存储过程的方法

(1)在【对象资源管理器】中创建存储过程。

在 SSMS 窗口的【对象资源管理器】中,展开需要创建存储过程的数据库,选中【可编程性】下的【存储过程】,单击鼠标右键,在弹出的快捷菜单中选择【新建存储过程】,在打开的查询编辑窗口中,给出了创建存储过程的模板,如图 8-11 所示。修改其中的代码,然后执行即可。

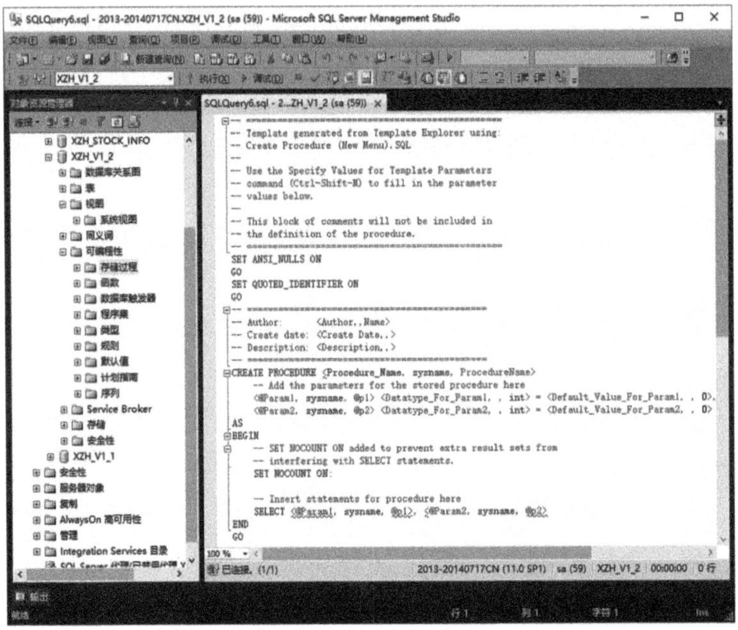

图 8-11 存储过程创建模板

（2）使用 T-SQL 语句创建存储过程。

除了使用【对象资源管理器】的方式进入创建存储过程的界面,还可以直接在查询编辑窗口中使用 T-SQL 语句中的 CREATE PROCEDURE 命令创建存储过程。

创建存储过程前,应该注意以下事项:

① 不能将 CREATE PROCEDURE 语句与其他 SQL 语句组合到单个批处理中。

② 创建存储过程的权限默认属于数据库所有者,该所有者可将此权限授予其他用户。

③ 存储过程是数据库对象,其名称必须遵守标识符规则。

④ 只能在当前数据库中创建存储过程。

创建存储过程的 T-SQL 语句语法形式如下:

CREATE PROCEDURE procedure_name

[{@parameter_name data_type}[＝default][OUTPUT]][,…n];

[WITH ENCRYPTION]

[WITH RECOMPILE]

AS

sql_statement[,…n]

其中,各参数的意义如下。

① procedure_name:用于指定所要创建存储过程的名称。存储过程的命名必须符合标识符命名规则,在一个数据库中或者对其所有者而言,存储过程的名称必须唯一。

② @parameter_name:表示创建存储过程时定义的参数名。在 CREATE PROCEDURE 语句中可以声明一个或多个参数。用户必须在执行过程时提供每个所声明参数的值(除非定义了该参数的默认值)。存储过程最多可以有 2100 个参数。

③ data_type:用于指定参数的数据类型。在存储过程中,所有的数据类型(包括 text、ntext和 image)均可以用作存储过程的参数。

④ default:用于指定参数的默认值。如果定义了默认值,不必指定该参数的值即可执行过程。默认值必须是常量或空值。

⑤ OUTPUT:表明该参数是一个返回参数,可以将信息返回给调用者。

⑥ ENCRYPTION:表示对存储过程文本进行加密。使用 ENCRYPTION 关键字无法通过查看 syscomments 表来查看存储过程的内容。

⑦ RECOMPILE:表明 SQL Server 不会保存该存储过程的执行计划,该存储过程每执行一次都要重新编译。

⑧ sql statement:表示存储过程中包含的任意数目和类型的 T-SQL 语句。

存储过程在创建过程中常见的有两类,分别是无参数的存储过程和带参数的存储过程。这两种类型在语法上的主要区别是无参数的存储过程在创建时没有参数的设置,在 SQL 语句中没有参数的调用,其他设置基本相同。

2.执行存储过程的方法

（1）在【对象资源管理器】中执行存储过程。

在【对象资源管理器】中,展开需要创建存储过程的数据库,在【可编程性】下的【存储过程】中,选中需要执行的存储过程,单击鼠标右键,在弹出的快捷菜单中选择【执行存储过程】,会打开【执行存储过程】窗口,如图 8-12 所示。如果有参数需要设置,如果没有直接点击"确定"按钮,即会执行存储过程,得到执行结果。

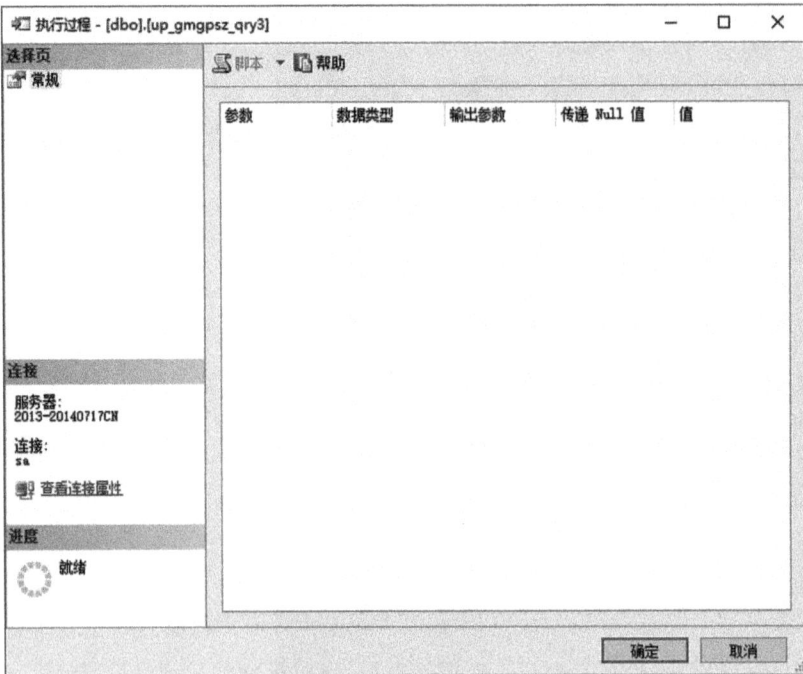

图 8-12   使用【对象资源管理器】执行存储过程界面

(2)使用 T-SQL 语句执行存储过程。

在 SQL Server 中,可以在查询编辑窗口使用 EXECUTE 命令直接执行存储过程,语法形式如下:

[[EXECUTE]]procedure_name

[[@parameter_name=]value|@variable[OUTPUT]|[DEFAULT]]

[,…n]

[WITH RECOMPILE]

其中,各选项的含义如下。

① EXECUTE:执行存储过程的命令关键字,简写成 EXEC,可以省略此关键字。

② procedure_name:用于指定执行的存储过程的名称。

③ @parameter_name:在创建存储过程时定义的过程参数,value 是输入的参数值,这两项可以以@parameter_name=value 的形式出现,也可以只有 value 值。

④ @variable:用来保存参数或者返回参数的变量,OUTPUT 表明指定参数为返回参数。

⑤ DEFAULT:表示使用该参数的默认值作为实参。

⑥ WITH RECOMPILE:指定在执行存储过程时重新编译执行计划。

无参数的存储过程和带参数的存储过程,在执行时的主要区别是无参数的存储过程不需要设置参数项,直接调用存储过程名即可,即"EXEC procedure_name",带参数的存储过程就需要设置参数值,当有多个参数时,可依次按照以上参数的定义规则列出,用逗号","隔开。

执行存储过程时需要指定要执行的存储过程的名称和参数,使用一个存储过程去执行一组 T-SQL 语句,可以使其在首次运行时即被编译,在编译过程中把 T-SQL 语句从字符形式转化成为可执行形式。

3.声明变量

在存储过程中,可以使用 DECLARE 声明变量,该语句的具体语法格式如下:

DECLARE[{@parameter data_type}[,…n];

可以使用 SET 给变量赋值,该语句的具体语法格式如下:

SET @parameter1＝value1[,…@parameterN＝valueN];

为了便于日后维护,最好保证变量名和所选的列名相同。

任务 8.3　使用可变参数指定某个股民查询其总资产

需求分析

公司员工小王需要通过存储过程查看不同股民的资金余额和股票市值,并能统计不同股民的总资产。

之前创建的存储过程,只能针对指定的股民进行资金余额和股票市值的查询,如果换一个股民,又要新建一个存储过程,这样显然不科学。如果让存储过程带有输入参数,在运行存储过程时,只需将要查询的股东账号以可变参数的方式输入,这样的存储过程可以适用于任何一个股民。

同样的方式也可以用于查询某个股民的总资产,股民的总资产是未购买股票的资金余额和已购买股票的市值金额之和。

具体需求如下:

(1)创建存储过程,在原来使用变量的存储过程基础上,增加股东账号参数,实现根据给定的股东账号查询该股民的资金余额。

(2)创建存储过程,在原来使用变量的存储过程基础上,增加股东账号参数,实现根据给定的股东账号查询该股民所持股票的信息及当前市值。

(3)创建存储过程,实现根据给定的股东账号查询该股民的总资产。

(4)在调用新的存储过程时,使指定的股东账号跟在存储过程之后,以此运行存储过程。

实现过程

(1)在查询编辑窗口,创建一个名为 up_gmzjye_qry 的存储过程,在原来使用变量的存储过程基础上,增加股东账号参数,实现根据给定的股东账号查询该股民的资金余额。具体设置如下:

--打开数据库 XZH_V1_2

USE XZH_V1_2

GO

--创建存储过程 up_gmzjye_qry

CREATE PROCEDURE up_gmzjye_qry

@Gdzh char(10)——@Gdzh 表示股东账号,是输入参数

AS

BEGIN

　　SELECT Gdzh,Zjye FROM gmxxb WHERE Gdzh＝@Gdzh——按@Gdzh 查询股民的股东账号和资金余额

END

GO

本案例的存储过程在执行时,需要设置股东账号的参数,其设置方式有两种,具体如下。

--方式一:执行带输入参数的存储过程(直接给参数)

exec up_gmzjye_qry ' A99887766 '

--方式二:执行带输入参数的存储过程(通过设置变量值)

exec up_gmzjye_qry @Gdzh='A99887766 '

说明:如果有多个参数,可以用逗号隔开依次设置。

执行效果如图 8-13 所示。

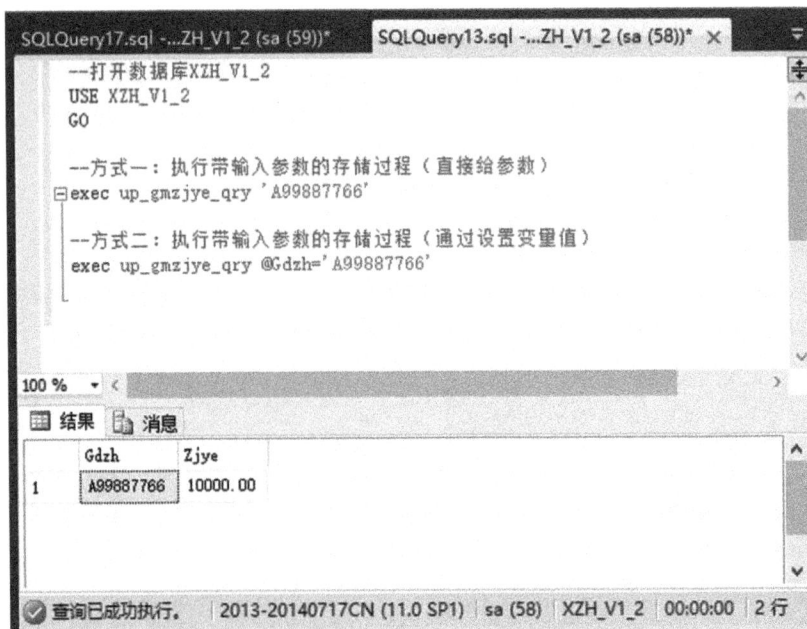

图 8-13　执行带输入参数的存储过程 up_gmzjye_qry

　　(2)在查询编辑窗口,创建一个名为 up_gmgpsz_qry 的存储过程,在原来使用变量的存储过程基础上,增加股东账号参数,实现根据给定的股东账号查询该股民所持股票的信息及当前市值。具体设置如下:

--打开数据库 XZH_V1_2

USE XZH_V1_2

GO

--创建存储过程 up_gmgpsz_qry

CREATE PROCEDURE up_gmgpsz_qry

@Gdzh char(10)——@Gdzh 表示股东账号,是输入参数

AS

BEGIN

--按@Gdzh 查询股民的股东账号、股票编号和股票市值

SELECT Gdzh '股东账号',gmcgb. Gpbh '股票编号',Cgsl * gphqb. Zxj '股票市值'

FROM gmcgb INNER JOIN

　　　gphqb ON gmcgb. Gpbh＝gphqb. Gpbh

WHERE Gdzh＝@Gdzh

END

GO

本案例存储过程的执行也可以采用上述两种方式,具体如下。

--方式一:执行带输入参数的存储过程(直接给参数)

exec up_gmgpsz_qry 'A99887766'

--方式二:执行带输入参数的存储过程(通过设置变量值)

exec up_gmgpsz_qry @Gdzh='A99887766'

执行效果如图 8-14 所示。

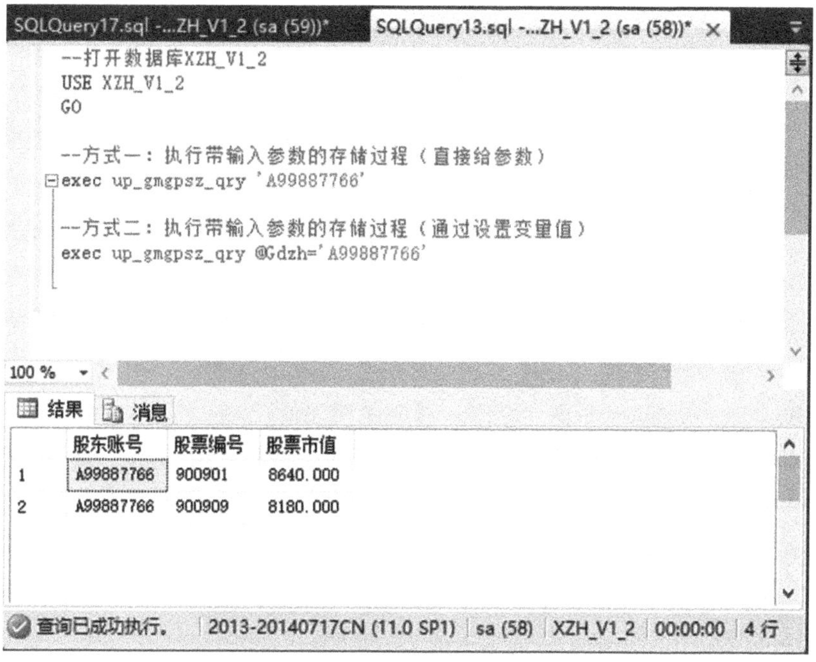

图 8-14　执行带输入参数的存储过程 up_gmgpsz_qry

（3）在查询编辑窗口创建一个名为 up_gmzzc_qry 的存储过程，实现根据给定的股东账号查询该股民的总资产。

股民的总资产＝股民的资金余额＋股民的股票市值。其中股民的股票市值是该股民所有股票的市值总和。此功能需要使用带输入参数、输出参数和声明变量的方式实现。这个方式的实现需要设置两个变量和两个参数，第一个是资金余额变量，第二个是股票市值总和变量，这两个变量的值分别由两个查询语句查询所得；一个输入参数是股东账号，用来设置给定的股民，一个输出参数是总资产变量，这个参数是输出参数的，用于将资金余额变量和股票市值总和变量的值相加后输出。

具体如下：

```
--打开数据库 XZH_V1_2
USE XZH_V1_2
GO
--创建存储过程 up_gmzzc_qry
CREATE PROCEDURE up_gmzzc_qry
@Gdzh char(10),——@Gdzh 表示股东账号，是输入参数
@Zzc decimal(9,3) OUTPUT——@Zzc 表示总资产，是输出参数
AS
BEGIN
--定义变量，@Zjye 代表资金余额，@Gpsz 代表股票市值
DECLARE @Zjye decimal(9,2),@Gpsz decimal(8,3)
--设置@Zjye 的值是根据@Gdzh 查询得到的资金余额
SET @Zjye=(SELECT Zjye FROM gmxxb WHERE Gdzh=@Gdzh)
--设置@Gpsz 的值是根据@Gdzh 查询得到的股票市值
SET @Gpsz=(SELECT SUM(Cgsl * gphqb. Zxj)FROM gmcgb INNER JOIN gphqb
ON gmcgb. Gpbh=gphqb. Gpbh WHERE Gdzh=@Gdzh)
--设置 Zzc 的值是@Zjye+@Gpsz 的和
SET @Zzc=@Zjye+@Gpsz
PRINT @Zzc——输出@Zzc 的值
END
GO
```

此方式的存储过程的执行与前几个案例有所不同，具体如下：

```
DECLARE @Gdzh char(10),@Zzc decimal(9,3)
SET @Gdzh=' A99887766 '
EXEC up_gmzzc_qry @Gdzh,@Zzc OUTPUT
```

其执行效果如图 8-15 所示。

在调用有输出参数的存储过程时，可以直接用 PRINT 输出结果，也可以用 RETURN 返回，然后由调用者使用该返回的结果值。

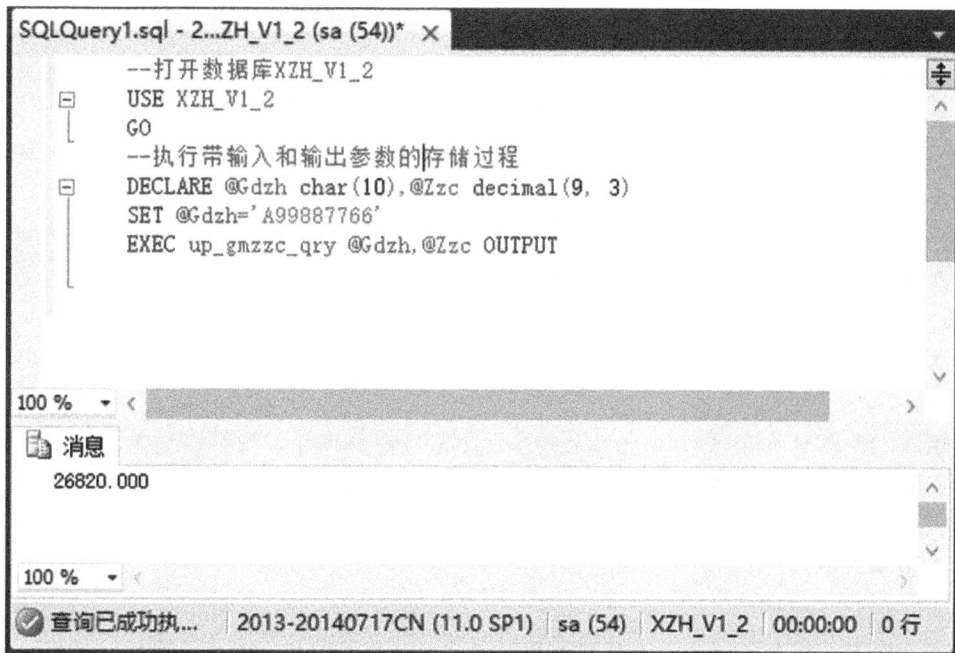

图 8-15 执行带输出参数的存储过程 up_gmzzc_qry

知识储备

1. 使用存储过程实现数据表数据的新增、修改和删除

存储过程除了可以实现查询功能以外，还可以对数据进行新增、修改和删除，其采用的方式大多是带参数的方式。下面以股票信息表【gpxxb】为例使用存储过程进行数据的新增、修改和删除。

【例 8-1】 创建存储过程 up_gpxxb_ins，实现对股票信息表【gbxxb】数据的新增功能。

在查询编辑器中，输入如下语句：

```
--打开数据库 XZH_V1_2
USE XZH_V1_2
GO
--创建插入存储过程
CREATE PROCEDURE up_gpxxb_ins
@Gpbh char(6),——@Gpbh 表示股票编号，是输入参数
@Gpmc varchar(30),——@Gpmc 表示股票名称，是输入参数
@Fxgs int,——@Fxgs 表示发行股数，是输入参数
@Sshy varchar(20),——@Sshy 表示上市行业，是输入参数
```

@ssrq smalldatetime———@ssrq 表示上市日期,是输入参数

AS

BEGIN

--执行插入语句

INSERT INTO gpxxb(Gpbh,Gpmc,Fxgs,Sshy,ssrq) VALUES(@Gpbh,@Gpmc,@Fxgs,@Sshy,@ssrq)

END

GO

存储过程创建完成后,执行存储过程 up_gpxxb_ins,完成记录添加:

EXEC up_gpxxb_ins '900910','信威集团',30000000,'通讯','2005-12-19 00:00:00'

【例 8-2】 创建存储过程 up_gpxxb_upd,实现按股票编号对股票信息表【gpxxb】其他数据进行修改的功能。

在查询编辑器中,输入如下语句:

--打开数据库 XZH_V1_2

USE XZH_V1_2

GO

--创建更新存储过程

CREATE PROCEDURE up_gpxxb_upd

@Gpbh char(6),———@Gpbh 表示股票编号,是输入参数

@Gpmc varchar(30),———@Gpmc 表示股票名称,是输入参数

@Fxgs int,———@Fxgs 表示发行股数,是输入参数

@Sshy varchar(20),———@Sshy 表示上市行业,是输入参数

@ssrq smalldatetime ———@ssrq 表示上市日期,是输入参数

AS

BEGIN

--执行更新语句

UPDATE gpxxb

SET Gpmc=@Gpmc,Fxgs=@Fxgs,Sshy=@Sshy,ssrq=@ssrq

WHERE Gpbh=@Gpbh

END

GO

存储过程创建完成后,执行存储过程 up_gpxxb_upd,完成记录更新:

EXEC up_gpxxb_upd '900910','信威集团',50000000,'通讯','2005-12-19 00:00:00'

【例 8-3】 创建存储过程 up_gpxxb_del,实现按股票编号删除股票信息表【gpxxb】相应记录的功能。

在查询编辑器中,输入如下语句:

--打开数据库 XZH_V1_2

```
USE XZH_V1_2
GO
--创建删除存储过程
CREATE PROCEDURE up_gpxxb_del
@Gpbh char(6)——@Gpbh 表示股票编号,是输入参数
AS
BEGIN
--执行删除语句
DELETE FROM gpxxb WHERE Gpbh=@Gpbh
END
GO
```

存储过程创建完成后,执行存储过程 up_gpxxb_del,完成记录删除:

```
EXEC up_gpxxb_del '900910'
```

2.在存储过程中使用分支语句

在存储过程中经常会使用各种分支语句来完成相关功能,以下案例分别通过 IF…ELSE 语句和 CASE 语句来实现功能。

【例 8-4】 创建存储过程 up_gmkyzj_qry,实现查询某个股民的可用资金(可用资金=资金余额-冻结资金),如果可用资金大于 0,则输出"有可用资金",如果可用资金为 0,则输出"无可用资金"。

(1)在存储过程中使用 IF…ELSE 语句。

在存储过程中使用 IF…ELSE 语句的语法格式是:

```
IF 条件表达式
  BEGIN
    语句 1
  END
ELSE
  BEGIN
    语句 2
  END
```

具体代码如下:

```
--打开数据库 XZH_V1_2
USE XZH_V1_2
GO
--创建存储过程 up_gmkyzj_qry
CREATE PROCEDURE up_gmkyzj_qry
@Gdzh char(10),——@Gdzh 表示股东账号,是输入参数
@result varchar(30) OUTPUT ——@result 表示输出结果,是输出参数
```

```
AS
BEGIN
DECLARE @kyzj decimal(9,2)
SET @kyzj=(SELECT Zjye-Djzj FROM gmxxb WHERE Gdzh=@Gdzh)——按
@Gdzh 查询股民的可用资金
    IF @kyzj>0
      BEGIN
        SET @result='有可用资金'
      END
    ELSE
      BEGIN
        SET @result='无可用资金'
      END
    PRINT @result
END
GO
```

(2)在存储过程中使用 CASE 语句。

在存储过程中使用 CASE 语句的语法格式是：

① 简单 CASE 函数将某个表达式与一组简单表达式进行比较以确定结果。

```
CASE input_expression
    WHEN when_expression THEN result_expression
    [,…n]
ELSE
    else_result_expression
END
```

② CASE 搜索函数计算一组布尔表达式以确定结果。

```
CASE
    WHEN Boolean_expression THEN result_expression
    [,…n]
ELSE
    else_result_expression
END
```

两种格式均支持可选的 ELSE 参数。

具体代码如下：

```
--打开数据库 XZH_V1_2
USE XZH_V1_2
GO
--创建存储过程 up_gmkyzj_qry
CREATE PROCEDURE up_gmkyzj_qry
```

```
@Gdzh char(10),——@Gdzh 表示股东账号,是输入参数
@result varchar(30) OUTPUT ——@result 表示输出结果,是输出参数
AS
BEGIN
    DECLARE @kyzj decimal(9,2)
    SET @kyzj=(SELECT Zjye-Djzj FROM gmxxb WHERE Gdzh=@Gdzh)——按
@Gdzh 查询股民的可用资金
    SET @result=
      CASE
        WHEN @kyzj>0 THEN '有可用资金'
      ELSE
        '无可用资金'
      END
    PRINT @result
END
GO
```

任务 8.4 使用和完善已建立的存储过程

需求分析

之前创建的存储过程,要能够在数据库系统中找到,才能够运行,从而显示某指定股民的总资产。

运行存储过程之后,可以查到具有完整信息的股民总资产,但还有些情况需要考虑,如果输入有误,股东账号在股民信息表中未找到,要显示"无此股民",如果持股信息中无记录,要显示"未购买股票"或"股票市值为零",最后显示该股民的总资产。因此,要对原有存储过程进行修改或删除后重建。另外,为保密还要将存储过程的代码加密。

具体需求如下:

(1)使用 ALTER PROCEDURE 命令增加 IF 语句,如果输入不存在的股东账号,要显示"无此股民";如果持股信息中无记录,要显示"未购买股票",并设置股票市值为 0;最后显示该股民的总资产。修改完成后使用 EXECUTE 运行存储过程,查看效果。

(2)使用 WITH ENCRYPTION 语句加密存储过程,之后显示存储过程文本,验证该文本已加密。

(3)使用 DROP PROCEDURE 命令删除前期的存储过程。

实现过程

(1)在查询编辑器中,使用 ALTER PROCEDURE 命令修改存储过程 up_gmzzc_qry,增加 IF 语句,输入不存在的股东账号,根据查询结果来决定显示文字说明,还是显示查到的数值。具体的 T-SQL 语句设置如下:

```
--打开数据库 XZH_V1_2
USE XZH_V1_2
GO
--修改存储过程 up_gmzzc_qry
ALTER PROCEDURE up_gmzzc_qry
@Gdzh char(10),
@Zzc decimal(9,3) OUTPUT
AS
BEGIN
  DECLARE @Zjye decimal(9,2)=0,@Gpsz decimal(8,3)=0,
  @StrResult varchar(50)
  SET @Zjye=(SELECT Zjye FROM gmxxb WHERE Gdzh=@Gdzh)
  SET @Gpsz=(SELECT SUM(Cgsl * gphqb. Zxj)FROM gmcgb INNER JOIN gphqb
ON gmcgb. Gpbh=gphqb. Gpbh WHERE Gdzh=@Gdzh)
  if @Zjye IS NULL
    BEGIN
      PRINT '无此股民'
      RETURN
    END
  else if @Gpsz IS NULL
    BEGIN
      PRINT '未购买股票'
      SET @Zzc=@Zjye+0
    END
  else
    BEGIN
      SET @Zzc=@Zjye+@Gpsz
    END
  PRINT @Zzc
END
GO
```

在查询编辑器中,使用 EXECUTE 运行已修改的存储过程,查看效果。根据三种不同的情况,验证存储过程的功能。具体的 T-SQL 语句设置及运行效果如图 8-16～图 8-18 所示。

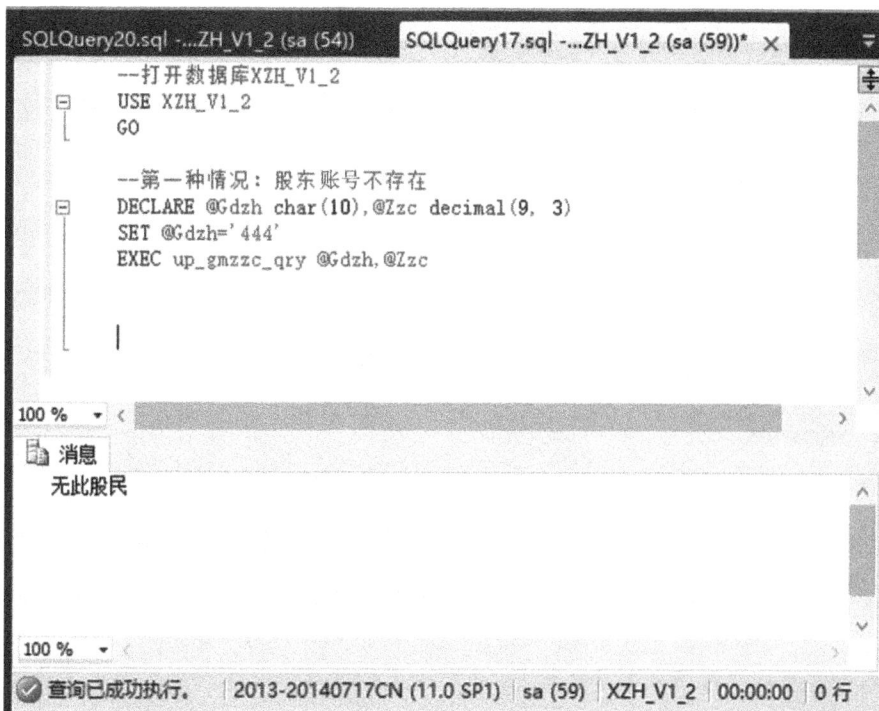

图 8-16　当不存在股东账号时执行存储过程的效果

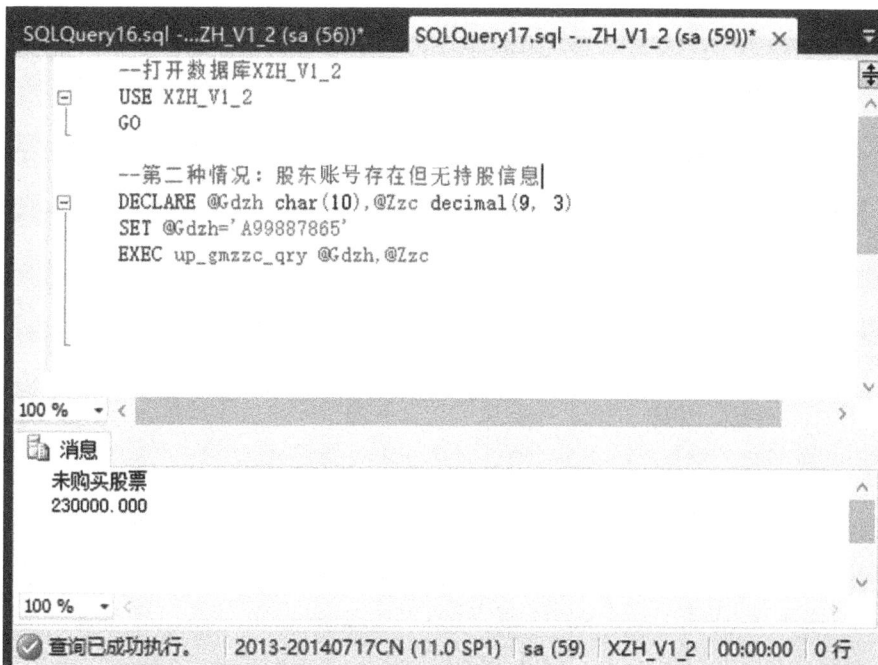

图 8-17　当股东账号存在但无持股信息时执行存储过程的效果

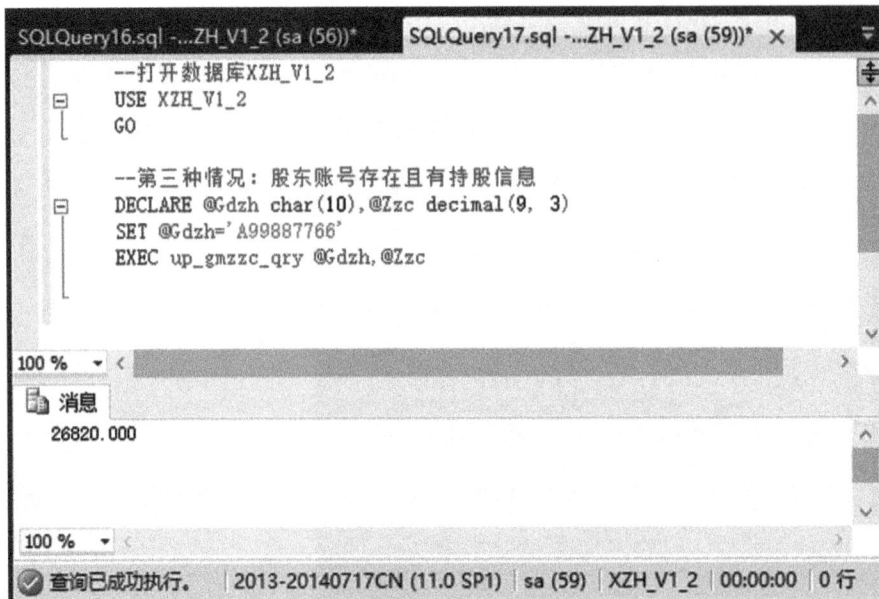

图 8-18　当股东账号存在且有持股信息时执行存储过程的效果

思考：当股票行情表中无最新价时，如何用昨日收盘的价格作为成交价格实现股民总资产的计算？

(2)在查询编辑器中，使用 WITH ENCRYPTION 语句加密存储过程，之后显示存储过程文本，验证该文本已加密。

```
--打开数据库 XZH_V1_2
USE XZH_V1_2
GO
--修改存储过程 up_gmzzc_qry
ALTER PROCEDURE up_gmzzc_qry
@Gdzh char(10),
@Zzc decimal(9,3) OUTPUT
WITH ENCRYPTION
AS
BEGIN
    DECLARE @Zjye decimal(9,2)=0,@Gpsz decimal(8,3)=0,
    @StrResult varchar(50)
    SET @Zjye=(SELECT Zjye FROM gmxxb WHERE Gdzh=@Gdzh)
    SET @Gpsz=(SELECT SUM(Cgsl * gphqb. Zxj)FROM gmcgb INNER JOIN gphqb
ON gmcgb. Gpbh=gphqb. Gpbh WHERE Gdzh=@Gdzh)
    if @Zjye IS NULL
      BEGIN
        PRINT '无此股民'
```

```
      RETURN
    END
  else if @Gpsz IS NULL
    BEGIN
      PRINT '未购买股票'
      SET @Zzc＝@Zjye＋0
    END
  else
    BEGIN
      SET @Zzc＝@Zjye＋@Gpsz
    END
  PRINT @Zzc
END
GO
```

加密后的存储过程文本可以通过系统存储过程 sp_helptext 进行查看,验证是否加密成功。具体如图 8-19 所示。

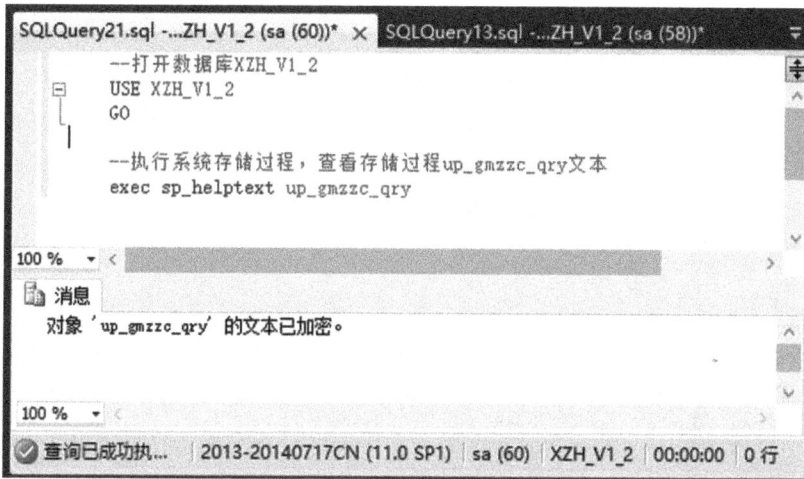

图 8-19　查看加密后的存储过程文本

说明:如果设置存储过程重新编译,可以修改存储过程,并通过添加 WITH RECOMPILE 来实现,设置方式如加密。

(3)在查询编辑器中,使用 DROP PROCEDURE 命令删除存储过程 up_gmzzc_qry。具体的 T-SQL 语句如下:

```
--打开数据库 XZH_V1_2
USE XZH_V1_2
GO
--删除存储过程
DROP PROCEDURE up_gmzzc_qry
```

知识储备

1. 修改存储过程

(1)使用【对象资源管理器】修改存储过程。

在【对象资源管理器】中,展开数据库的【可编程性】下的【存储过程】,选中要修改的存储过程,单击鼠标右键,从弹出的快捷菜单中选择【修改】选项,会出现存储过程的修改编辑窗口。在该窗口中,可以直接修改定义该存储过程的 T-SQL 语句。修改完成后执行存储过程即可。

(2)使用 T-SQL 语句修改存储过程。

在查询编辑窗口使用 T-SQL 中的 ALTER PROCEDURE 语句可以修改先前通过执行 CREATE PROCEDURE 语句创建的过程,其语法形式如下:

ALTER PROCEDURE procedure_name[;number]

[{@parameterdata—type}

[VARYING][=default][OUTPUT]][,…n]

[WITH

{RECOMPILE │ ENCRYPTION │ RECOMPILE,ENCRYPTION}]

[FOR REPLICATION]

AS

sql_statement[,…n]

修改存储过程时,应该注意以下几点:

① 如果在 CREATE PROCEDURE 语句中使用过参数,那么在 ALTER PROCEDURE 语句中也应该使用这些参数。

② 每次只能修改一个存储过程。

③ 存储过程的创建者、db_owner 和 db_ddladmin 的成员拥有执行 ALTER PROCE-DURE 语句的许可,其他用户不能使用。

④ 用 ALTER PROCEDURE 更改的存储过程的权限和启动属性保持不变。

2. 删除存储过程

(1)使用【对象资源管理器】删除存储过程。

在【对象资源管理器】中,展开数据库的【可编程性】下的【存储过程】,选中要删除的存储过程,单击鼠标右键,从弹出的快捷菜单中选择【删除】选项,会出现存储过程的【删除对象】窗口,如图 8-20 所示。点击"确定"按钮,即可完成删除操作。在删除该对象之前,单击"显示依赖关系"按钮,可以查看与该存储过程有依赖关系的其他数据库对象名称。

(2)使用 T-SQL 语句删除存储过程。

删除存储过程也可以使用 T-SQL 语句中的 DROP 命令,DROP 命令可以将若干个存储过程或者存储过程组从当前数据库中删除,其语法形式如下:

DROP PROCEDURE{procedure}[,…n]

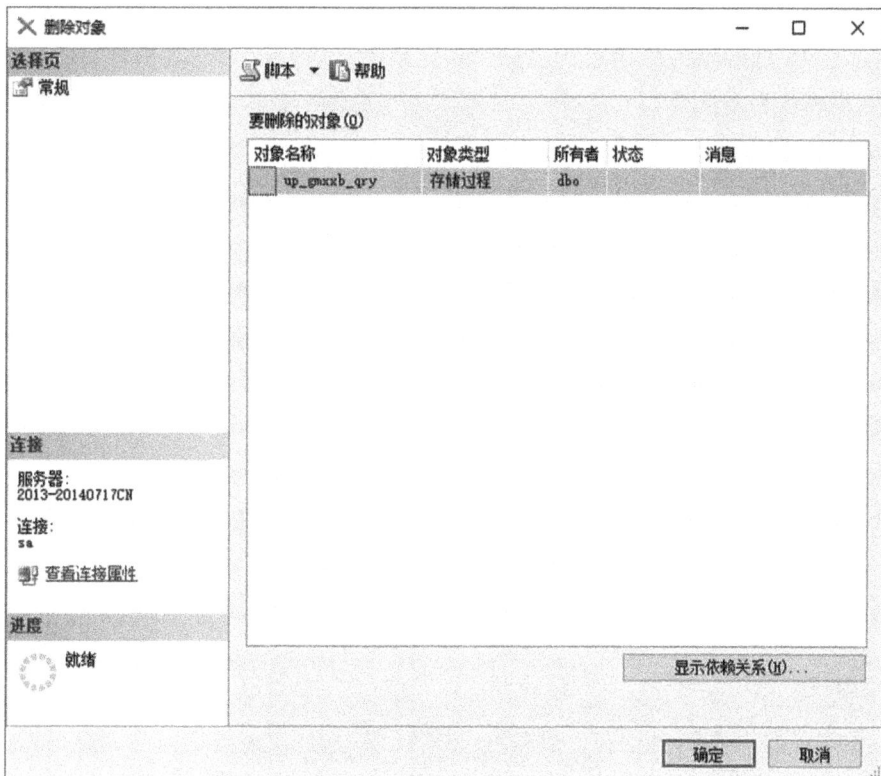

图 8-20　【删除对象】窗口

3.重命名存储过程

(1)使用【对象资源管理器】重命名存储过程。

在【对象资源管理器】中,展开数据库的【可编程性】下的【存储过程】,选中要重命名的存储过程,单击鼠标右键,从弹出的快捷菜单中选择【重命名】选项,然后修改存储过程名,按<Enter>键即可。

(2)使用系统存储过程重命名存储过程。

修改存储过程的名称也可以使用系统存储过程 sp_rename,其语法形式如下:

sp_rename 原存储过程名称,新存储过程名称

【例 8-5】　将存储过程 up_gmzzc_qry 重命名为 up_gmzzc。

在查询编辑器中输入如下语句:

EXEC sp_rename up_gmzzc_qry,up_gmzzc

实训任务

(1)在数据库【XZH_V1_2】中,创建存储过程 up_gpxxb_qry1,实现查询股票信息表中所有股票的股票名称、股票编号、总股数、上市日期。

（2）在数据库【XZH_V1_2】中，创建存储过程 up_gpxxb_qry2，通过声明变量，实现查询股票编号为"900901"的股票的股票名称、总股数、昨收盘价、今开盘价、最新价、成交数量、买入价、卖出价、最高价和最低价。

（3）在数据库【XZH_V1_2】中，修改存储过程 up_gpxxb_qry2，通过声明输入参数，实现能根据给定的股票编号来查询该股票的股票名称、总股数、昨收盘价、今开盘价、最新价、成交数量、买入价、卖出价、最高价和最低价。

（4）在数据库【XZH_V1_2】中，修改存储过程 up_gpxxb_qry2，实现输入不存在的股票编号，要显示"无此股票"，否则显示该股票的股票名称、总股数、昨收盘价、今开盘价、最新价、成交数量、买入价、卖出价、最高价和最低价。

（5）在数据库【XZH_V1_2】中，重命名存储过程 up_gpxxb_qry2，改为存储过程 up_gpxxb_qry3。

（6）在数据库【XZH_V1_2】中，删除存储过程 up_gpxxb_qry1。

拓展任务

（1）在数据库【JXC】中，创建存储过程 up_SPKCB_qry1，实现查询商品库存信息表中所有商品的商品编号、商品名称和库存数量。

（2）在数据库【JXC】中，创建存储过程 up_SPKCB_qry2，通过声明输入参数，实现能根据给定的商品编号来查询该商品的编号、商品名称、进货数量、进货价、进货日期和供应商。

（3）在数据库【JXC】中，修改存储过程 up_SPKCB_qry2，通过声明输入参数，实现能根据给定的商品编号，查询该商品的编号、商品名称、进货数量、进货价、销售数量和销售价，如果查询的商品编号不存在，则显示"商品不存在"的提示文字。

（4）在数据库【JXC】中，重命名存储过程 up_SPKCB_qry2 为 up_SPKCB_qry3。

（5）在数据库【JXC】中，使用系统存储过程 sp_helptext 查询存储过程 up_SPKCB_qry3 的文本。

（6）在数据库【JXC】中，删除存储过程 up_SPKCB_qry3。

项目小结

本项目通过具体示例介绍了系统存储过程的使用方法，无参数存储过程和有参数存储过程的创建、修改和执行方法，用户变量的定义、赋值和使用方法，以及存储过程中 IF 条件语句和 CASE 多分支语句的使用方法，有助于实际应用中的灵活运用。

课外练习

（1）带一个@和两个@的变量有什么不同？

（2）创建、修改、删除存储过程应分别使用什么命令？

（3）对存储过程加密有什么好处？

（4）执行存储过程应使用什么命令？

项目 9
触发器的应用

数据表中数据的增、删、改，完全由数据库系统来执行，这时，可以对系统提出要求，让系统同时多做一些事，实现保护数据的功能，这就是触发器。这非常类似于货品仓库管理员，在有人提货时，需要按照工作要求查验、核对提货单及货品，同时可以对某些特殊货品不予发货，或者对提货人的身份进行审核，在发货前后报警、追回已发的货品，甚至拒绝发货等。为此，本项目设立的学习目标和对应任务如下：

◆ 知识目标

□ 掌握触发器的概念和作用；
□ 掌握触发器与存储过程的区别；
□ 掌握触发器驱动的事件和工作内容；
□ 了解 inserted 表和 deleted 表的作用。

◆ 技能目标

● 学会创建和查找触发器；
● 学会使用触发器保护数据表数据不被非法更改；
● 学会使用多表联动触发器维持数据表间的数据逻辑。

◆ 任务列表

任务 9.1　报警触发器的创建与验证
任务 9.2　回滚触发器的创建与使用
任务 9.3　多表联动触发器的创建与使用

任务 9.1　报警触发器的创建与验证

需求分析

在证券数据库中,当新的股民开户注册成功时,数据库有必要发出提示信息,让开户管理员知道注册信息保存成功。即当数据表的信息被增加时,数据库管理员小王创建的报警触发器需要发出信息并验证这个功能。

实现过程

(1)以"sa"的身份登录股票数据库。

(2)在查询编辑器中,对股民信息表创建一个插入数据的报警触发器。具体 T-SQL 语句如下:

```
--打开数据库
USE stock_info
Go
--创建报警触发器
CREATE TRIGGER tri_gmxxb_ins
ON gmxxb              ——监控范围
FOR INSERT           ——引发报警的动作
AS
BEGIN
   PRINT '你插入了一条记录！'——报警内容
END
```

(3)设置完成后,点击工具栏上的 　执行(X) 按钮或按<F5>键,执行创建存储过程的语句。如果执行结果显示"命令已成功完成",则说明创建成功。

(4)在股民信息表中刷新【触发器】,也可以看到新建的报警触发器。如图 9-1 所示。

(5)创建了报警触发器之后,在查询编辑器中输入一条插入语句,检测是否会触发报警,具体如下:

```
--打开数据库
USE stock_info
```

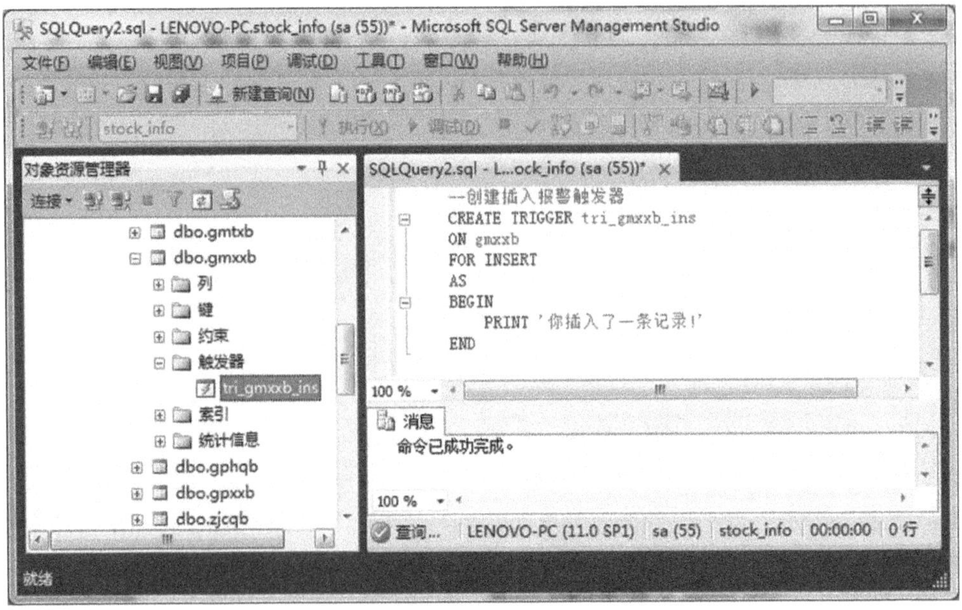

图 9-1 创建报警触发器 tri_gmxxb_ins

Go

--向股民信息表插入一条记录

INSERT INTO gmxxb([Xm],[Sfzh],[Mm],[Gdzh],[Zjye],[Djzj],[Khsj],[Dz],[Lxdh],[Email],[Zt])

VALUES('赵龙',' 310120198805122533 ',' 123456 ',' A99887870 ',0.00,0.00,'2016-05-17',

'平江路 132 号 1011 室','13711266355',NULL,'正常')

（6）执行效果如图 9-2 所示。

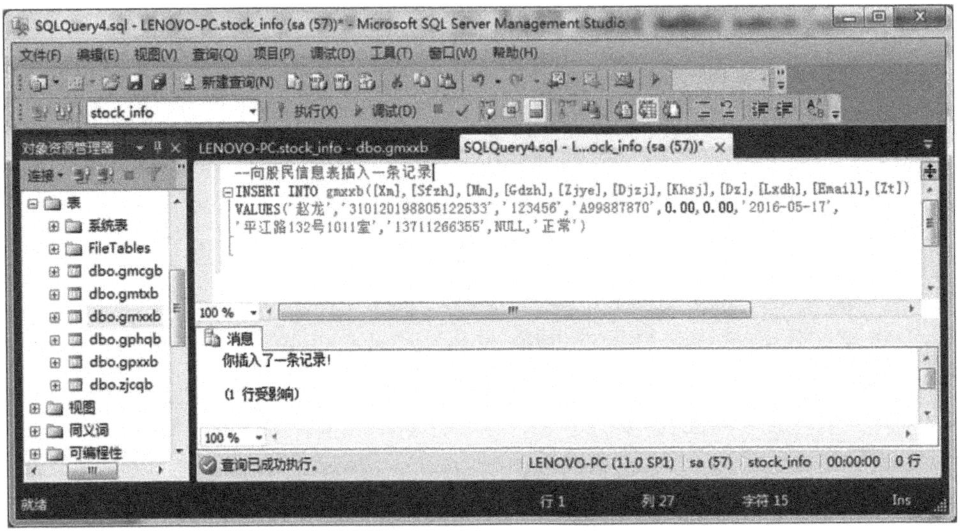

图 9-2 向股民信息表插入记录时触发器报警的效果

(7)在查询编辑器中,对股民信息表删除一条记录,查看是否有触发报警。具体如下:

--打开数据库

USE stock_info

--对股民信息表删除一条记录

DELETE FROM gmxxb WHERE Zjzh='100023'

执行效果如图 9-3 所示。

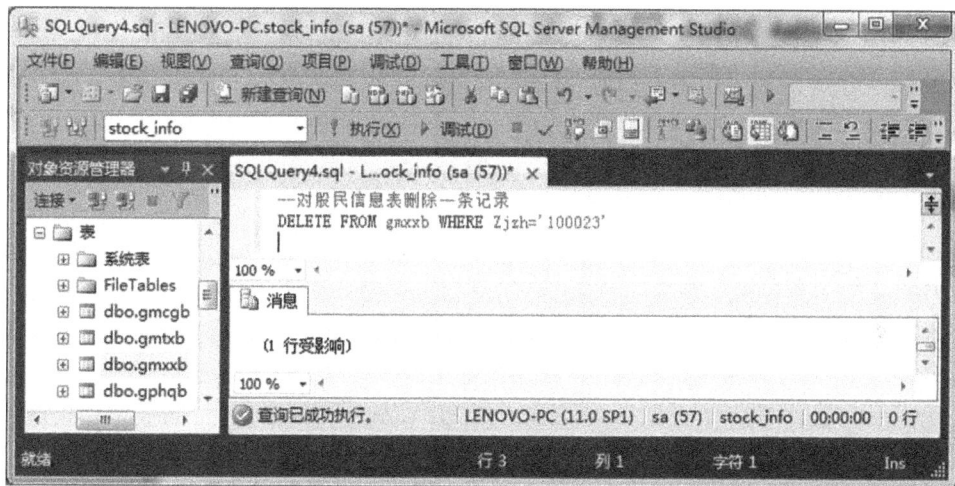

图 9-3 对股民信息表删除一条记录未触发报警效果

从对股民信息表插入和删除数据的验证可得,触发器 tri_gmxxb_ins 只在股民信息表插入数据时才触发。

知识储备

1.触发器的基本概念

触发器是一种特殊类型的存储过程,它不同于前面介绍过的一般的存储过程。一般的存储过程通过存储过程名称被用户直接调用,而触发器主要是通过事件进行触发而被执行。触发器是一个功能强大的工具,它与数据表紧密相连,在表中数据发生变化时自动强制执行。触发器可以用于 SQL Server 约束、默认值和规则的完整性检查,还可以完成难以用普通约束实现的复杂功能。

当在某一个表格中插入记录、修改记录或删除记录时,SQL Server 就会自动执行触发器所定义的 SQL 语句,从而确保对数据的处理符合由这些 SQL 语句所定义的规则。在触发器中可以查询其他表格或者复杂的 SQL 语句。触发器和引起触发器执行的 SQL 语句被当作一次事务处理,如果这次事务未获得成功,SQL Server 会自动返回该事务执行前的状态和 CHECK 约束相比较,触发器不但可以强制实现更加复杂的数据完整性,而且可以引用其他表中的字段。

2. 触发器的优点

(1)触发器是自动执行的。当对表中的数据做了任何修改(比如手工输入或者应用程序采取的操作)之后触发器立即被激活。

(2)触发器可以通过数据库中的相关表进行层叠更改。

(3)触发器可以强制限制。这些限制比用 CHECK 约束所定义的更复杂。与 CHECK 约束不同的是,触发器可以引用其他表中的列。

3. 触发器的类型

触发器可以分为 AFTER 触发器和 INSTEAD OF 触发器两种,它们的主要区别如下。

(1)AFTER 触发器。

AFTER 触发器在数据变动(INSERT、UPDATE 和 DELETE 操作)完成以后才被触发。可以对变动的数据进行检查,如果发现错误,将拒绝接收或回滚变动的数据。AFTER 触发器只能在表上定义。在同一个数据表中可以创建多个 AFTER 触发器。

(2)INSTEAD OF 触发器。

INSTEAD OF 触发器在数据变动以前被触发,并取代变动数据的操作(INSERT、UPDATE 和 DELETE 操作),而去执行触发器定义的操作。INSTEAD OF 触发器可以在表或视图上定义。在表或视图上,每个 INSERT、UPDATE 和 DELETE 语句最多只能定义一个 INSTEAD OF 触发器。

4. 触发器的创建

在 SQL Server 中,可以使用 SSMS 或者 T-SQL 语句创建触发器。在创建触发器之前应该考虑以下几个问题:

① CREATE TRIGGER 语句必须是批处理中的第一个语句。将该批处理中随后的所有语句解释为 CREATE TRIGGER 语句定义的一部分。

② 创建触发器的权限默认分配给表的所有者,且不能将该权限转给其他用户。

③ 触发器为数据库对象,其名称必须遵循标识符的命名规则。

④ 只能在当前数据库中创建触发器,但触发器可以引用当前数据库以外的对象。

⑤ TRUNCATE TABLE 语句不会引发 DELETE 触发器。

⑥ WRITETEXT 语句不会引发 INSERT 或 UPDATE 触发器。

(1)在【对象资源管理器】中创建存储过程。

在 SSMS 窗口的【对象资源管理器】中,展开相关数据库中需要创建的触发器的数据表,选择【触发器】,单击鼠标右键,在弹出的快捷菜单中选择【新建触发器】,在打开的查询编辑窗口中,给出了创建触发器的模板,如图 9-4 所示。按照其中的代码进行修改,然后执行即可。

(2)使用 T-SQL 语句创建触发器。

除了使用【对象资源管理器】的方式进入创建触发器的界面外,还可以直接在查询编辑窗口中使用 T-SQL 语句中的 CREATE TRIGGER 命令创建触发器,其中需要指定定义触发器的基表、触发器执行的事件和触发器的所有指令。

创建触发器的 T-SQL 语句语法形式如下:

CREATE TRIGGER trigger_name

ON{table | view}

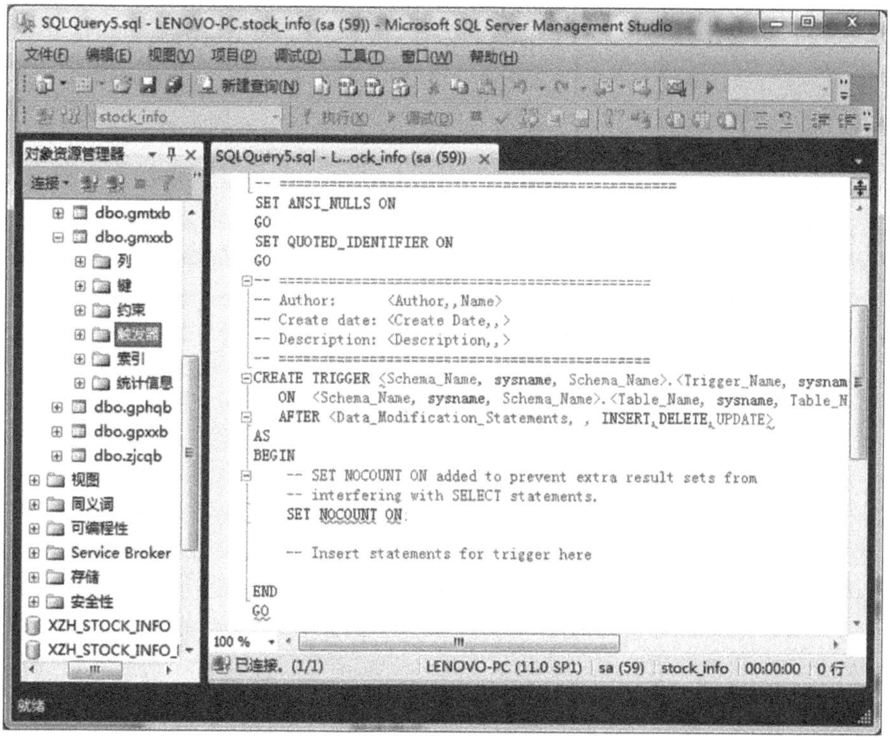

图 9-4 触发器创建模板

[WITH ENCRYPTION]

{

  {{FOR | AFTER | INSTEAD OF}{[DELETE][,][INSERT][,][UPDATE]}

  [WITH APPEND]

  [NOT FOR REPLICATION]

  AS

  [{IF UPDATE(column)

    [{AND | OR}UPDATE(column)]

      [,⋯n]

    | IF(COLUMNS_UPDATed(){bitwise_operator}updated_bitmask)

      {comparison_operator}column_bitmask[,⋯n]

)]

  sql_statement[,⋯n]

  }

}

其中,各参数的说明如下。

① trigger_name:用于指定触发器的名称。触发器的名称必须符合 SQL Server 标识符规则,并且其名称在当前数据库中必须是唯一的。另外,还可以选择是否指定触发器所有者的名称。

② table | view:用于指定在其上执行触发器的表或视图,有时称为触发器表或触发器视图。可以选择是否指定表或视图的所有者名称。

③ WITH ENCRYPTION:用于加密 syscomments 表中包含 CREATE TRIGGER 语句文本的条目。使用 WITH ENCRYPTION 可防止将触发器作为 SQL Server 复制的一部分发布。

④ AFTER:用于规定此触发器只有在触发 SQL 语句中指定的所有操作都已成功执行后才激发。所有的引用级联操作和约束检查也必须成功完成后,才能执行此触发器。如果仅指定 FOR 关键字,则 AFTER 是默认设置。注意该类型触发器仅能在表上创建,而不能在视图上定义。

⑤ INSTEAD OF:用于规定执行的是触发器而不是触发 SQL 语句,从而用触发器替代触发语句的操作。在表或视图上,每个 INSERT、UPDATE 或 DELETE 语句最多可以定义一个 INSTEAD OF 触发器。INSTEAD OF 触发器不能在 WITH CHECK OPTION 的可更新视图上定义。如果向指定的 WITH CHECK OPTION 选项的可更新视图添加 INSTEAD OF 触发器,SQL Server 将产生一个错误。用户必须用 ALTER VIEW 删除该选项后才能定义 INSTEAD OF 触发器。

⑥{[DELETE][,][INSERT][,][UPDATE]}:用于指定在表或视图上执行哪些数据修改语句时将激活触发器的关键字。必须至少指定一个选项。在触发器定义中允许以任意顺序组合这些关键字。如果指定的选项多于一个,需用逗号分隔这些选项。

⑦ WITH APPEND:用于指定应该添加现有类型的其他触发器。当兼容级别(指某一数据库行为与以前版本的 SQL Server 兼容程度)是 65 或更低时,需要使用该可选子句。当兼容级别是 70 或更高时,则不必使用该子句。

⑧ NOT FOR REPLICATION:表示当复制进程更改触发器所涉及的表时,不应执行该触发器。

⑨ AS:触发器要执行的操作。

⑩ IF UPDATE(column):用于测试在指定的列上进行的 INSERT 或 UPDATE 操作,不能用于 DELETE 操作,可以指定多列。因为在 ON 子句中指定了表名,所以在 IF UPDATE 子句的列名前无须包含表名。若要测试在多个列上进行的 INSERT 或 UPDATE 操作,应在第一个操作后指定单独的 UPDATE(column)子句。在 INSERT 操作中,IF UPDATE 将返回 TRUE 值,因为这些列插入了显式值或隐性值(NULL)。

⑪ IF(COLUMNS_UPDATED()):用于测试是否插入或更新了所涉及的列,仅用于 INSERT 或 UPDATE 触发器。

⑫ bitwise_operator:用于比较运算的位逻辑运算符。

⑬ updated_bitmask:整型位掩码,表示实际更新或插入的列。

⑭ comparison_operator:比较运算符。使用等号(=)检查 updated_bitmask 中指定的所有列是否都实际进行了更新。使用大于号(>)检查 updated_bitmask 中指定的任一列或某些列是否已更新。

⑮ column_bitmask:检查列的整型位掩码,用来检查是否已更新或插入了这些列。

⑯ sql_statement:触发器的条件和操作。触发器条件指定其他准则,以确定 DELETE、INSERT 或 UPDATE 语句是否导致执行触发器操作。

当创建触发器时，如果使用了相同名称的触发器，后建立的触发器将会覆盖前面建立的触发器。用户不能在系统表上创建用户自定义的触发器。

任务 9.2　回滚触发器的创建与使用

需求分析

在证券数据库中，存取款信息表只可添加，不可删除和修改，因此当信息被修改或删除时，有必要纠正并发出信息，让管理员知道资金存取信息已有非法篡改的举动。

当数据表的信息被删除或更改时，需要创建回滚触发器纠正被篡改的信息。回滚触发器不仅可以使用 AFTER 触发器，还可以使用 INSTEAD OF 触发器。

实现过程

（1）在查询编辑器中，使用 INSTEAD OF 创建触发器，实现当删除存款信息表的数据时，能够提示警告，并避免删除操作。

具体 T-SQL 语句如下：

```
--创建删除回滚触发器
CREATE TRIGGER tri_zjcqb_del
ON zjcqb
INSTEAD OF DELETE
AS
    PRINT '本表中的数据不允许被删除！'
GO
```

（2）创建了删除的回滚触发器之后，在查询编辑器输入删除资金存取表记录的 T-SQL 语句，具体如下：

```
--打开数据库
USE stock_info
--删除资金存取表的数据
DELETE FROM zjcqb WHERE zjzh='100008'
```

执行结果如图 9-5 所示。

通过使用 select 语句查询资金存取表的数据，可见资金账号"100008"的记录并未被删除，即实现了操作回滚。查询结果如图 9-6 所示。

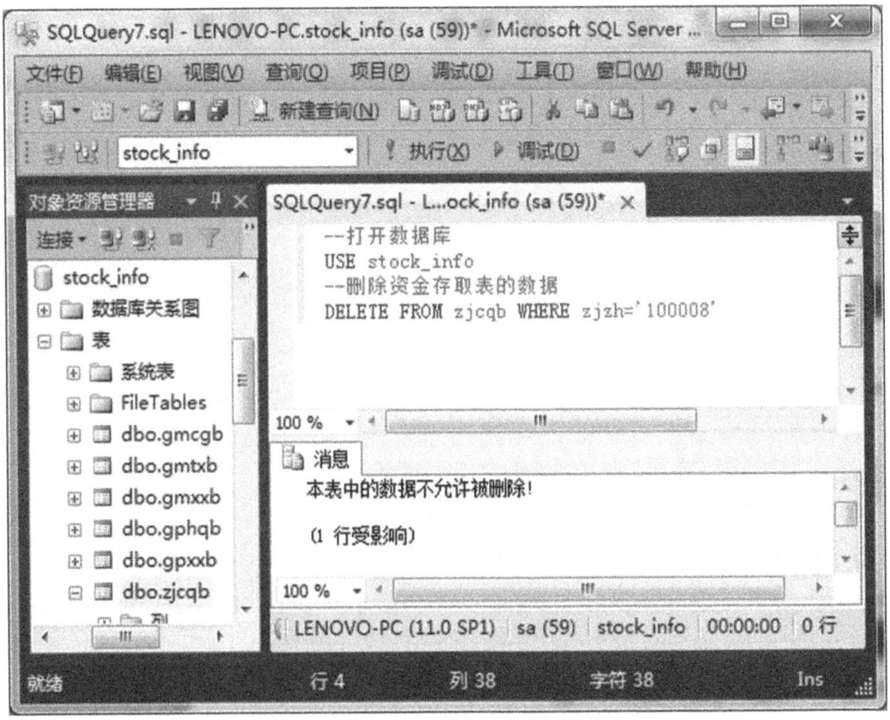

图 9-5 对资金存取表删除记录触发回滚触发器时的效果

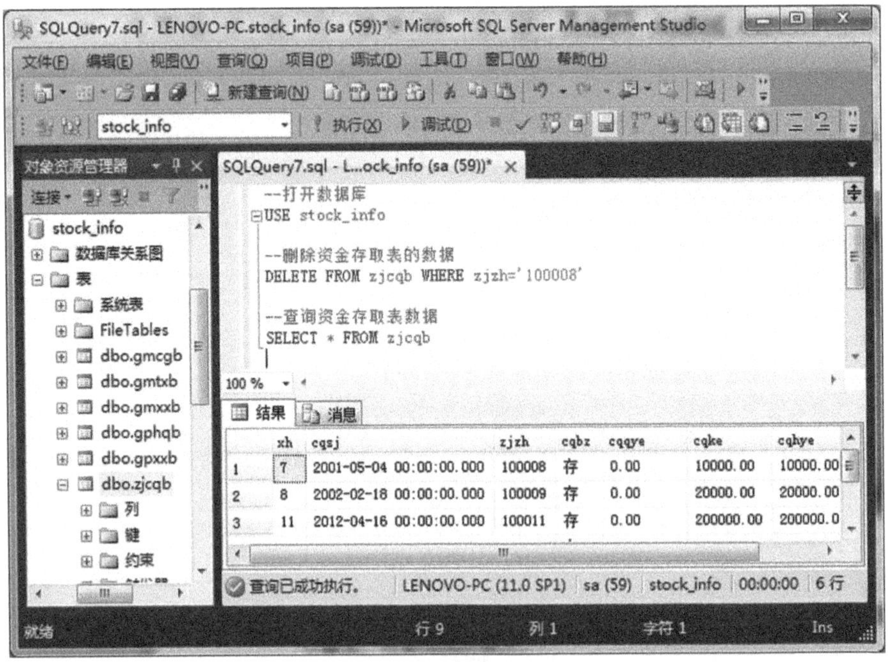

图 9-6 资金存取表触发回滚触发器后的数据查询结果

(3)在查询编辑器中,使用 ROLLBACK TRANSACTION 创建回滚触发器,实现当修改资金存取表数据时,能够提示警告,并撤销修改操作。具体的 T-SQL 语句如下:

--创建更新回滚触发器

CREATE TRIGGER tri_zjcqb_upd

  ON　zjcqb

  for　UPDATE

AS

BEGIN

  ROLLBACK TRANSACTION

  print '本表中的数据不允许被修改！'

END

GO

说明:ROLLBACK TRANSACTION 是指事务回滚,会执行回滚操作。

(4)创建了更新的回滚触发器之后,在查询编辑器中输入更新资金存取表的 T-SQL 语句,具体如下:

--打开数据库

USE stock_info

--更新资金存取表的数据

UPDATE zjcqb

SET cqqye＝10000.00

WHERE zjzh＝'100008'

执行结果如图 9-7 所示。

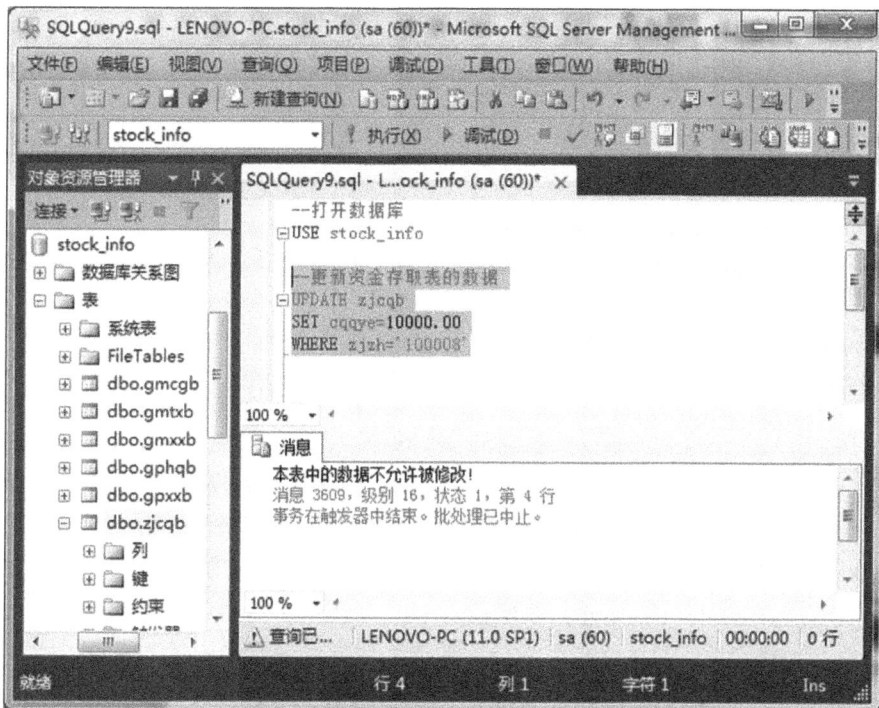

图 9-7　对资金存取表更新记录触发回滚触发器的效果

通过使用 select 语句查看资金存取表的数据，可见资金账号"100008"的记录并未被修改，即实现了操作回滚。查询结果如图 9-8 所示。

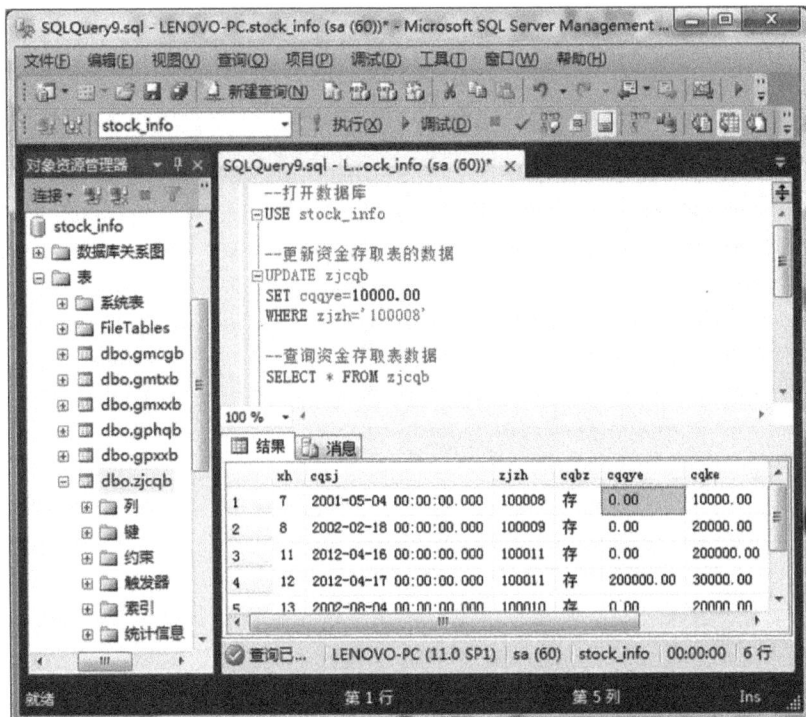

图 9-8　资金存取表触发回滚触发器后的数据查询结果

说明：如果需要在一个触发器中同时实现对更新和删除的回滚触发，可以在创建触发器时同时设置 INSTEAD OF，或在 FOR 后面同时设置 UPDATE 和 DELETE，只要用","隔开即可。

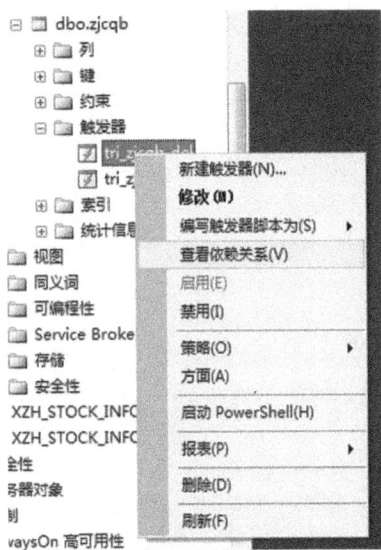

图 9-9　触发器相关选项

1. 查看触发器

(1)在【对象资源管理器】中查看触发器。

在 SSMS 窗口的【对象资源管理器】中，展开相关数据库中需要创建的触发器的数据表，在【触发器】下选中需要查看的触发器，单击鼠标右键，在弹出的快捷菜单中选择【查看依赖关系】或其他选项，可以查询触发器的相关信息，具体如图 9-9 所示。

(2)使用系统存储过程查看触发器。

可以使用系统存储过程 sp_help、sp_helptext 和 sp_depends 分别查看触发器的不同信息。

各系统存储过程的具体用途和语法形式如下。

① sp_help：用于查看触发器的一般信息，如触发器的名称、属性、类型和创建时间。

具体语法：

sp_help '触发器名称'

② sp_helptext：用于查看触发器的正文信息。

具体语法：

sp_helptext '触发器名称'

③ sp_depends：用于查看指定触发器所引用的表或者指定的表涉及的所有触发器。

具体语法：

sp_depends '触发器名称'或 sp_depends '表名'

【例 9-1】　使用系统存储过程 sp_help 查看触发器 tri_zjcqb_upd 的属性。执行效果如图 9-10 所示。

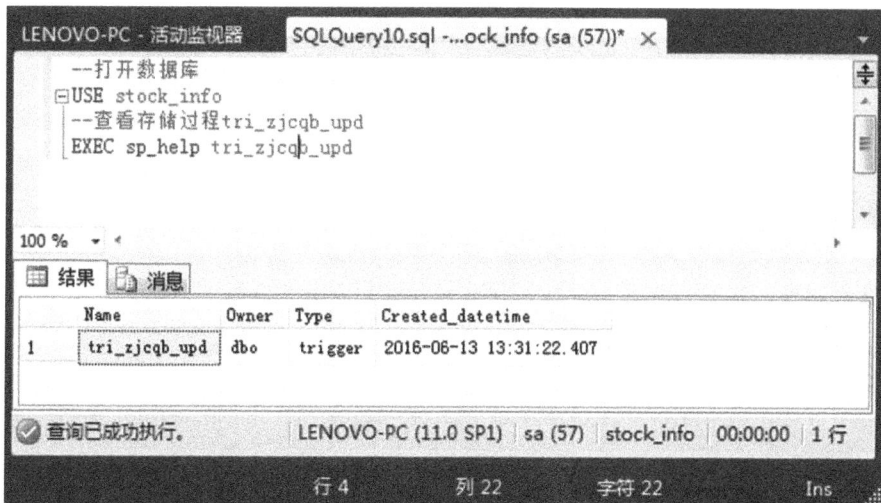

图 9-10　查看触发器

2.修改触发器

(1)在【对象资源管理器】中修改触发器。

在 SSMS 窗口的【对象资源管理器】中，展开相关数据库中需要创建的触发器的数据表，在【触发器】下选中需要查看的触发器，单击鼠标右键，在弹出的快捷菜单中选择【修改】，打开触发器编辑窗口，可以直接在此编辑窗口中修改触发器的 T-SQL 语句，然后执行即可实现修改触发器功能。

(2)使用 T-SQL 语句修改触发器正文。

可以使用 T-SQL 语句中的 ALTER TRIGGER 命令修改触发器正文。

ALTER TRIGGER 命令的语法形式如下：

ALTER TRIGGER trigger_name

ON{table | view}

[WITH ENCRYPTION]

{

{ { FOR | AFTER | INSTEAD OF } { [INSERT] [,] [DELETE][,] [UPDATE

] }

[WITH APPEND]

[NOT FOR REPLICATION]

AS

[{IF UPDATE(column)

[{AND | OR } UPDATE (column)]

[,…n]

| IF (COLUMNS_UPDATED ( ) { bitwise_operator } updated_bitmask)

{ comparison_operator } column_bitmask [,…n]

}]

sql_statement[,…n]

}

}

【例 9-2】 在查询编辑器中修改触发器 tri_gmxxb_ins,当向股民信息表中插入、修改和更新记录时除了会触发报警文字,还会发送一条信息。具体代码如下:

```
--打开数据库
USE stock_info
--修改报警触发器
ALTER TRIGGER tri_gmxxb_ins
ON gmxxb
FOR INSERT,UPDATE,DELETE
AS
BEGIN
    PRINT '你对股民信息表做了数据处理! '
END
```

3.删除触发器

(1)在【对象资源管理器】中删除触发器。

在 SSMS 窗口的【对象资源管理器】中,展开相关数据库中需要创建的触发器的数据表,在【触发器】下选中需要查看的触发器,单击鼠标右键,在弹出的快捷菜单中选择【删除】,会弹出删除触发器的窗口,然后在此窗口中点击"确定"按钮,即可删除该触发器。

(2)使用 T-SQL 语句删除触发器。

可以使用 T-SQL 语句中的 DROP TRIGGER 命令删除触发器。

其语法形式如下：

DROP TRIGGER{trigger_name}[,…n]

其中,trigger_name为触发器名称,[,…n]表示可以一次将多个触发器删除。

【例9-3】 在查询编辑器中删除触发器 tri_gmxxb_ins。具体代码如下：

--打开数据库

USE stock_info

--删除报警触发器

DROP TRIGGER tri_gmxxb_ins

任务9.3　多表联动触发器的创建与使用

需求分析

在证券数据库中,向资金存取表添加记录时,如果是存款记录,则要求股民信息表中的资金余额马上增加;如果是取款记录,则要求股民信息表中的资金余额马上减少,特别是当资金余额不足时,必须使得本次取款作废,同时,要发出信息,让管理员知道资金取款不成功。即当数据表的信息被删除或更改时,创建多表联动触发器触发另一个表的信息随之变化。

多表联动触发器是在资金存取表插入记录时立刻修改股民信息表,需要用到 inserted 表临时保存新增的资金存取记录内容,同时要用到子查询。

实现过程

(1)在查询编辑窗口,创建 AFTER 触发器,实现需求功能,具体代码如下：

--创建多表联动触发器

CREATE TRIGGER tri_zjcqb_gmxxb_ins

　　ON zjcqb

　　AFTER INSERT

AS

BEGIN

　　DECLARE @cqke decimal(9,2),@zjye decimal(9,2)——@cqke 表示存取款金额(存是正数,取是负数),@zjye 表示股民资金余额

　　SET @cqke＝(SELECT cqke FROM inserted)——@cqke 的值是从插入的临时表里获取的

SET @zjye＝(SELECT zjye FROM gmxxb where Zjzh＝(Select Zjzh from inserted))——@zjye 的值是根据插入临时表的资金账号从股民信息表里获取的

--判断资金余额与存取款金额相加后大于 0,则更改股民信息表中的资金余额,否则提示取款不成功,并回滚操作

```
    IF @zjye＋@cqke＞＝0
        BEGIN
            UPDATE gmxxb
            SET Zjye＝Zjye＋@cqke
            WHERE Zjzh＝(Select Zjzh from inserted)
        END
        ELSE
        BEGIN
            PRINT '资金余额不足,资金取款不成功!'
            ROLLBACK TRANSACTION
        END
    END
    GO
```

(2)在查询编辑窗口,查询某个股民原有资金余额后,用 INSERT 语句向资金存取表插入数据为该股民存款,然后检查股民资金余额是否相应增加。具体代码如下:

```
--打开数据库
USE stock_info
--查询某个股民原有资金余额
SELECT zjzh,zjye FROM gmxxb WHERE Zjzh='100008'
--用 INSERT 语句向资金存取表插入数据为该股民存款(存 20000.00)
INSERT INTO zjcqb(cqsj,zjzh,cqbz,cqqye,cqke,cqhye,czy)
values(getdate(),'100008','存',10000.00,20000.00,30000.00,'大李')
--查询某个股民在存取金额后的资金余额
SELECT zjzh,zjye FROM gmxxb WHERE Zjzh='100008'
```

前后两次的查询效果如图 9-11 和图 9-12 所示。

(3)在查询编辑窗口,查询某个股民原有资金余额后,用 INSERT 语句为该股民取超过资金余额的款,然后检查资金余额是否相应减少(注意:如果股民信息表中的资金余额限定了数值不能为负,系统会自动将此笔取款作废,资金余额不变;但如果没有限定资金余额不允许为负,则该股民就多取资金了),具体代码如下:

```
--打开数据库
USE stock_info
--查询某个股民原有资金余额
SELECT zjzh,zjye FROM gmxxb WHERE Zjzh='100009'
--用 INSERT 语句向资金存取表插入数据为该股民取款(取 15000.00)
```

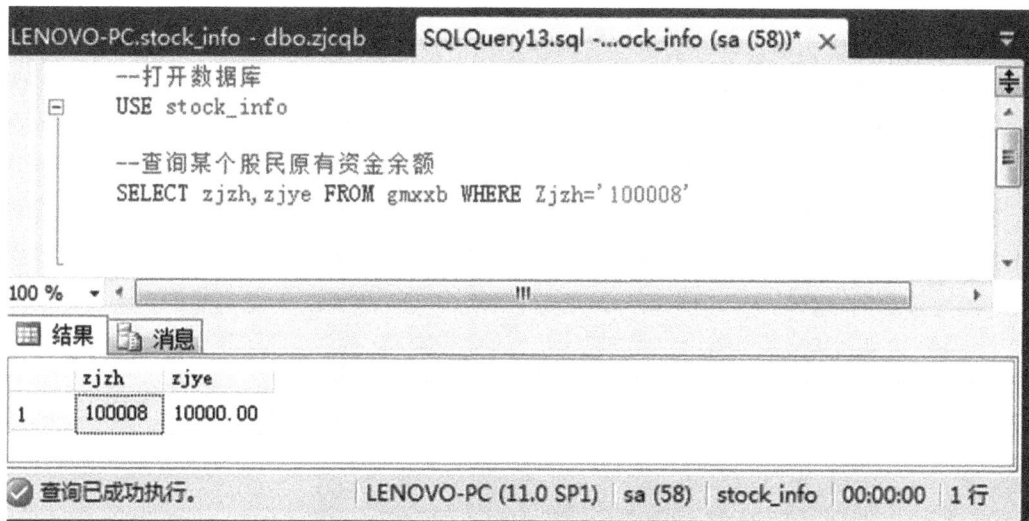

图 9-11　插入存款数据前股民资金余额

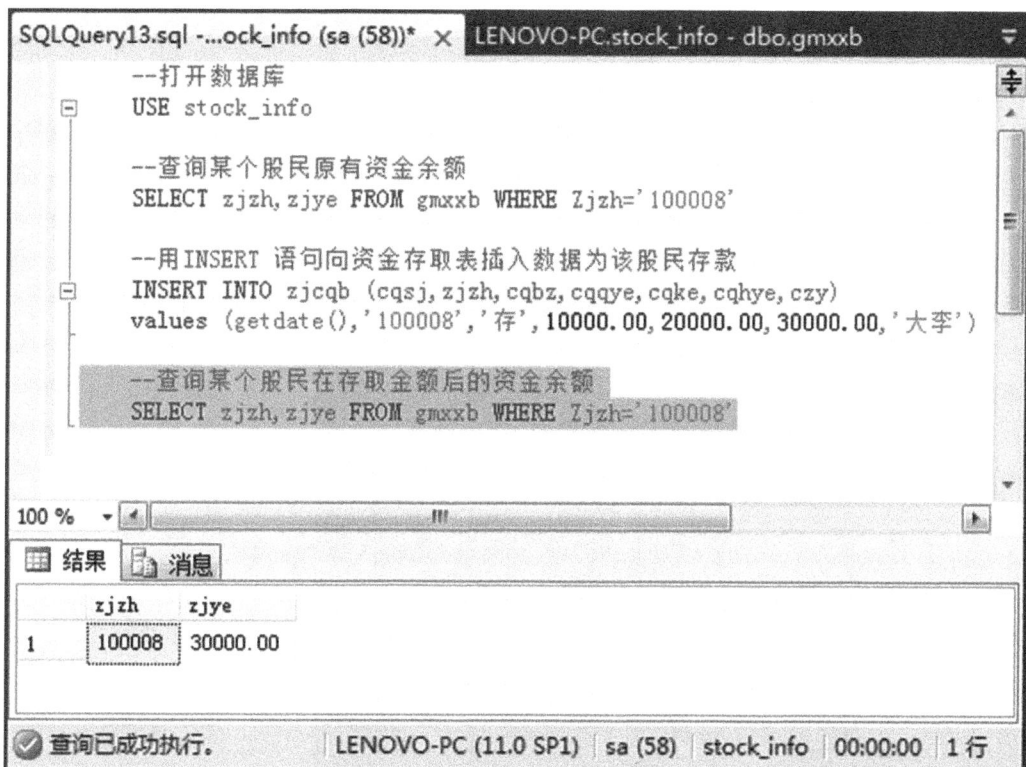

图 9-12　插入存款数据后股民资金余额

INSERT INTO zjcqb（cqsj,zjzh,cqbz,cqqye,cqke,cqhye,czy）

values（getdate（）,' 100009 ','取',20000. 00,-15000. 00,5000. 00,'大李'）

--查询某个股民取款后资金余额

SELECT zjzh,zjye FROM gmxxb WHERE Zjzh='100009'

--用 INSERT 语句向资金存取表插入数据为该股民取款(取 10000.00)

--超过了股民信息表的资金余额

INSERT INTO zjcqb(cqsj,zjzh,cqbz,cqqye,cqke,cqhye,czy)

values(getdate(),'100009','取',5000.00,-10000.00,-5000.00,'大李')

向资金存取表插入取款记录前查询股民资金余额效果如图 9-13 所示,插入取款记录(未超过资金余额)后查询股民资金余额效果如图 9-14 所示,插入取款记录(超过资金余额)触发器触发后效果如图 9-15 所示,这个操作将会被回滚,该股民的资金余额不变。

图 9-13　插入取款数据前股民资金余额

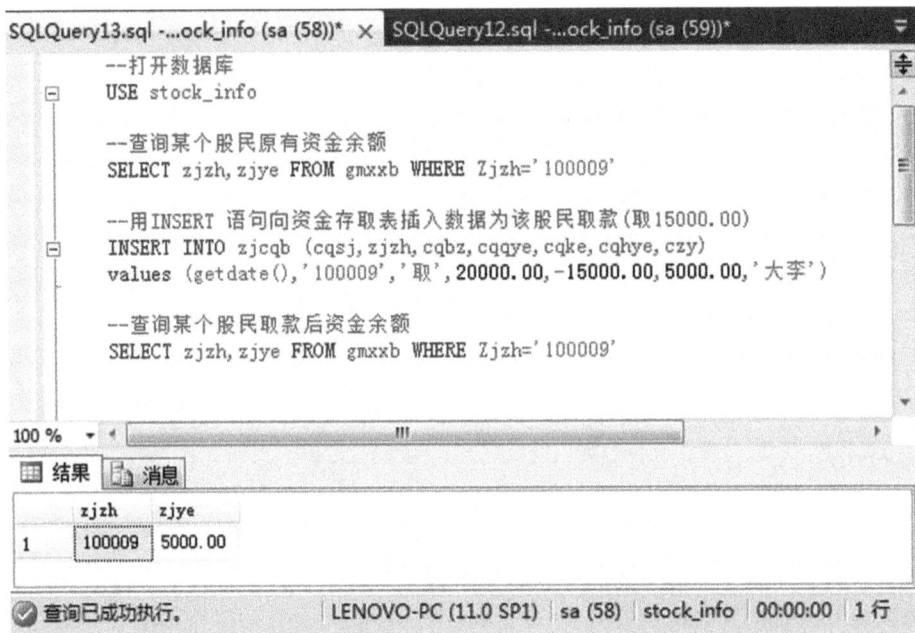

图 9-14　插入取款数据(未超过资金余额)后股民资金余额

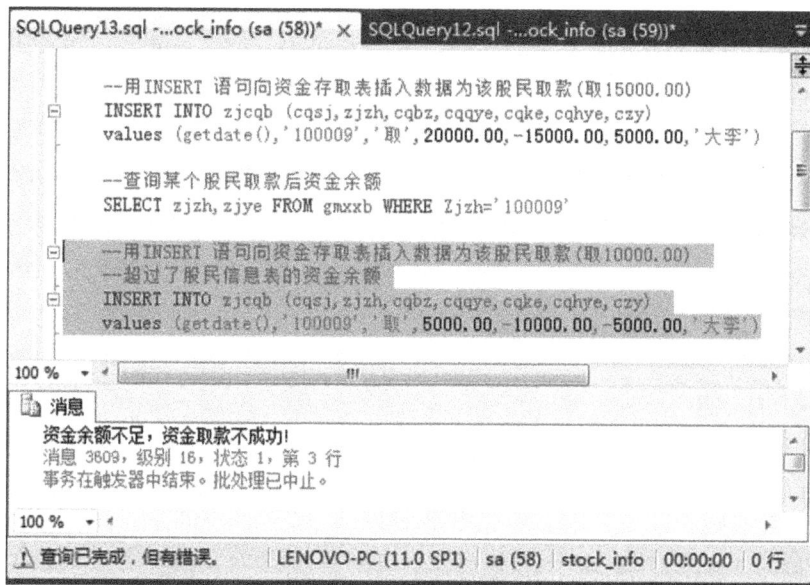

图 9-15　插入的取款数据超过股民资金余额后触发器效果

知识储备

在创建触发器时,可以使用两个特殊的临时表,分别是 inserted 表和 deleted 表,这两个表都存在于内存中。

inserted 表中存储着被 INSERT 语句和 UPDATE 语句影响的新的数据行。执行 INSERT 语句或 UPDATE 语句时,新的数据行被添加到基本表中,同时这些数据行的备份被复制到 inserted 表中。

deleted 表中存储着被 DELETE 语句和 UPDATE 语句影响的旧的数据行。执行 DELETE 语句或 UPDATE 语句时,指定的数据行从基本表中删除,并被转移到 deleted 表中。在基本表和 deleted 表中一般不会存在相同的数据行。

一个 UPDATE 操作实际上是由一个 DELETE 操作和一个 INSERT 操作组成的。在执行 UPDATE 操作时,旧的数据行从基本表中转移到 deleted 表中,同时新的数据行插入基本表和 inserted 表中。

实训任务

(1)在数据库【STOCK_INFO】中,对股票信息表创建一个删除数据的报警触发器 tri_gpxxb_del,实现删除股票信息表中的某个股票时会输出提示文字"数据已经被删除"。

(2)在数据库【STOCK_INFO】中,对股民持股表创建一个删除数据的回滚触发器 tri_gmcgb_del,实现删除股民持股表中的数据时实现回滚操作,并输出提示文字"数据无法被删除"。

(3)在数据库【STOCK_INFO】中,创建多表联动触发器 tri_wtxxb_gmxxb,向委托信息表添加记录时,要求股民信息表中的冻结资金马上增加,增加的金额是委托信息表中的委托股数×委托价格。

(4)在数据库【STOCK_INFO】中,修改触发器 tri_gpxxb_del,实现在原有功能的基础上显示删除的记录。

(5)在数据库【STOCK_INFO】中,删除触发器 tri_gpxxb_del。

拓展任务

(1)在数据库【JXC】中,创建一个报警触发器 tri_SPKCB_ins,实现向商品库存表(SPKCB)添加记录时,会输出提示文字"已经添加商品库存信息!"。

(2)在数据库【JXC】中,创建一个回滚触发器 tri_SPKCB_del,实现向商品库存表(SPKCB)删除记录时,会回滚操作,并输出提示文字"商品库存信息不能被删除"。

(3)在数据库【JXC】中,创建一个多表联动触发器 tri_SPJHB_SPKCB_ins,向商品进货表(SPJHB)添加数据时,要求商品库存表(SPKCB)的库存数量马上增加,增加的数量是商品进货表中的进货数量。

(4)在数据库【JXC】中,修改触发器 tri_SPKCB_ins,实现在原有功能的基础上显示插入的记录。

(5)在数据库【JXC】中,删除触发器 tri_SPKCB_del。

项目小结

本项目介绍了触发器的基本概念、触发器的优点、触发器的类型,并通过具体示例介绍了报警触发器、回滚触发器和多表联动触发器的创建、修改和删除方法,针对不同功能进行了验证。此外,还说明了 inserted 表和 deleted 表的使用方法,以便实际应用中的灵活运用。

课外练习

(1)触发器是由什么启动的?

(2)ROLLBACK 起什么作用?

(3)临时表 inserted 表、deleted 表各有什么作用?

(4)用触发器实现一个外键,可行吗?

项目 10
数据库用户与权限

数据库用户管理是数据库管理员最重要的工作之一。网上的数据库通常是多用户共同使用的，只有为不同的用户配置不同的权限，数据库才能正常有序地运行。既要保证数据采集的用户有权将数据及时、准确地存入，又要让需要查询数据的用户读到需要的数据；更重要的是要确保理应不能改变数据的用户无法改变数据，还要确保不该读到数据的用户无法读到数据；至于非法用户更应该有机制地保证不能让其进入数据库系统。为此，本项目设立的学习目标和对应任务如下。

◆ 知识目标

❑ 理解 SQL Server 登录账户与数据库用户；
❑ 掌握服务器登录账户与数据库用户相关的权限；
❑ 掌握用户权限的设置和禁止方法；
❑ 掌握用户权限的验证方法；
❑ 了解角色权限和角色成员的应用。

◆ 技能目标

● 学会创建 SQL Server 登录账户与数据库用户；
● 学会根据实际需要配置登录账户与数据库用户的各种权限；
● 学会根据实际需要禁止登录账户与数据库用户的部分权限；
● 学会验证权限的可行性与禁止的有效性。

◆ 任务列表

任务 10.1 SQL Server 登录账户与数据库用户的创建

需求分析

小王作为数据库管理员,为证券数据库的用户开通权限之前,首先要为数据库用户建立针对数据库服务器的 SQL Server 登录账户,然后才可以在数据库中建立用户。

实现过程

(1)建立 SQL Server 登录账户:【开始】→【SQL Server Management Studio】→【连接服务器】→【sa】→进入 SSMS→展开数据库服务器→在【对象资源管理器】中点击【安全性】,展开界面如图 10-1 所示。

图 10-1 点击展开安全性

（2）选中【登录名】，单击鼠标右键→【新建登录名】，出现新建界面，如图 10-2 所示。

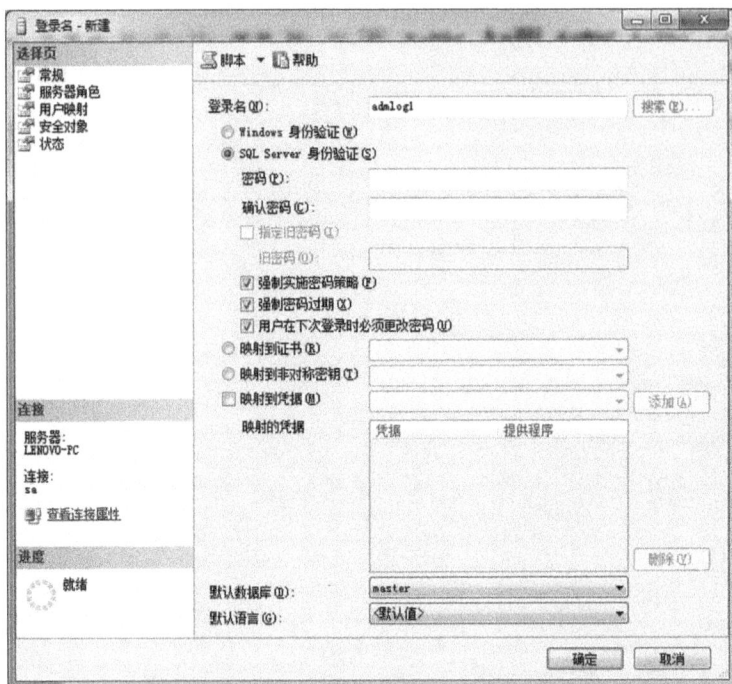

图 10-2　新建 SQL Server 身份验证的登录

（3）输入登录名→勾选【SQL Server 身份验证】→去除【强制实施密码策略】的勾选。

（4）输入密码→修改默认数据库到【STOCK_INFO】→点击"确定"按钮→窗口消失。

（5）展开登录名，可见名为"admlog1"的登录账户已经建立，如图 10-3 所示。

图 10-3　SQL Server 身份验证的登录名建立成功

（6）在数据库中建立用户：在【对象资源管理器】中展开【数据库】→展开【stock_info】数据库→点击其中的【安全性】→选中【用户】，单击鼠标右键→【新建用户】→弹出新的窗口，如图 10-4 所示。

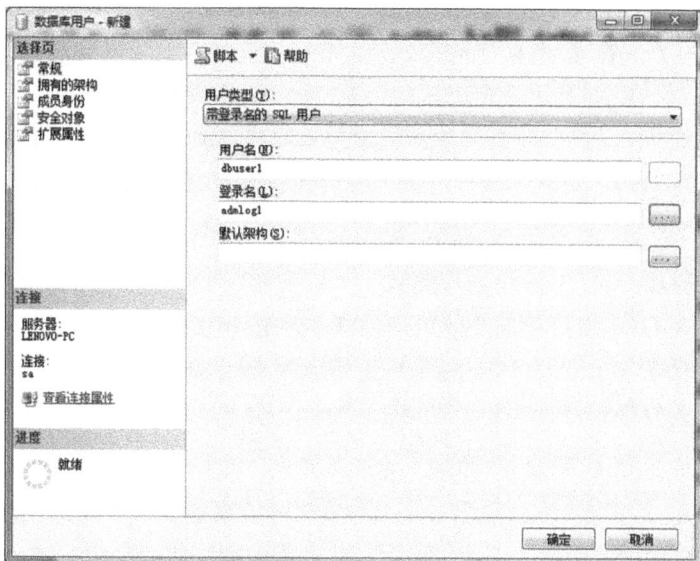

图 10-4 新建数据库用户窗口

（7）选择【带登录名的 SQL 用户】→输入【用户名：dbuser1】→选择【登录名：admlog1】→不选架构→点击"确认"按钮→窗口消失。

（8）进入【安全性】→【用户】→发现用户名 dbuser1 已经建立，如图 10-5 所示。目前所建的数据库用户 dbuser1 与登录账户 admlog1 对应，已经可以登录，但是还没有授予任何权限，因此，还不能操作数据库。

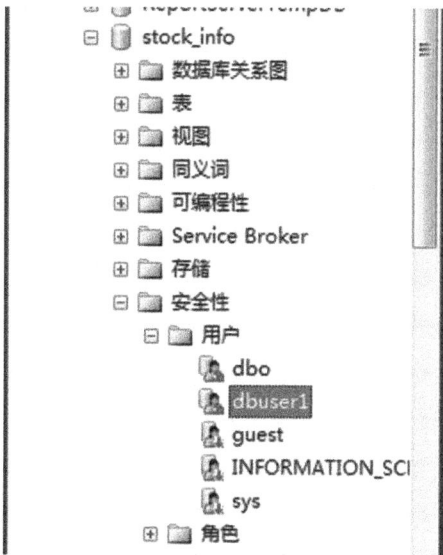

图 10-5 数据库用户 dbuser1 建立成功

数据库用户管理 SQL Server 的安全包括服务器安全和数据安全两部分。服务器安全是指数据库服务器的登录管理、数据库数据的访问安全等；数据安全则包括数据的完整性、数据库文件的安全性。因此，如果用户希望访问 SQL Server 的数据，就必须具有 SQL Server 登录账户和访问数据库的权限。下面介绍如何创建登录账户、如何创建数据库用户。

1. SQL Server 身份验证

在登录 SQL Server 时，需要选择身份验证的方式，SQL Server 支持以下两种身份验证：Windows 身份验证和 SQL Server 身份验证。

简单地说，Windows 身份验证是使用当前登录到操作系统的用户去登录，而 SQL Server 身份验证是使用 SQL Server 中建立的用户去登录。登录验证通过以后，就可以像管理本机 SQL Server 一样去管理远程计算机上的 SQL Server 服务。

2. 建立登录账户并赋予权限

与创建数据库一样，建立 SQL Server 数据库的登录名、用户名，为其赋予权限也有两种方式：

(1)使用 SQL Server Management Studio 建立登录账户并赋予权限；

(2)使用 T-SQL 建立登录账户并赋予权限。

① 创建带密码的登录名。

CREATE LOGIN<login_name>WITH PASSWORD='<enterStrongPasswordHere>';

GO

② 为特定用户创建登录名并分配密码。

MUST_CHANGE 选项要求用户在首次连接服务器时更改此密码。

CREATE LOGIN<login_name>WITH PASSWORD='<enterStrongPasswordHere>'

MUST_CHANGE;

GO

③ 创建映射到凭据的登录名。

CREATE LOGIN<login_name>WITH PASSWORD='<enterStrongPasswordHere>',

   CREDENTIAL=<credentialName>;

GO

④ 从证书创建登录名。

USE MASTER;

CREATE CERTIFICATE<certificateName>

   WITH SUBJECT='<login_name>certificate in master database',

   EXPIRY_DATE='12/05/2025';

GO

CREATE LOGIN<login_name>FROM CERTIFICATE<certificateName>;

GO

⑤ 从 Windows 域账户创建登录名。

CREATE LOGIN[<domainName>\<login_name>]FROM WINDOWS;

GO

3.创建与登录名对应的数据库用户

基于 SQL Server 身份认证的登录名创建数据库用户,操作步骤如下:

(1)创建一个名为 admlog2 的 SQL Server 登录名,然后在数据库 STOCK_INFO 中创建对应的数据库用户 DBUSER2。

CREATE LOGIN admlog2 WITH PASSWORD='123ABC'

USE STOCK_INFO

GO

CREATE USER DBUSER2 FOR LOGIN admlog2

GO

建立登录名之后,还需要赋予该登录名操作权限,否则它将只能连接到服务器,而没有任何操作权限。操作权限分为两类:

第一类是指该用户在服务器范围内能够执行哪些操作,这一类权限由固定的架构来确定。可以在"架构"一项中设置该用户对服务器的操作权限。

固定的架构一共分为 8 种,各自具有不同的操作权限。例如,dbcreator 固定架构可以创建、更改、删除和还原任何数据库。

第二类权限是指该登录名对指定的数据库的操作权限。可以在"用户映射"一项中设置特定数据库的权限。

固定的数据库操作权限有 10 项,例如,db_backupoperator 权限可以备份数据库,db_datareader 可以读取数据库中的数据,db_denydatareader 不允许读取数据。

提示:登录名指定用户映射到的数据库后,系统将为该数据库自动创建与登录名同名的一个数据库用户。创建该用户后,该登录名就可以连接到 SQL Server 数据库,并可以执行权限范围内的相关操作。

(2)建立数据库用户。每个数据库都有自己的用户列表,如果在建立登录名时没有为其指定一定的架构或用户映射(即为其分配必要的操作权限),则可以通过建立数据库用户来赋予登录名权限。数据库用户和登录名是相互链接的权限管理机制。

至此,数据库用户创建完毕。此时使用创建用户时选择的关联登录名进行登录后,即具备了该数据库的相应操作权限。

SQL Server 安装后,有一个超级管理员"sa"(Supper Administrator 的简称),但是一般不能使用这个用户管理数据,也不能把这个用户的密码设置为空,因为随便使用该用户操作或将密码设置为空都将给数据库带来很大的安全隐患,所以一般在安装完毕并创建了其他登录名后,便将"sa"账户进行禁用或删除。

任务 10.2　用户权限的设置与验证

需求分析

小王作为数据库管理员,要为数据库用户分配权限,还要对所分配的权限进行验证。首先为数据库用户 dbuser1 设置对股票信息表授予的【select】权限和禁止【delete】权限,然后以 admlog1 登录,最后验证其对应的用户 dbuser1 得到了上述权限。

实现过程

(1)以"sa"身份登录,进入 SSMS。

(2)选中股票信息表【gpxxb】,单击鼠标右键,在弹出的快捷菜单中单击【属性】,弹出【表属性】窗口,如图 10-6 所示。

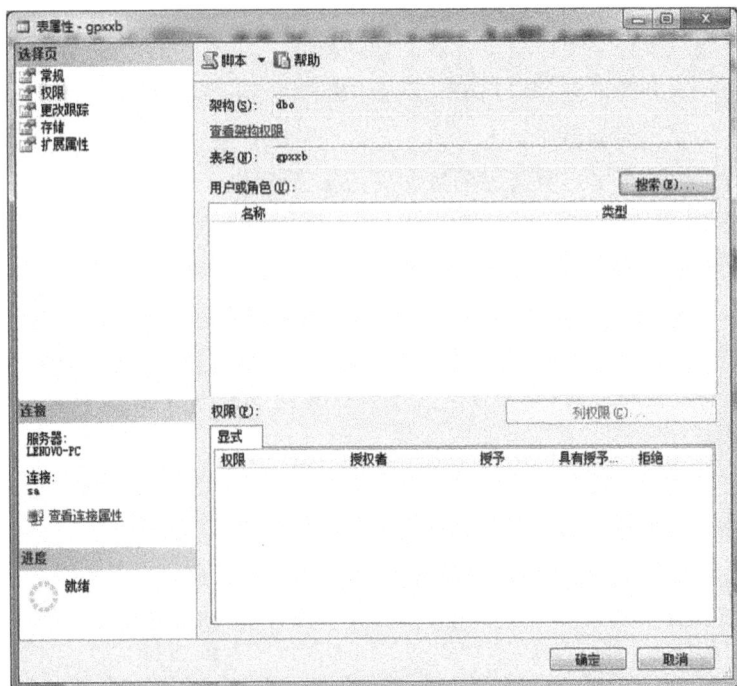

图 10-6　【表属性-gpxxb】窗口

(3)单击左上角【选择页】中的【权限】。

(4)单击"搜索"按钮,弹出【选择用户或角色】窗口,如图 10-7 所示。

(5)单击"浏览"按钮,弹出【查找对象】窗口,如图 10-8 所示。

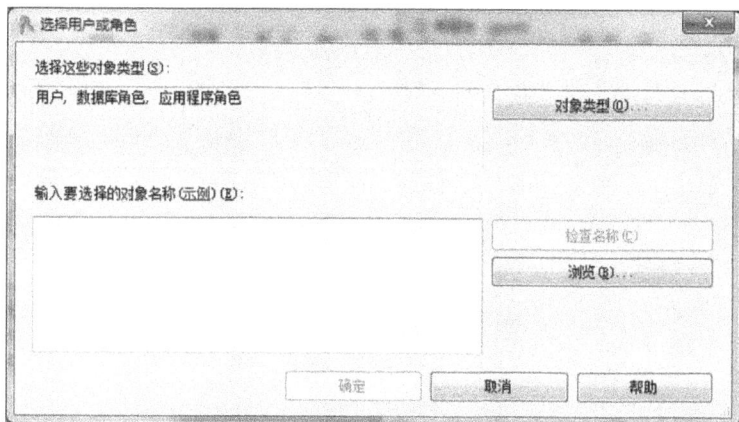

图 10-7　【选择用户或角色】窗口

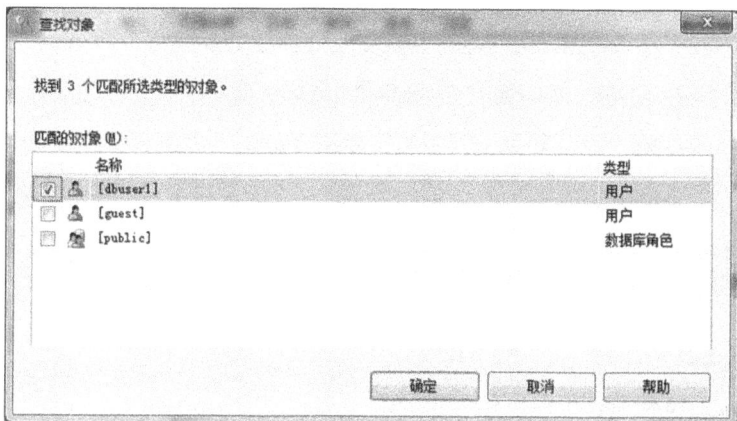

图 10-8　【查找对象】窗口

(6)勾选用户【dbuser1】,点击"确定"按钮。

(7)在【选择用户或角色】窗口显示用户 dbuser1,点击"确定"按钮。

(8)在【表属性-gpxxb】窗口的【用户或角色】框显示 dbuser1。

(9)在其下方的权限框的【授予】列勾【选择】行,【拒绝】列勾【删除】行。

(10)点击"确定"按钮,窗口自动关闭。

(11)验证权限。

(12)【开始】→SSMS→【身份验证】→选择 SQL。

(13)【登录名】填入 admlog1,输入密码,点击【连接】,显示【对象资源管理器】。

(14)展开数据库服务器。

(15)展开数据库 STOCK_INFO。

(16)展开【表】,选中【gpxxb】,单击鼠标右键,在弹出的快捷菜单中点击【选择前 1000】,如图 10-9 所示。由此可知,没有授权的数据表根本看不见,授权给 admlog1 用户的表才能看见。

(17)输入删除数据的语句: delete gpxxb where sshy='通讯'。

(18)运行后得到如图 10-10 所示的拒绝删除。

(19)由此验证了授权和禁止权限。

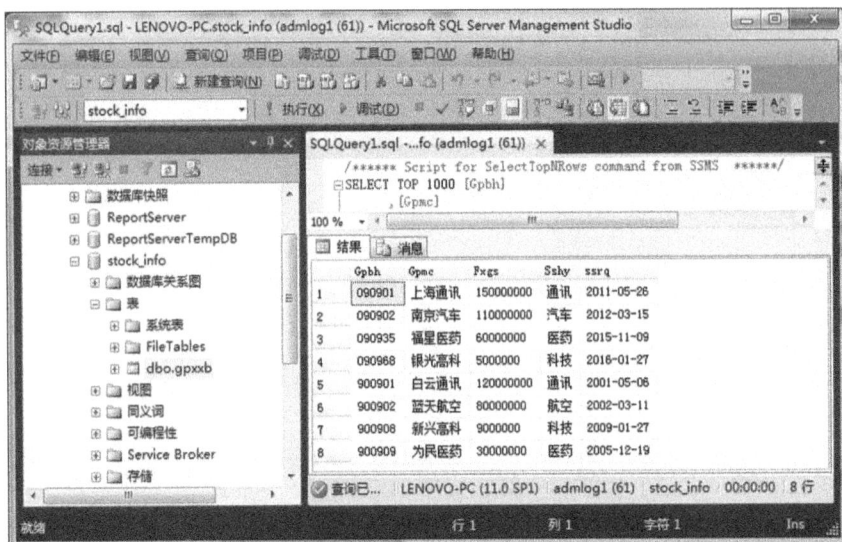

图 10-9　显示的股票信息表

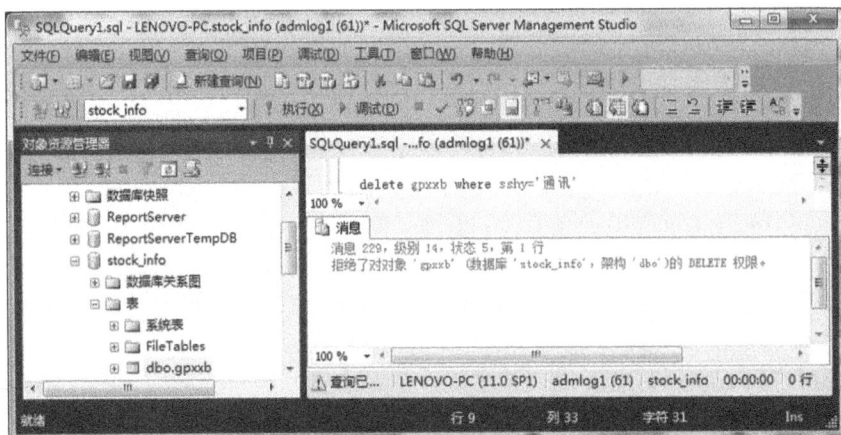

图 10-10　拒绝删除操作的信息提示

知识储备

(1)GRANT 语句用于对数据库用户授权。

(2)DENY 语句拒绝用户权限并防止用户通过其组成或角色成员资格继承权限。

(3)REVOKE 语句用于撤销用户权限,包括之前 GRANT 语句和 DENY 语句规定的权限和限制。

授权语句的语法为:

GRANT 权限[ON 表名]TO 数据库用户

举例:

创建登录账户:

sp_addlogin ' admlog2 ',' aaa '(现在改用 create login)

打开数据库：

use db

go

在【db】数据库中为登录账户 admlog2 开通名为 dbuser2 的数据库用户：

sp_grantdbaccess 'admlog2','dbuser2'

--授予数据库用户对表的查询权限

grant select on gpxxb to dbuser2

--禁止数据库用户对表的删除权限

deny delete on gpxxb to dbuser2

这样，用登录账户 admlog2 登录，输入密码 aaa，就可直接进入数据库【db】，并且已经拥有对表【gpxxb】的查询权限，但被禁止进行删除操作。

任务 10.3　Windows 账户的创建与应用

需求分析

在进入数据库服务器时需要输入 SQL Server 身份认证的登录名、密码，然后才能进入对应的数据库用户，开始工作。

数据库管理员小王要为计算机用户直接设置 Windows 认证的登录账户，这样，当计算机用户进入计算机后，数据库服务器就认可这个用户可以直接使用设定好的对应数据库。

实现过程

(1)在 Windows 系统中建立用户。

(2)以管理员身份进入计算机。

(3)【开始】→【控制面板】→【用户账户】→【添加】→【创建新账户】→【输入账户名】→【创建账户】，如图 10-11 所示，新用户建好了。

(4)进入 SSMS 的【对象资源管理器】→展开【服务器】→展开【安全性】→选中【登录名】，单击鼠标右键→选择【新建登录名】→点击【搜索】，弹出【选择用户或组】窗口→输入要选择的对象名称 testuser，如图 10-12 所示。

(5)点击"确定"按钮，弹出窗口如图 10-13 所示，选择 Windows 身份验证→选择默认数据库为 stock_info→点击"确定"按钮。

(6)进入【对象资源管理器】→展开【数据库】→展开 stock_info→展开【安全性】→选中【用户】，单击鼠标右键→选择【新建用户】→选择【用户类型】为 Windows 用户→输入【用户名】为 dbtestuser。

(7)选择【登录名】→找到【计算机名/tsetuser】，如图 10-14 所示。

图 10-11 新用户"testuser"建成

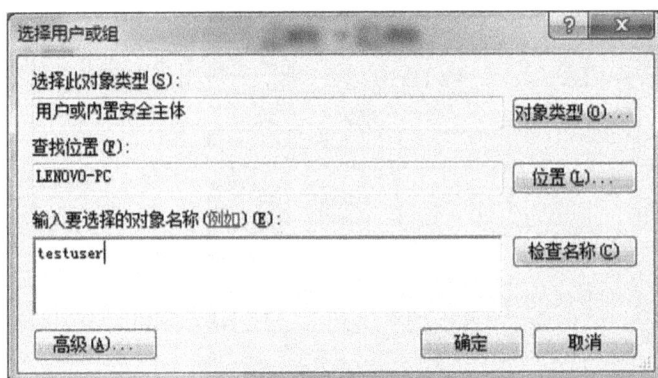

图 10-12 【选择用户或组】窗口

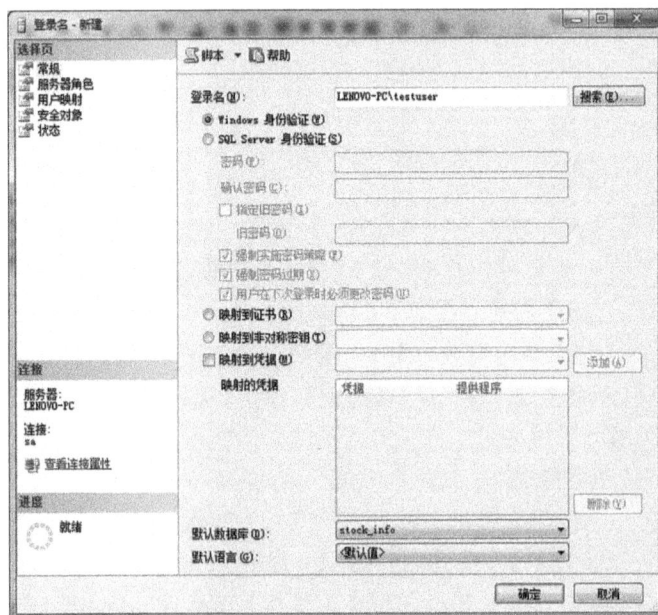

图 10-13 登录账户建立窗口

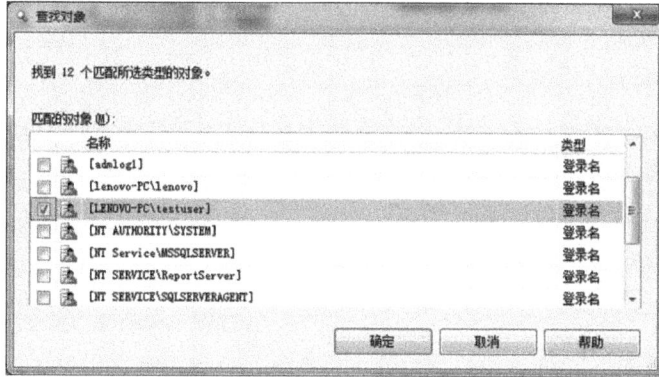

图 10-14　选中带计算机名的登录名 testuser

(8)点击"确定"按钮,显示如图 10-15 所示的界面。

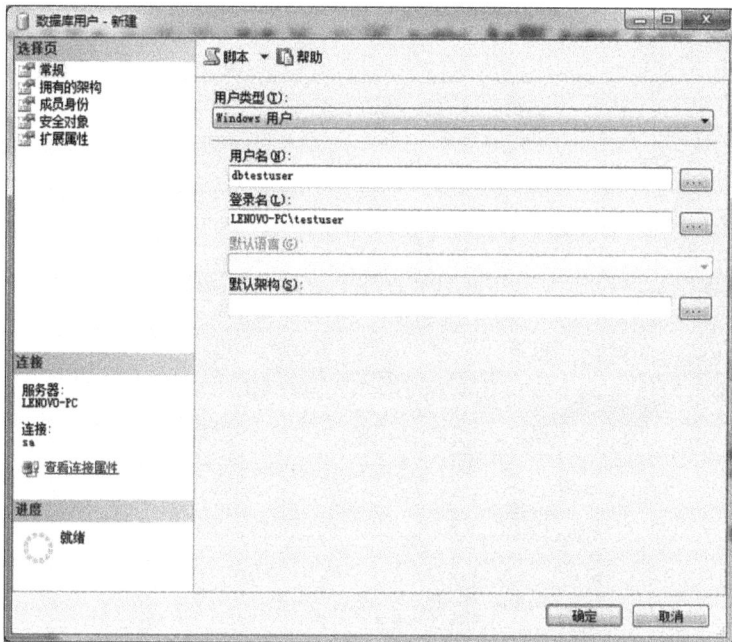

图 10-15　为 Windows 用户在数据库中创建的 dbtestuser

(9)名为 dbtestuser 的数据库用户创建完毕,其授权与前一个任务相同。

任务 10.4　数据库角色的创建与应用

在数据库系统中,有很多数据库对象,也有很多用户,如果每个用户对每个对象的权限都要设置,那么数据库管理员就忙不过来了。把拥有类似权限的用户归在一起,为他们定义一个角色,拥有一定的权限,那么,每个用户只要定义一个角色,就拥有很多基本权限了,这是大同部分,小异部分的权限只能另外补充授权或加以禁止。

数据库管理员小王要为 100 个员工设置数据库权限,现在数据库【STOCK_INFO】中有 10 个数据表、20 个数据视图,表和视图只计算增删改查操作,仅这些就有 120 种权限,12000 项权限需要设置。现在要为 6 个部门的员工设置 6 个角色,中层干部、高层领导各设置 1 个角色,每个员工接受的角色实际上像一个套餐。先设置一个财务员工角色,其对股民信息表和资金存取表有增改读的权限,但禁止删除信息。

(1)以"sa"登录,创建一个角色 R2,运行下列代码段:

```
Use STOCK_INFO
Go
Create role R2
Go
```

(2)刷新【对象资源管理器】,可以见到如图 10-16 所示的角色 R2 被创建。

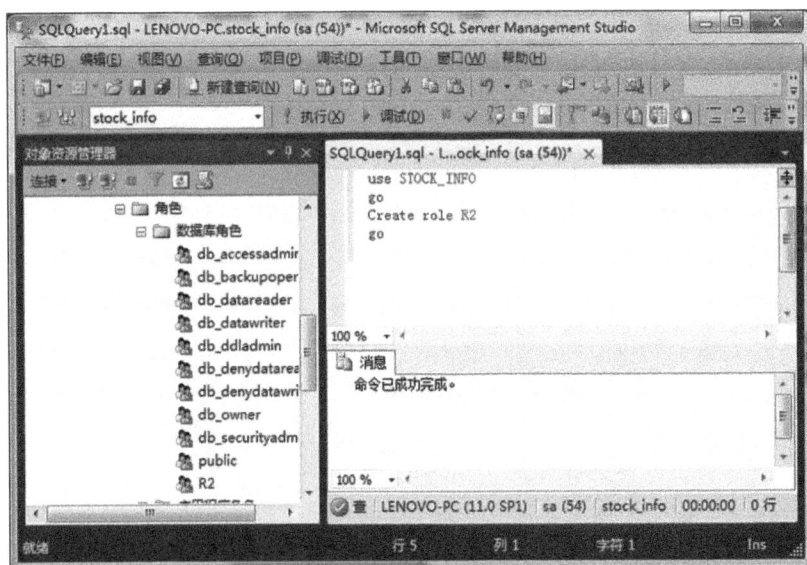

图 10-16　角色 R2 被创建

(3)为角色 R2 授权,运行下列代码段:

```
Grant select,insert,update on gmxxb to R2
Deny delete on gmxxb to R2
Grant select,insert,update on zjcqb to R2
```

（4）选中角色 R2，单击鼠标右键，弹出权限窗口如图 10-17 所示，R2 对于"gmxxb"和"zjcqb"具有读、增、改的权限，同时被禁止删除表记录。

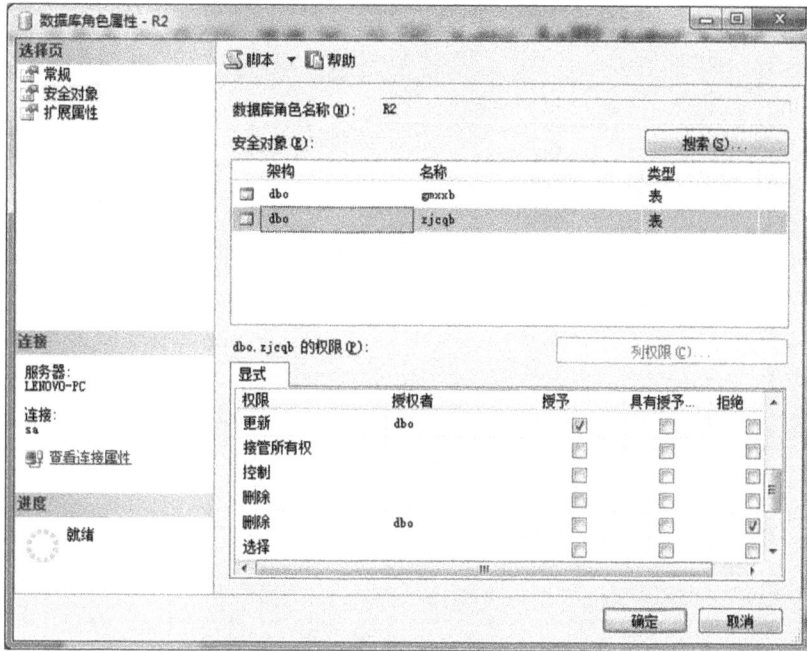

图 10-17　角色 R2 对 zjcqb 的部分权限

（5）R2 角色的成员为空，如图 10-18 所示。

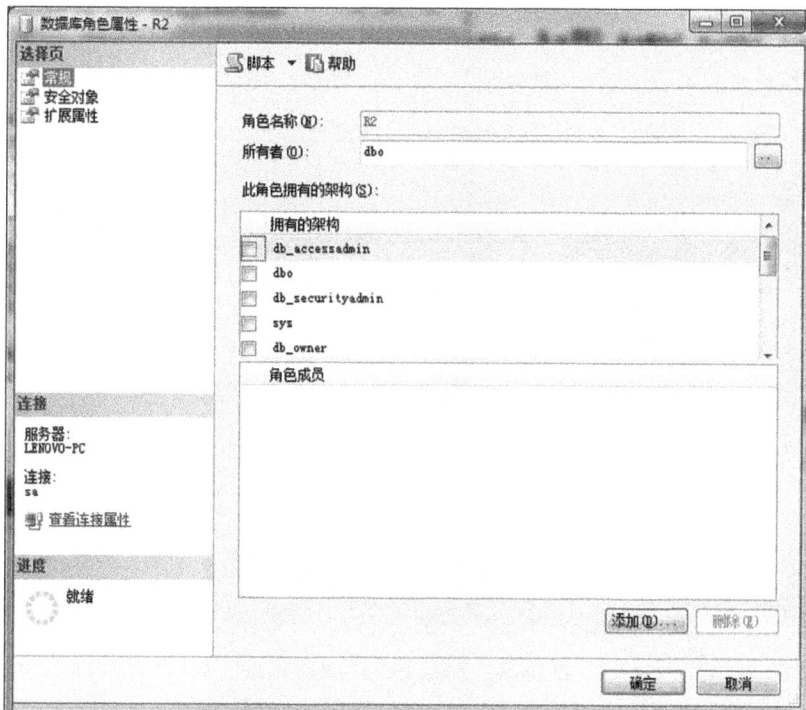

图 10-18　R2 角色成员为空

(6)将财务部 10 个员工之一的 dbuser1 作为 R2 的成员,运行下列代码:

ALTER ROLE R2 ADD MEMBER dbuser1

运行结果如图 10-19 所示。

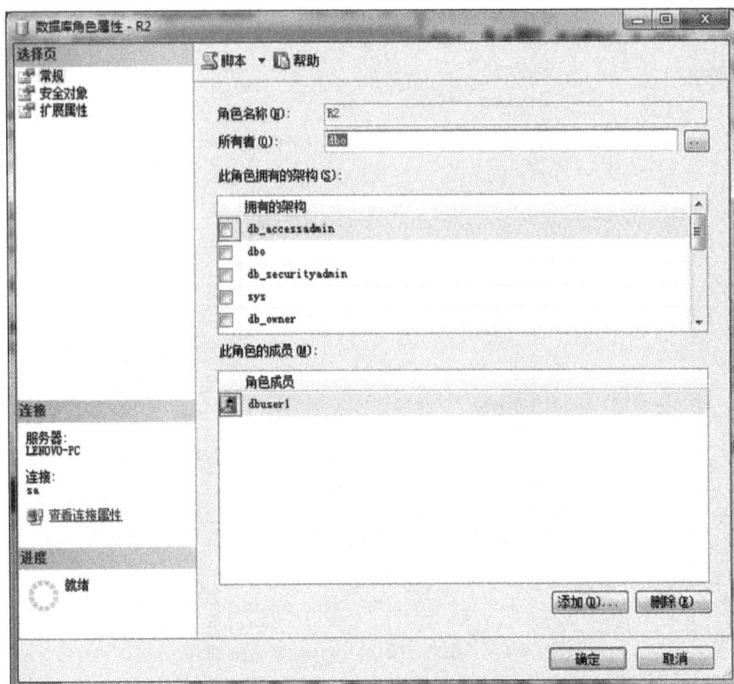

图 10-19　增加角色成员

(7)验证修改权限。

① 查看资金存取表,如图 10-20 所示。

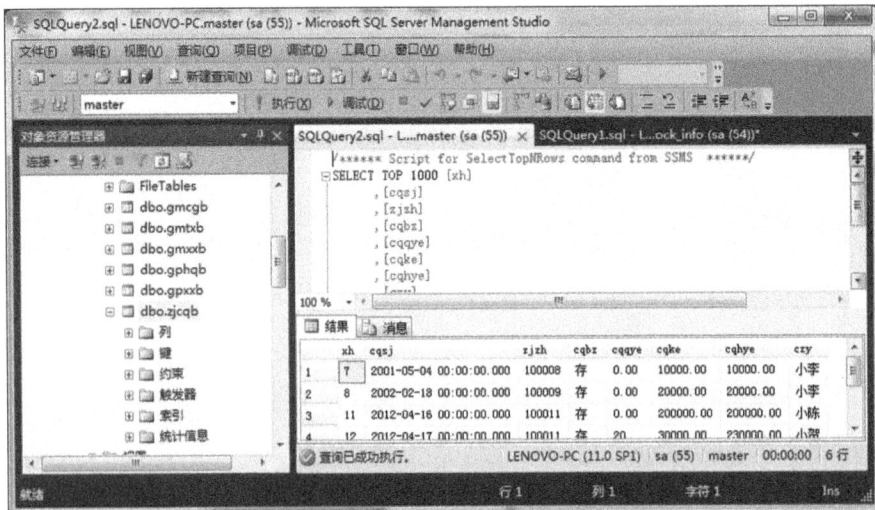

图 10-20　7 号记录操作员是小李

② 用 dbuser1 的登录账户 admlog1 登录,将 7 号记录操作员改为大李,看看是否成功。

③ 如图 10-21 所示,数据已经修改成功,查看到操作员的确是大李,说明 dbuser1 确实获得了角色 R2 的权限。

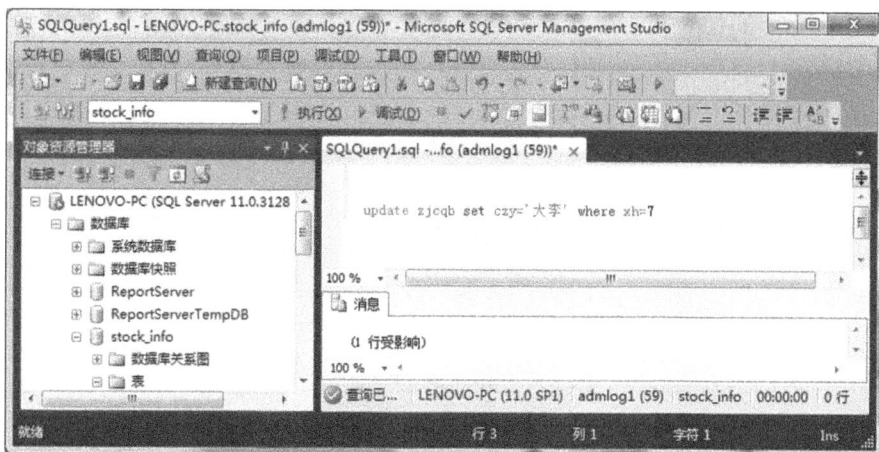

图 10-21　admlog1 修改成功

知识储备

角色分两类:服务器角色和数据库角色。

① 服务器角色用于向登录账户授予服务器范围内的安全特权。SQL Server 提供了 9 种固定服务器角色,如图 10-22 所示。可以将服务器级主体(SQL Server 登录名、Windows 账户和 Windows 组)添加到服务器级角色。

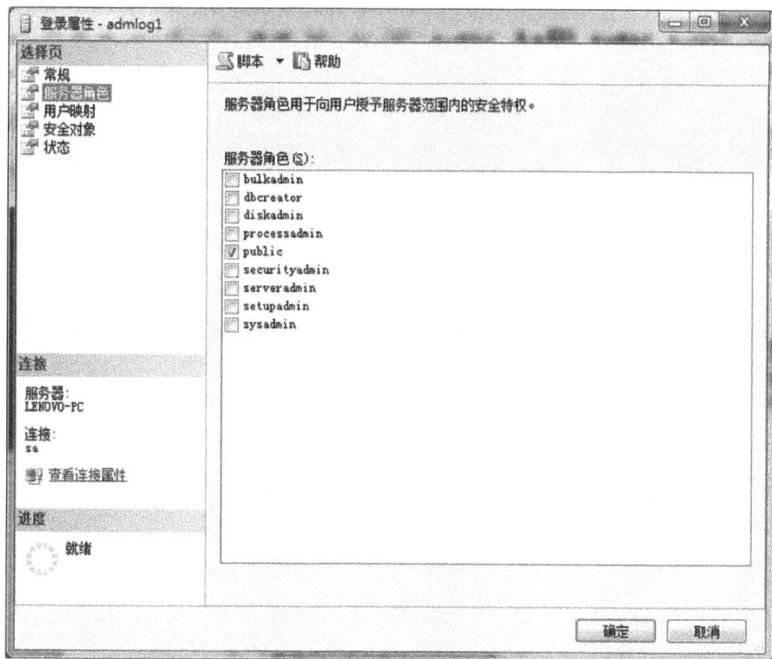

图 10-22　9 种固定的服务器角色

从 SQL Server 2012 开始,也可以创建用户定义的服务器角色,并将服务器级权限添加到用户定义的服务器角色。

登录账户是 public 的成员,也可以成为其余 8 种服务器角色的成员。

(2)数据库角色有固定的数据库角色和用户创建的数据库角色,固定的数据库角色有 10 种,如图 10-23 所示。

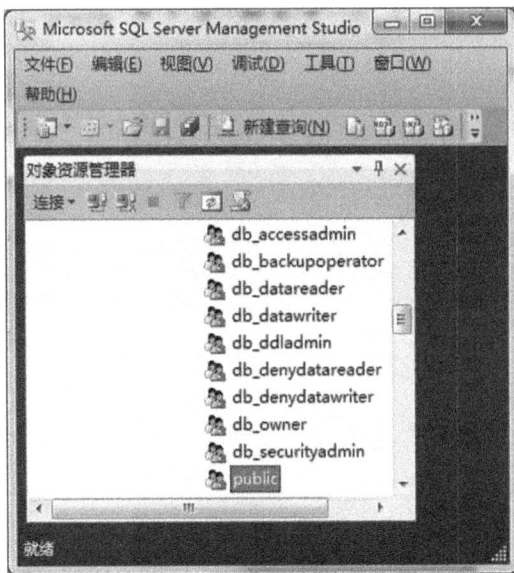

图 10-23　10 种固定的数据库角色

用户自定义的数据库角色可以通过选中【服务器角色】,单击鼠标右键来新建,【数据库角色-新建】窗口如图 10-24 所示,也可以使用 CREATE ROLE 语句来创建。

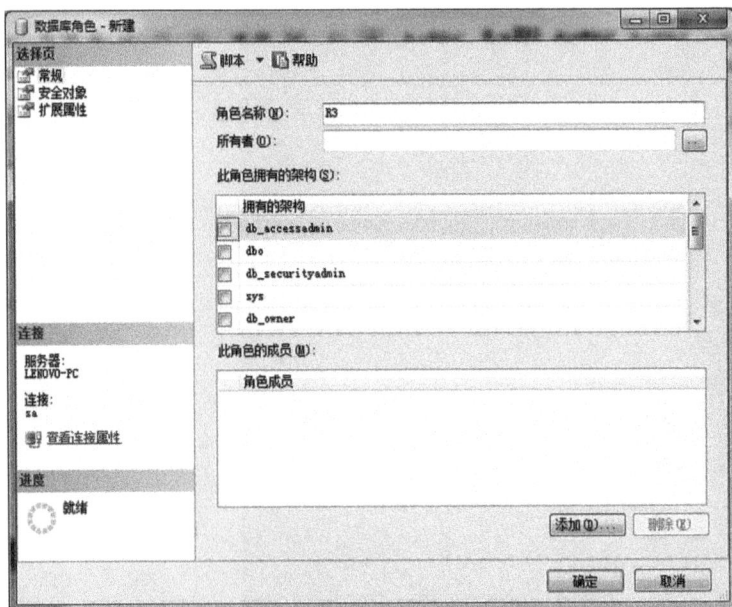

图 10-24　【数据库角色-新建】窗口

应用程序角色是一种特殊的角色,需要激活使用。

架构是角色的升级和扩展。

实训任务

(1)以"sa"登录,为图书借阅数据库创建一个 SQL Server 登录账户"log123",并设置密码为 123,查看登录列表,验证建立成功,截屏并配文字说明。

(2)以"sa"登录,进入图书借阅数据库,为"log123"建立一个对应的数据库用户"log123a",查看数据库用户列表,验证建立成功,截屏并配文字说明。

(3)以"sa"登录,授予"log123a"对图书表的查询和添加权限,并禁止其修改和删除权限,以"log123"登录,验证其权限,截屏并配文字说明。

(4)以"sa"登录,进入图书借阅数据库,建立一个角色"role123",授予"role123"对读者表的查询和添加权限,并禁止其修改和删除权限,加入"log123a"作为"role123"的成员,以"log123"登录,验证其权限,截屏并配文字说明。

拓展任务

(1)以"sa"登录,为上述角色"role123"增加一个读视图的权限,验证它的成员也具有这个权限,截屏并配文字说明。

(2)以"sa"登录,为上述角色"role123"增加一个执行某个存储过程的权限,验证它的成员也具有这个权限,截屏并配文字说明。

项目小结

登录账户是服务器层面的关卡,数据库用户是数据库层面的关卡,数据库对象的访问权,如表的增、删、改、查,是更具体信息的关卡。

由于数据表的字段很多,而每个用户所需要的字段各不相同。因此,通常针对每个用户的需要设计视图,只给用户视图的权限,而不给表的权限。

角色是一系列权限的集合,或者称为套餐,成为角色的成员就获得了这个集合的权限,或者可以享受这个套餐。

课外练习

（1）在实际数据库服务器中，"sa"登录账户不设密码有什么坏处？

（2）授权和禁止应分别使用什么命令？解除授权和禁止应分别使用什么命令？

（3）public 角色权限太大有什么坏处？

（4）用户被禁止的权限能不能通过角色获得？

项目 11
数据库维护

对于一个数据库管理员来说,数据库备份和服务器监控是日常工作最主要的部分。为此,本项目设定的学习目标和对应任务如下:

◈ 知识目标

❑ 掌握数据库备份和恢复的方法;
❑ 掌握数据库备份和恢复的策略;
❑ 掌握数据库性能监控的方法;
❑ 掌握建立数据库维护计划的方法。

◈ 技能目标

❀ 学会操作数据库备份和恢复;
❀ 学会检验数据库恢复的效果;
❀ 学会使用数据库维护计划;
❀ 学会数据库服务器运行的监控。

◈ 任务列表

任务 11.1　创建备份设备做数据库完整备份
任务 11.2　还原数据库的验证
任务 11.3　创建数据库的维护计划
任务 11.4　数据库的跟踪

任务 11.1　创建备份设备做数据库完整备份

需求分析

小王的岗位是数据库管理员（DBA），主要工作是管理公司的数据库，公司现有数据库【STOCK_INFO】在正常使用中，主管让他备份此数据库，小王也非常关心数据库的安全。一般可以通过完整数据库备份、差异数据库备份和事务日志备份三种方式进行备份。

实现过程

备份就是指对 SQL Server 数据库及其他相关信息进行复制，数据库备份能记录数据库中所有数据的当前状态，以便在数据库遭到破坏时将其恢复。

（1）完整备份。

① 打开 SSMS 窗口，在【对象资源管理器】窗口中选中需要查看的数据库【stock_info】，单击鼠标右键，在弹出的快捷菜单中选择【任务】→【备份】命令，如图 11-1 所示。

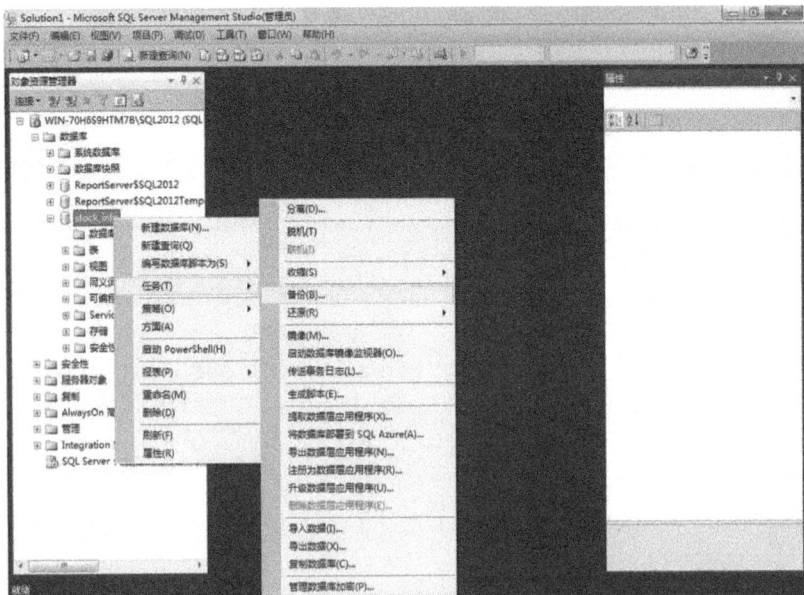

图 11-1　数据库备份

② 在弹出的【备份数据库-stock_info】窗口中,选择备份类型为完整备份,如图 11-2 所示。

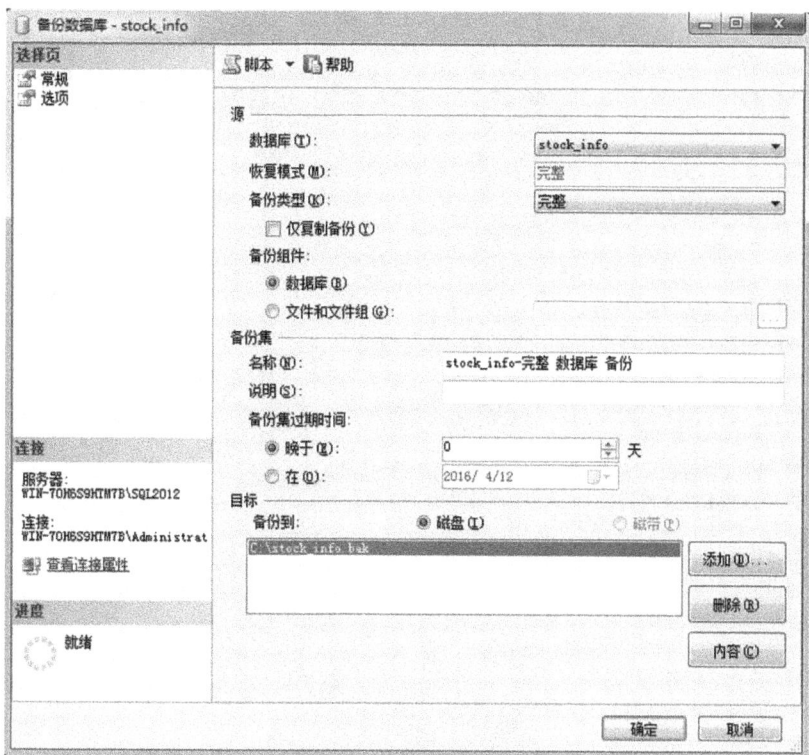

图 11-2　选择完整备份

③ 点击"添加"按钮,弹出【选择备份目标】对话框,在"文件名"文本框中输入备份目标的路径和文件名,这里输入"C:\STOCK_INFO.BAK",如图 11-3 所示。

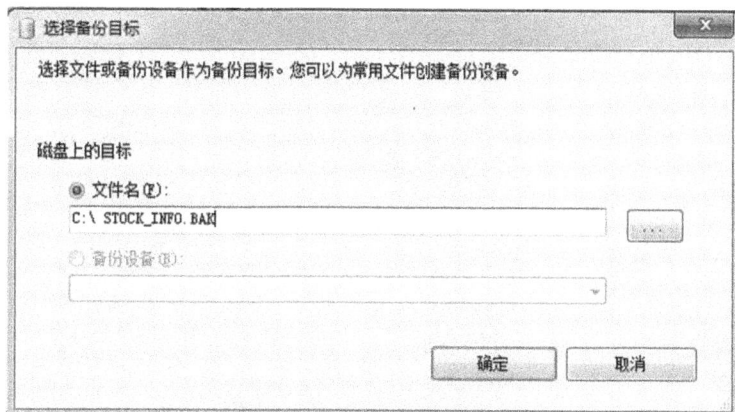

图 11-3　选择备份目标的路径和文件名

④ 单击"确定"按钮,完整备份成功,如图 11-4 所示。

(2)差异备份。

① 打开 SSMS 窗口,在【对象资源管理器】窗口中选中需要查看的数据库【stock_info】,单击鼠标右键,在弹出的快捷菜单中选择【任务】→【备份】命令。

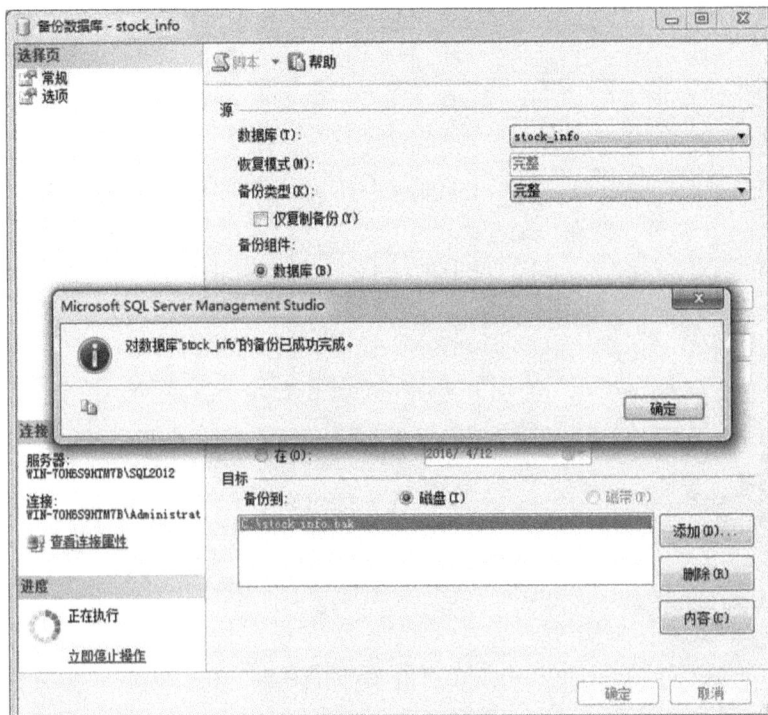

图 11-4　完整备份成功

② 在弹出的【备份数据库-stock_info】窗口,选择备份类型为差异备份,如图 11-5 所示。

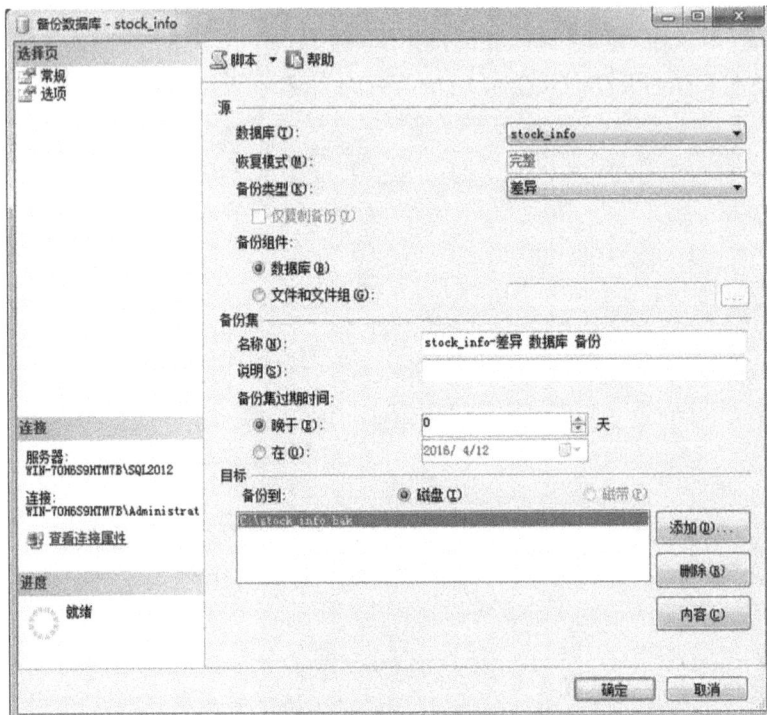

图 11-5　选择差异备份

③ 点击"添加"按钮,弹出【选择备份目标】对话框,在"文件名"文本框中输入备份目标的路径和文件名,这里输入"C:\STOCK_INFO.BAK",也可以根据实际情况调整。

④ 单击"确定"按钮,差异备份成功。

(3)事务日志备份。

① 打开 SSMS 窗口,在【对象资源管理器】窗口中选中需要查看的数据库【stock_info】,单击鼠标右键,在弹出的快捷菜单中选择【任务】→【备份】命令。

② 在弹出的【备份数据库-stock_info】窗口,选择备份类型为事务日志备份,如图 11-6 所示。

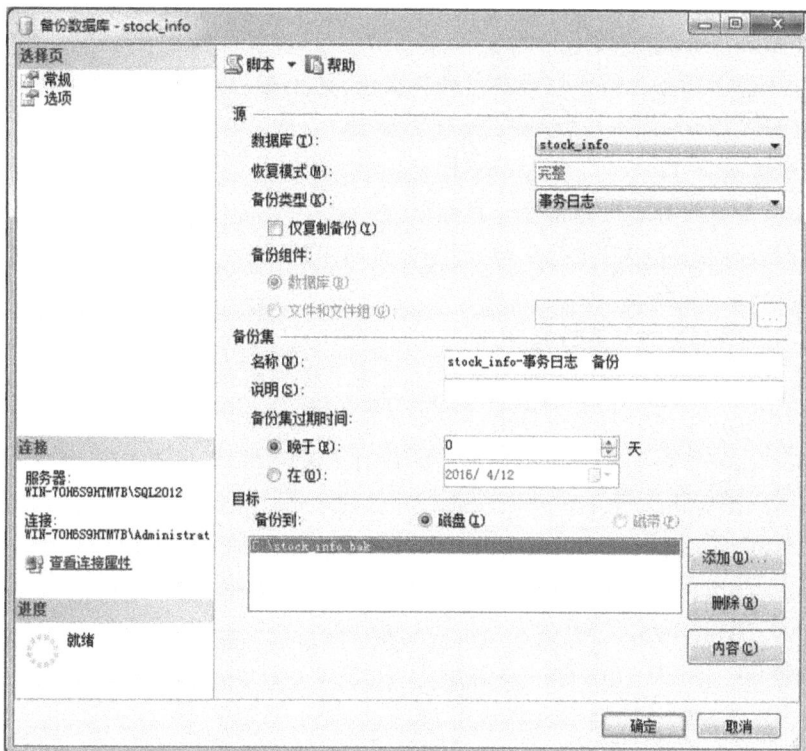

图 11-6 选择事务日志备份

③ 点击"添加"按钮,弹出【选择备份目标】对话框,在"文件名"文本框中输入备份目标的路径和文件名,这里输入"C:\STOCK_INFO.BAK",也可以根据实际情况调整。

④ 单击"确定"按钮,事务日志备份成功。

知识储备

1.数据库备份的分类

SQL Server 2012 有 4 种备份方式:完整数据库备份(Database-complete)、差异数据库备份(或称增量备份,Database-differential)、事务日志备份(Transaction log)、数据库文件和文件组备份(File and filegroup)。

(1)完整数据库备份。

完整数据库备份是最完整的数据库备份方式,它会将数据库内所有对象完整地复制到指定的设备上。由于它是备份全部内容,因此通常需要花费较多的时间,同时占用较大的空间。对于数据量较少或者不需经常备份的数据库而言,可以选择使用这种备份方式。如果需要采用其他备份方式,完整数据库备份是一个必不可少的基础。

(2)差异数据库备份。

差异数据库备份是针对完整数据库备份后有变动的部分进行备份处理,这种备份模式必须同完整数据库备份一起使用,差异数据库备份之前需要使用完整数据库备份来保存完整的数据库内容,在这个基础上可以使用差异数据库备份备份有变动的部分。由于差异数据库备份只备份有变动的部分,因此比起完整数据库备份来说,通常它的备份数据量要小得多,速度会比较快。对于数据量大且需要经常备份的数据库,使用差异数据库备份可以大大减少数据库备份的工作量。

(3)事务日志备份。

事务日志备份与差异数据库备份非常相似,都是备份部分内容,只不过事务日志备份是针对上次备份后变动的日志部分进行备份,而不是针对上次备份后变动的数据部分进行备份(修改数据时,先写日志后写数据)。

(4)数据库文件和文件组备份。

数据库文件和文件组备份模式是以文件和文件组作为备份的对象,可以针对数据库特定的文件或特定的文件组内的所有成员进行数据备份处理。一般是在无法一次性备份整个数据库时分块备份。这种备份模式应该与事务日志备份一起使用,因为在数据库中还原部分的文件或文件组时,还需要还原事务日志,使得该文件能够与其他的文件保持数据一致性。

2.使用 T-SQL 语句 Backup 备份数据库及事务日志

(1)数据库备份的语法格式:

BACKUP DATABASE database_name | @database_name_var to ＜backup_device＞
[,…n][with[[,]format][[,]init | noinit][[,]restart][[,]differential]]

【例 11-1】 创建磁盘备份设备("投资者资料备份"和"投资者资料差异备份"),分别对数据库【STOCK_INFO】执行完整数据库备份和差异数据库备份。

在查询编辑器中输入代码:

```
USE STOCK_INFO
/*创建(完整)备份设备*/
EXEC sp_addumpdevice 'DISK','投资者资料备份','C:\STOCK_INFO.BAK'
/*创建(差异)备份设备*/
EXEC sp_addumpdevice 'DISK','投资者资料差异备份','C:\STOCK_INFO.BAK'
/*执行完整备份*/
BACKUP DATABASE STOCK_INFO to 投资者资料备份 With NOINIT
/*执行差异备份*/
BACKUP DATABASE STOCK_INFO to 投资者资料差异备份 With differential
GO
```

（2）事务日志备份的语法格式：

BACKUP LOG database_name ｜ @database_name_var to＜backup_device＞[,…n]
[WITH NO_TRUNCATE]

　　[[,]NO_LOG ｜ TRUNCATE_ONLY]

　　3.创建磁盘备份设备（投资者资料 LOG gmxxb），对数据库【STOCK_INFO】事务日志进行备份

在查询编辑器中输入代码：

USE STOCK_INFO

EXEC sp_addumpdevice 'DISK ','投资者资料 LOG gmxxb','C:\STOCK_INFO.BAK '

BACKUP Log STOCK_INFO to 投资者资料 LOG gmxxb

GO

此外，数据库的备份还有直接复制数据库文件 MDF 和日志文件 LDF 的方法。

任务 11.2　还原数据库的验证

需求分析

小王的岗位是数据库管理员（DBA），主要工作是管理公司的数据库，主管让他将之前备份好的数据库【stock_info】根据不同备份方式还原数据库并验证。小王发现数据库【stock_info】中一个表"gmtxb"的数据误删，原来有备份，要做恢复。

实现过程

恢复就是把遭受破坏、丢失的数据或出现错误的数据库恢复到原来的正常状态，这一状态是由备份决定的，不同的数据库备份类型，都应该分别采取不同的还原方法。就某种意义来说，数据库的还原比数据库的备份更加重要且困难。因为数据库备份是在正常状态下进行的，而数据库还原则是在非正常状态下进行的，如硬件故障、系统瘫痪及操作疏忽等。

（1）还原完整数据库备份（数据库【stock_info】下的"gmtxb"已经被删除）。

① 打开 SSMS 窗口，在【对象资源管理器】窗口中选中需要查看的数据库【stock_info】，单击鼠标右键，在弹出的快捷菜单中选择【任务】→【还原】→【数据库】命令，如图 11-7 所示。

② 弹出【还原数据库-stock_info】窗口，选择 stock_info 完整数据库备份，单击"确定"按钮，如图 11-8 所示。

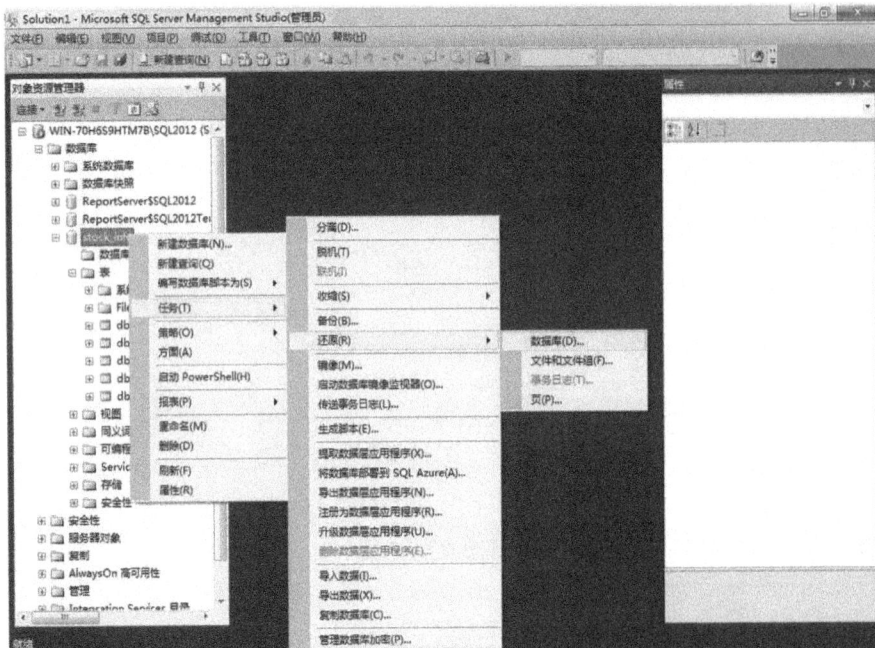

图 11-7　数据库还原

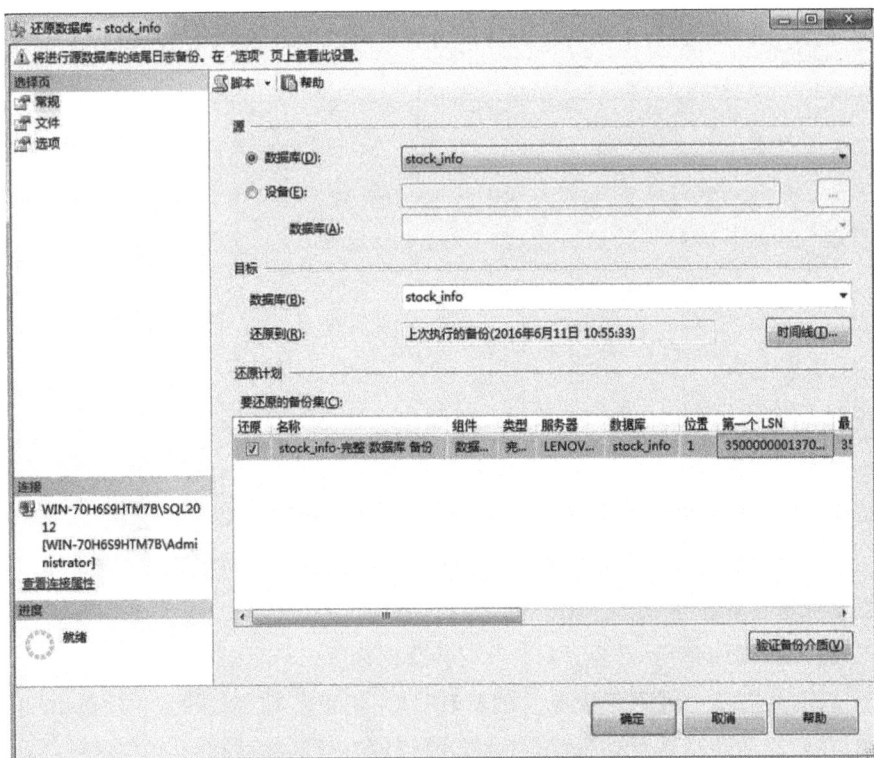

图 11-8　【还原数据库-stock_info】窗口

③ 还原成功,如图 11-9 所示。

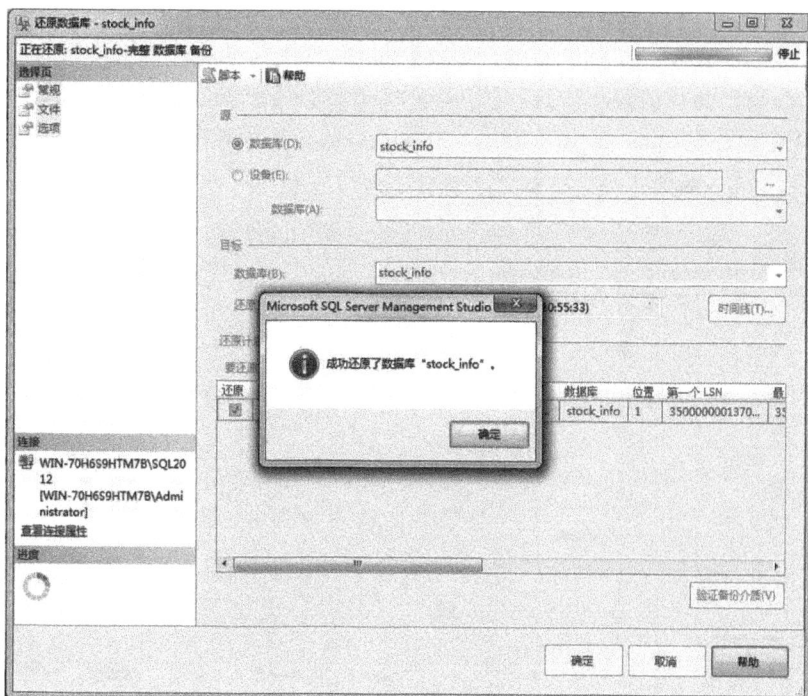

图 11-9   还原数据库成功

④ 验证表"gmtxb"是否有数据,如图 11-10 所示。

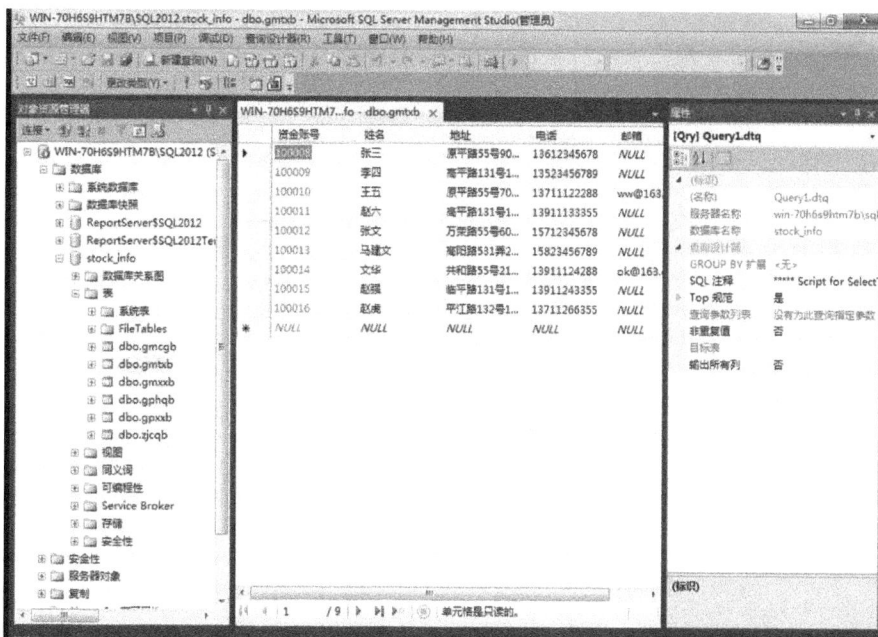

图 11-10   验证已还原的数据表

（2）还原差异数据库备份（数据库【stock_info】下的"gmtxb"的增加数据被删除，之前已经做好了差异备份）。

① 打开 SSMS 窗口，在【对象资源管理器】窗口中选中需要查看的数据库【stock_info】，单击鼠标右键，在弹出的快捷菜单中选择【任务】→【还原】→【数据库】命令，如图 11-7 所示。

② 弹出【还原数据库-stock_info】窗口，选择【stock_info】完整数据库备份和差异数据库备份，单击"确定"按钮，如图 11-11 所示。

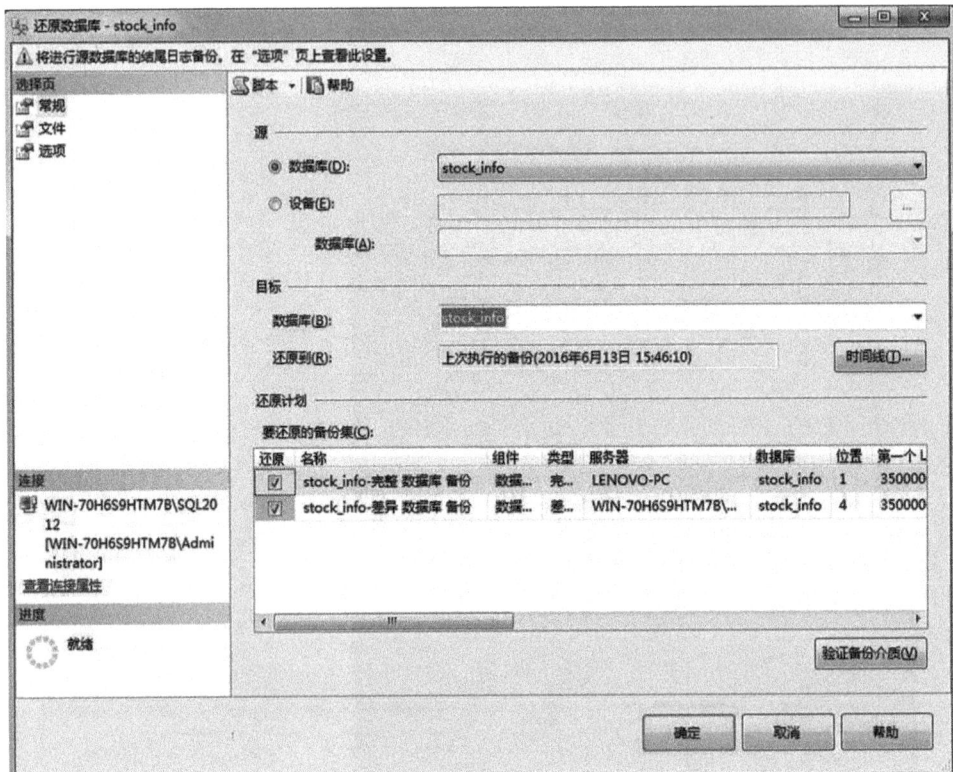

图 11-11　【还原数据库-stock_info】窗口

③ 还原成功，如图 11-12 所示。

图 11-12　还原数据库成功

④ 验证表"gmtxb"中是否已有新增数据，如图 11-13 所示。

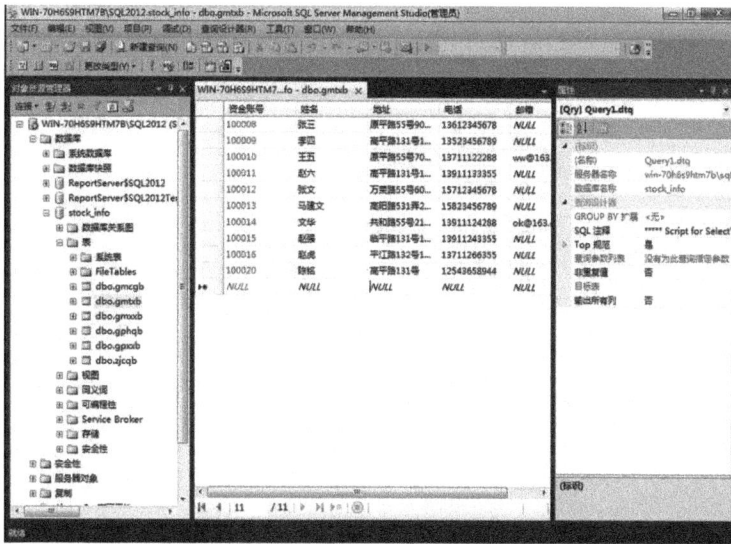

图 11-13 验证已还原的数据表

（3）还原事务日志备份（数据库【stock_info】之前已经做好了完整备份、差异备份、事务日志备份）。

① 打开 SSMS 窗口，在【对象资源管理器】窗口中选中需要查看的数据库【stock_info】，单击鼠标右键，在弹出的快捷菜单中选择【任务】→【还原】→【数据库】命令，如图 11-7 所示。

② 弹出【还原数据库-stock_info】窗口，选择【stock_info】完整数据库备份、差异数据库备份、事务日志备份，单击"确定"按钮，如图 11-14 所示。

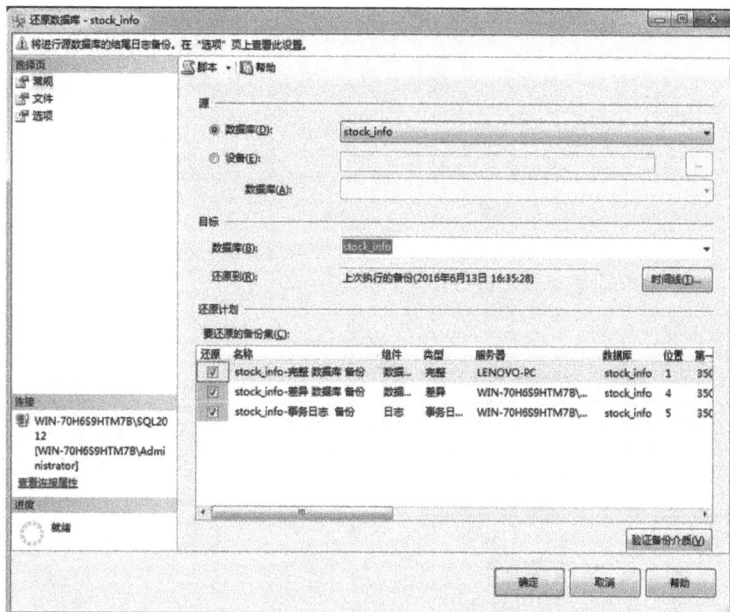

图 11-14 【还原数据库-stock_info】窗口

③ 还原成功,如图 11-15 所示。

图 11-15 还原数据库成功

知识储备

1. 数据库恢复策略

数据库备份后,一旦系统发生崩溃或者执行了错误的数据库操作,就可以从备份文件中恢复数据库,将数据库备份加载到系统中。数据库恢复模型有以下 3 种:简单恢复、完全恢复、大容量日志记录恢复。3 种恢复模型的比较如表 11-1 所示。

表 11-1　　　　　　　　　　　　　　　　　3 种恢复模型的比较

恢复模型	对应备份工作	优点	缺点	工作损失表现	恢复情况	点评
简单	数据变动时变化过程不记录到日志文件	允许大量数据快速操作,省去了写日志的系统开销(时间和空间)	一旦数据文件损坏需要恢复,只能恢复到最近一次备份的状态,日志文件不起作用	最近一次数据备份以后的数据变化全部丢失	可以恢复到任何备份的结尾处。随后必须重做更改	重速度,轻安全
完全	数据变动时变化过程全部记录到日志文件	如果数据文件损坏需要恢复,可以恢复到任何即时点	数据变动时,需要时间和空间及时写日志。如果大量数据导入,性能会受影响	没有数据丢失	可以恢复到故障发生的前一个数据	重安全,轻速度
大容量日志记录	只记录零星数据变化,数据导入时大批量数据变化过程不记录到日志文件	允许大量数据快速操作,节省了大部分写日志的系统开销(时间和空间)。一旦数据文件损坏需要恢复,可以恢复到任何即时点	需要保留导入数据文件	没有数据丢失	可以恢复到故障发生的前一个数据	安全和速度并重

2. 用 RESTORE 命令恢复数据库

(1)恢复数据库的 RESTORE 命令：

RESTORE DATABASE database_name

| @database_name_var

[from<backup_device[,…n]>]

[with[[,]file={file_number | @file_number}]

[[,]move ' logical_file_name ' to ' operating_system_file_name '][[,]replace][[,]
norecovery | recovery | standby=ndo_file_name]]

例如：磁盘备份设备（股民资料备份）包含数据库【stock_info】的完整备份。磁盘备份设备
（股民资料差异备份）包含数据库【stock_info】的差异备份。请还原数据库。

在查询编辑器中输入代码：

use stock_info

① 从磁盘备份设备（股民资料备份）恢复完整数据库备份，使用 NORECOVERY 选项。

restore database college from 股民资料备份 WITH NORECOVERY

② 从磁盘备份设备（股民资料差异备份）恢复差异数据库备份，使用 NORECOVERY 选项。

restore database stock_info from 股民资料差异备份 WITH NORECOVERY

(2)恢复日志文件的 RESTORE 命令：

RESTORE LOG{database_name | @database_name_var}

[FROM<backup_device>[,…n]]

[WITH

[{NORECOVERY | RECOVERY

| STANDBY=undo_file_name}]

[[,]STOPAT={date_time | @date_time_var}|[,]STOPATMARK=' mark_name '
[AFTER datetime]|[,]STOPBEFOREMARK='mark_name'[AFTER datetime]]]

包括三个附加的选项：STOPAT，STOPATMARK 和 STOPBEFOREMARK。STOPAT
选项允许恢复数据库到精确的时刻状态，这个状态是在错误发生以前某一时间指定的特定点。
STOPAMARK 和 STOPBEFOREMARK 子句指定恢复到一个标记处。

例如：对数据库【stock_info】的事务日志进行恢复。

在查询编辑器中输入代码：

use STOCK_INFO

RESTORE LOG FROM 股民资料 LOG1 WITH RECOVERY，

STOPAT=' APR 18,2016 12：00 AM '

注意：

WITH RECOVERY 是最后一个恢复的收尾，之前每个都用 WITH NORECOVERY。
如果只有一个完整备份进行恢复，那就用 WITH RECOVERY；如果有一个完整备份，还有
一个差异备份进行恢复，那差异备份恢复就用 WITH RECOVERY。

3.恢复系统数据库

对 master 数据库,通常进行完整数据库备份。恢复 master 数据库主要有两种途径:如果 master 数据库已经严重损坏,但 SQL Server 可以启动,则使用 master 数据库当前备份来恢复备份;如果 master 数据库已经严重损坏,SQL Server 不能启动,或者 master 数据库当前备份也不能使用,则必须执行"重建 master 库工具"来重建 master 数据库,然后使用备份进行恢复。

使用"重建 master 库工具"重建 master 的步骤如下:

(1)关闭 SQL Server 服务器,在 CMD 中运行系统安装目录下的 bin 子目录下的 rebuilem.exe 文件,这是一个命令行程序,运行后可以重新创建系统数据库。

(2)系统数据库重新建立后,启动 SQL Server。

(3)SQL Server 启动后系统数据库是空的,可从备份数据库中恢复。一般先恢复 master,再恢复 msdb,最后恢复 model。

任务 11.3   创建数据库的维护计划

需求分析

利用数据库的维护计划向导可以方便地设置数据库的核心维护任务,以便定期执行这些任务。小王的岗位是数据库管理员(DBA),主要工作是管理公司的数据库,主管让他创建维护计划,在每周星期日的 0:00:00 执行完整、差异、事务日志备份,并从 2016 年 6 月 16 日开始使用计划。

实现过程

(1)创建数据库维护计划。启动 SQL Server 的 SSMS,在控制台根目录中依次展开【Microsoft SQL Server】→【SQL Server 组】→【所使用的服务器】→【管理】→【维护计划】,如图 11-16 所示。

(2)启动 SQL Server 的 SSMS,在控制台根目录中依次展开【Microsoft SQL Server】→【SQL Server 组】→【所使用的服务器】→单击鼠标右键启动【SQL Server 代理】。启动后如图 11-17 所示。

(3)在【维护计划】上单击鼠标右键,选择维护计划向导,出现【维护计划向导】窗口,如图 11-18 所示。

(4)将名称文本框中的名称修改为 MaintenancePlan1,如图 11-19 所示。

(5)单击"更改"按钮,在每周星期日的 0:00:00 执行,从 2016/6/16 开始使用计划,如图 11-20 所示。

(6)点击"确定"按钮,如图 11-21 所示。

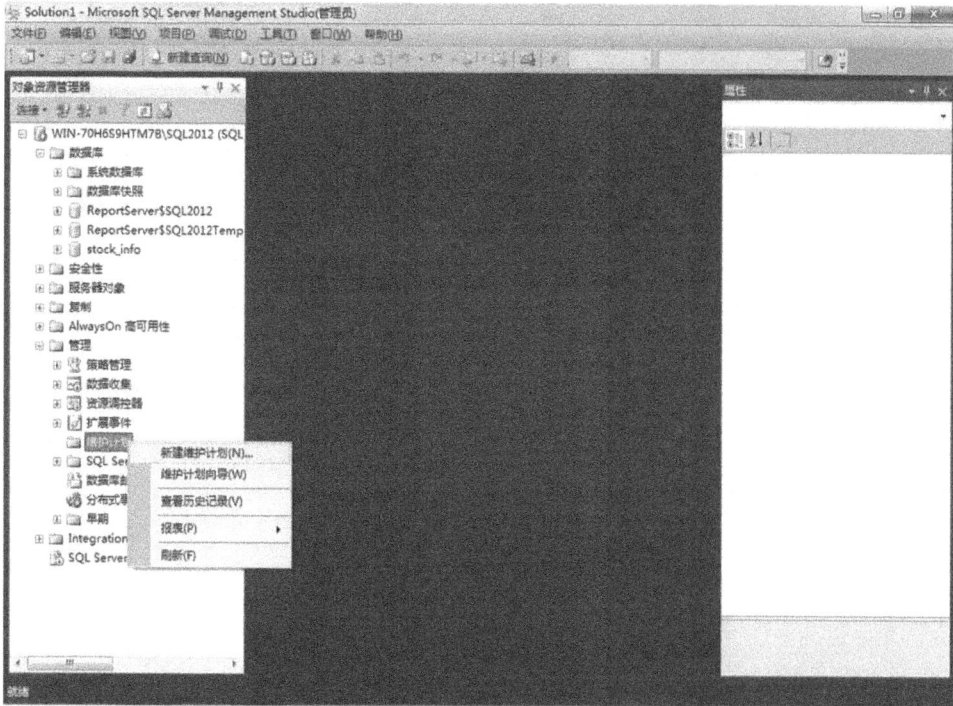

图 11-16　新建维护计划

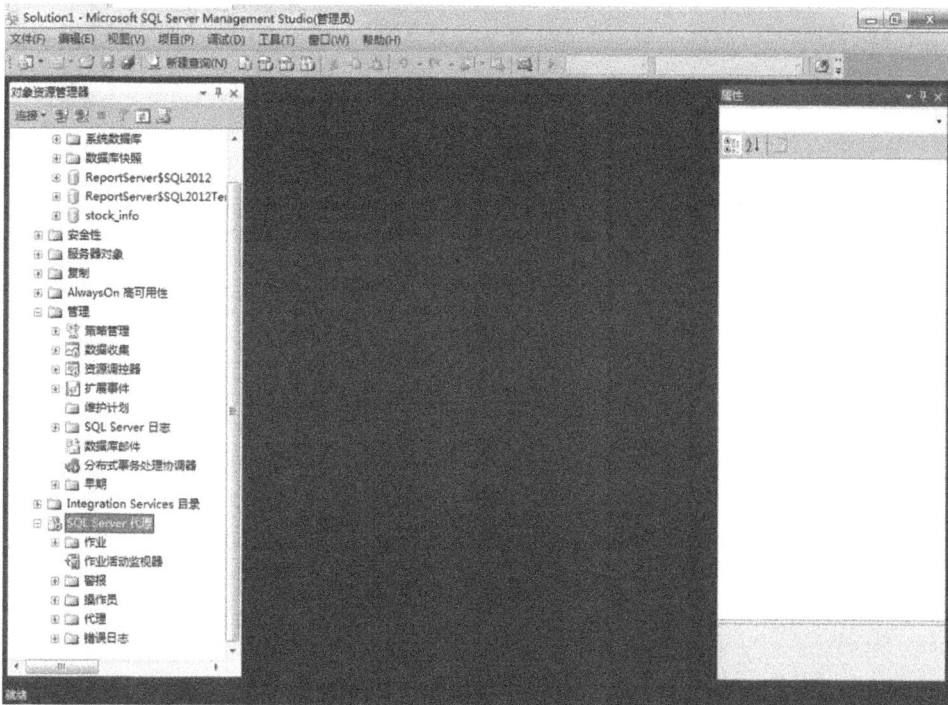

图 11-17　启动 SQL Server 代理

图 11-18　【维护计划向导】窗口

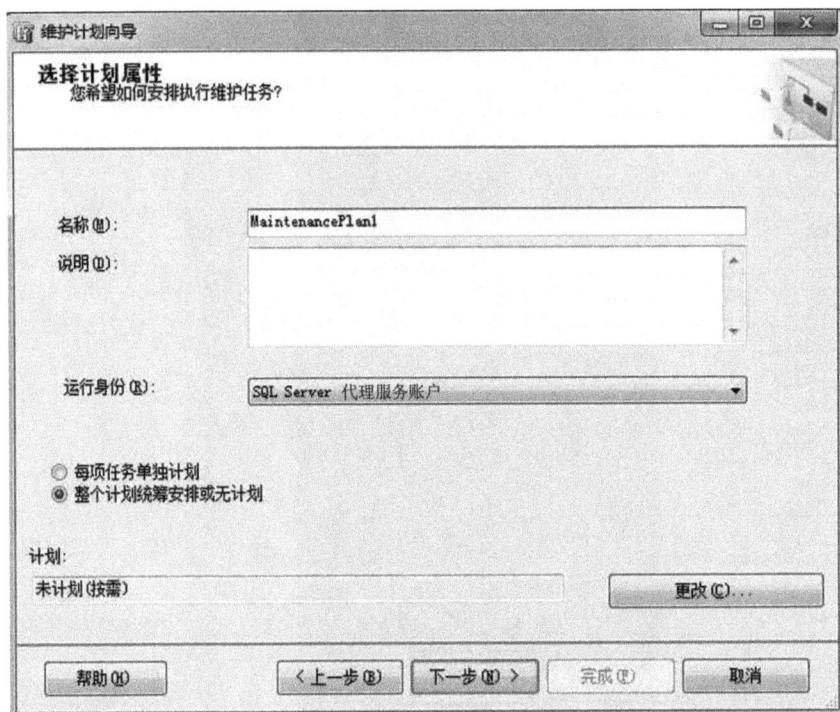

图 11-19　修改名称

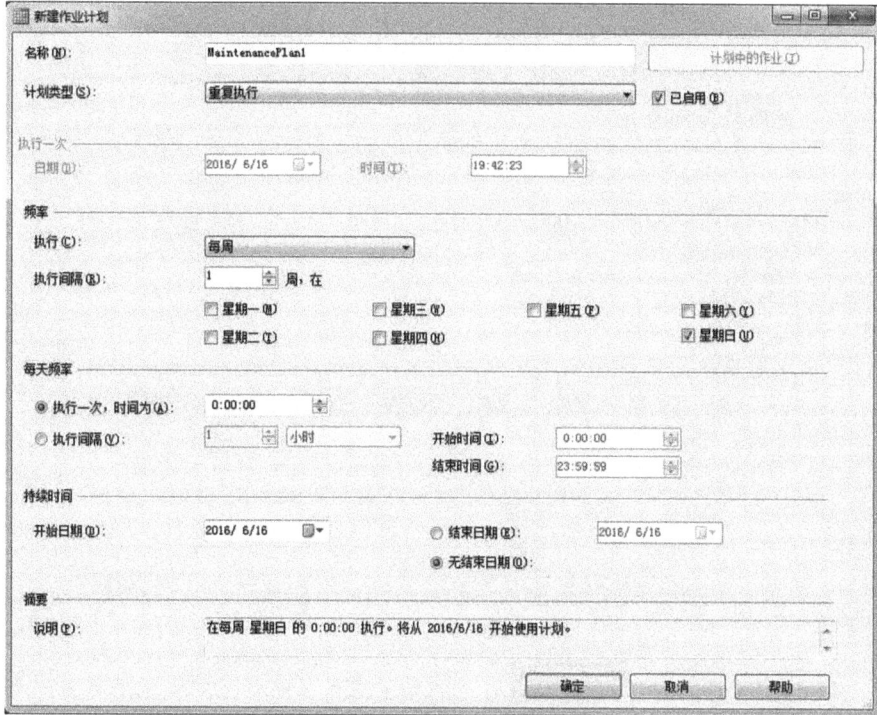

图 11-20 指定数据库维护计划

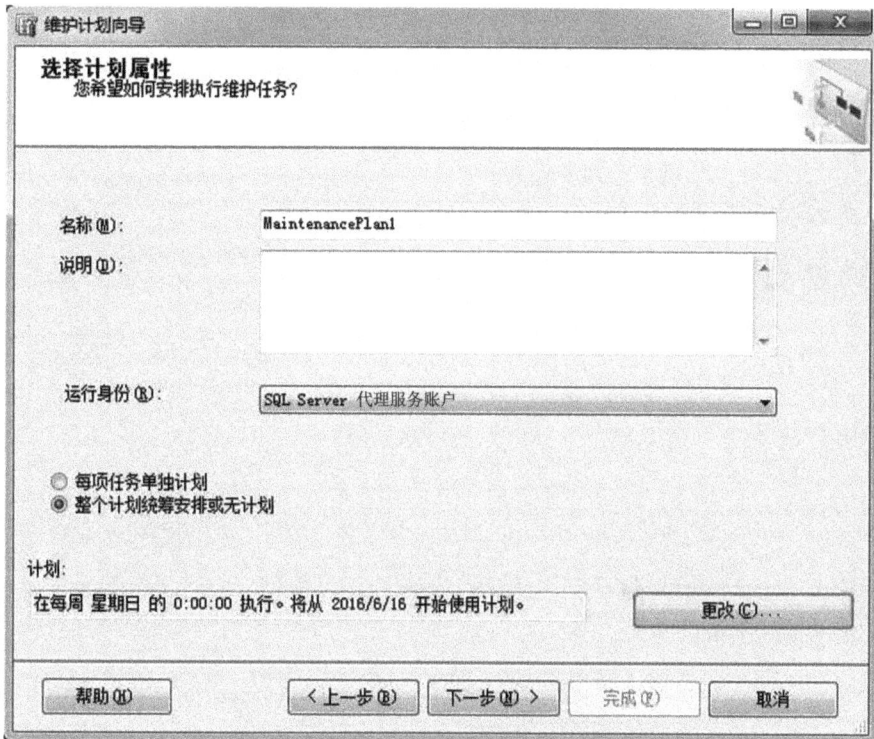

图 11-21 完成数据库维护计划的指定

(7)选择完整、差异、事务日志备份,如图 11-22 所示。

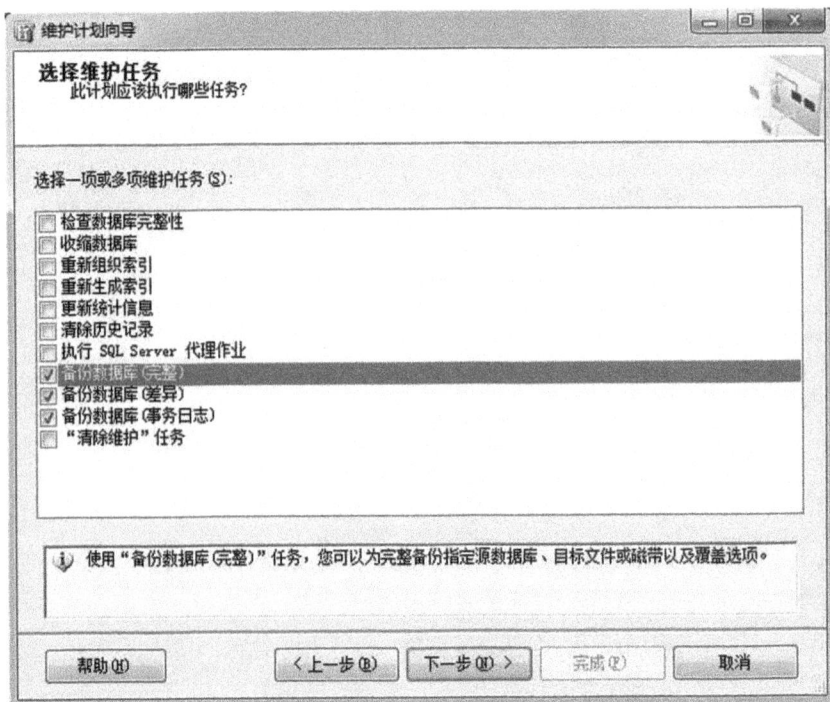

图 11-22　选择维护任务

(8)点击"下一步"按钮,如图 11-23 所示。

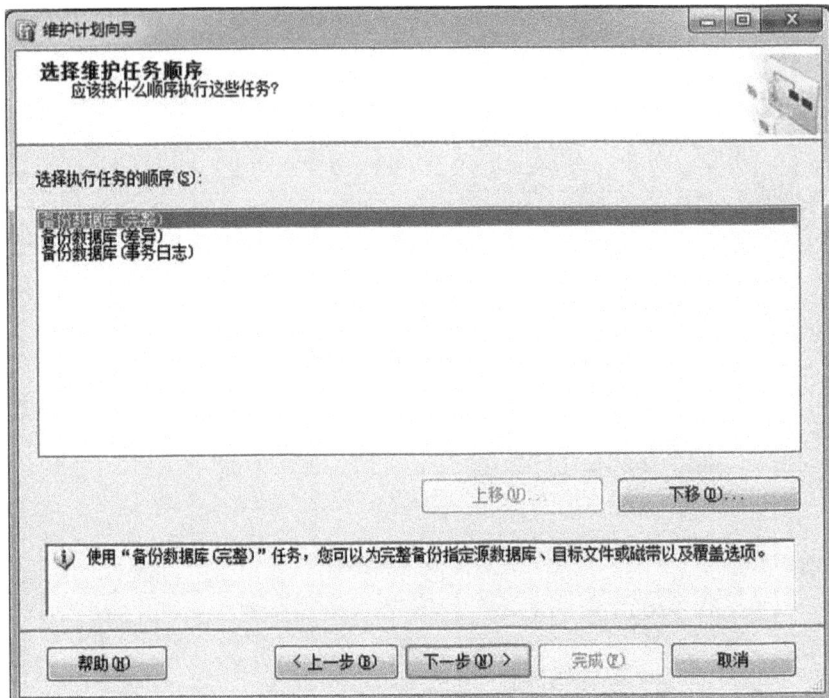

图 11-23　完成维护任务的选择

（9）选择指定数据库，如图 11-24 所示。

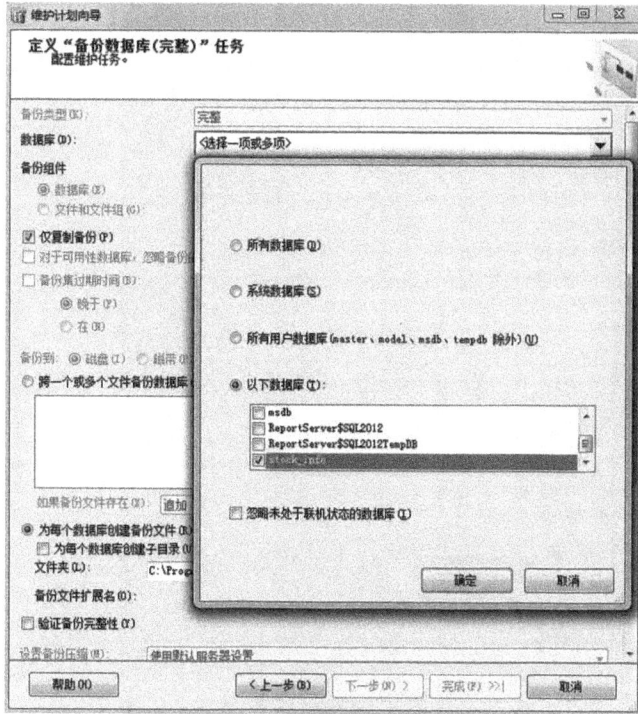

图 11-24　选择指定数据库

（10）定义"备份数据库（完整）"任务，选择备份路径，如图 11-25 所示。

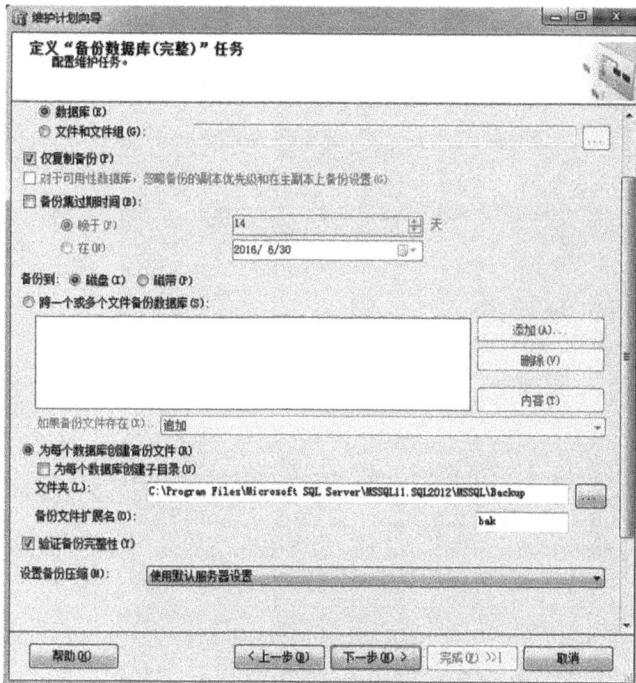

图 11-25　定义"备份数据库（完整）"任务

(11)定义"备份数据库(差异)"任务,如图 11-26 所示。

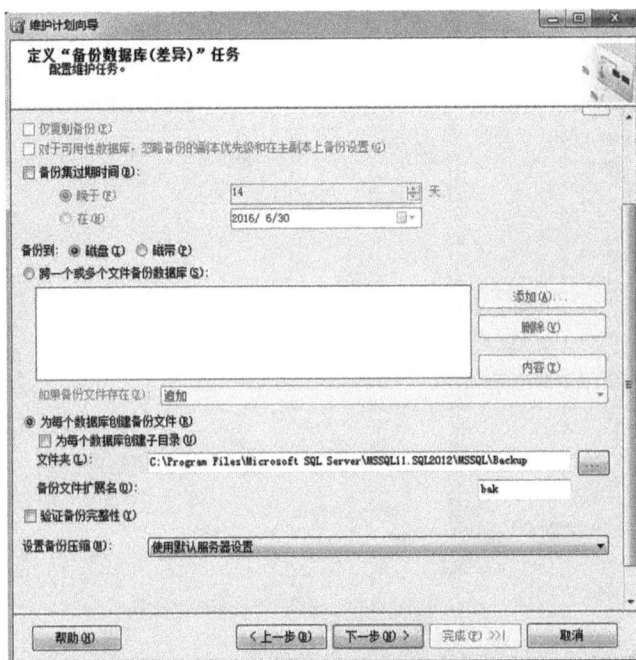

图 11-26　定义"备份数据库(差异)"任务

(12)定义"备份数据库(事务日志)"任务,如图 11-27 所示。

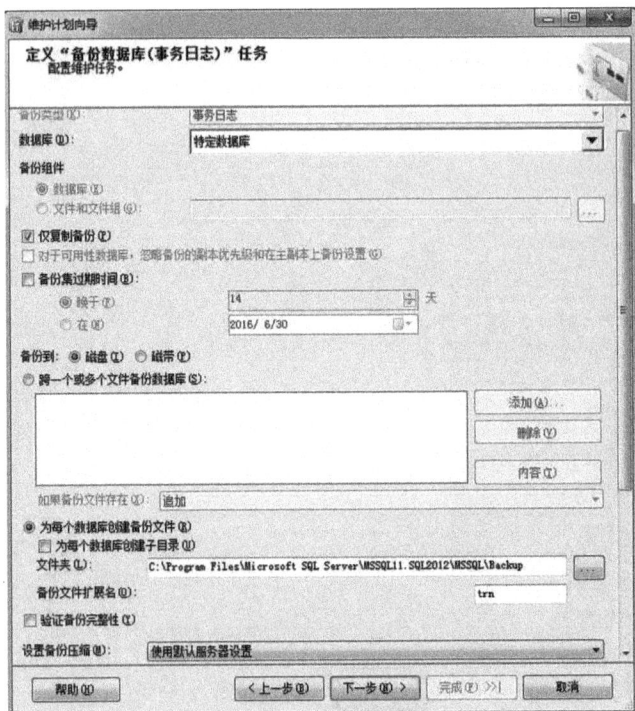

图 11-27　定义"备份数据库(事务日志)"任务

(13)将报告写入文本文件,如图 11-28 所示。

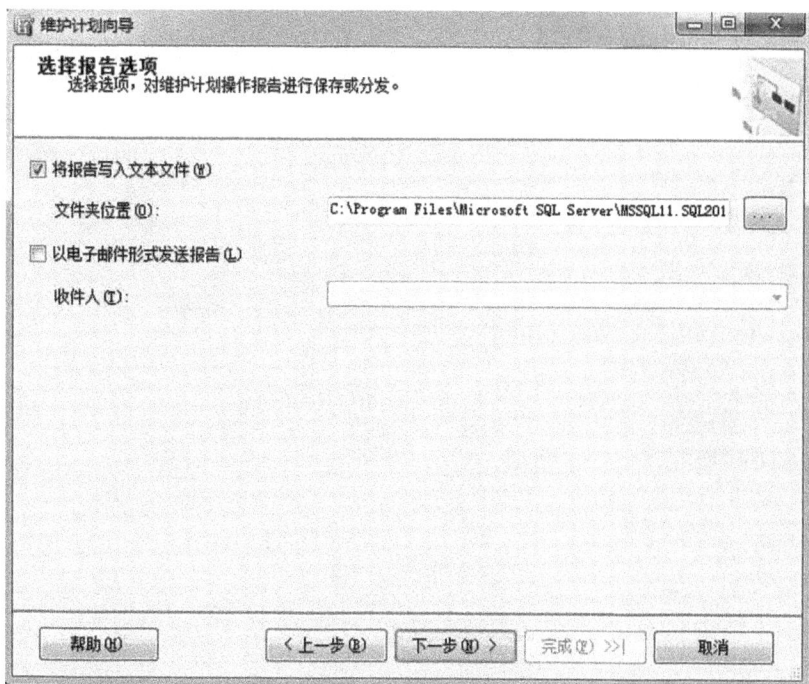

图 11-28　将报告写入文本文件

(14)点击"下一步"按钮,如图 11-29 所示。

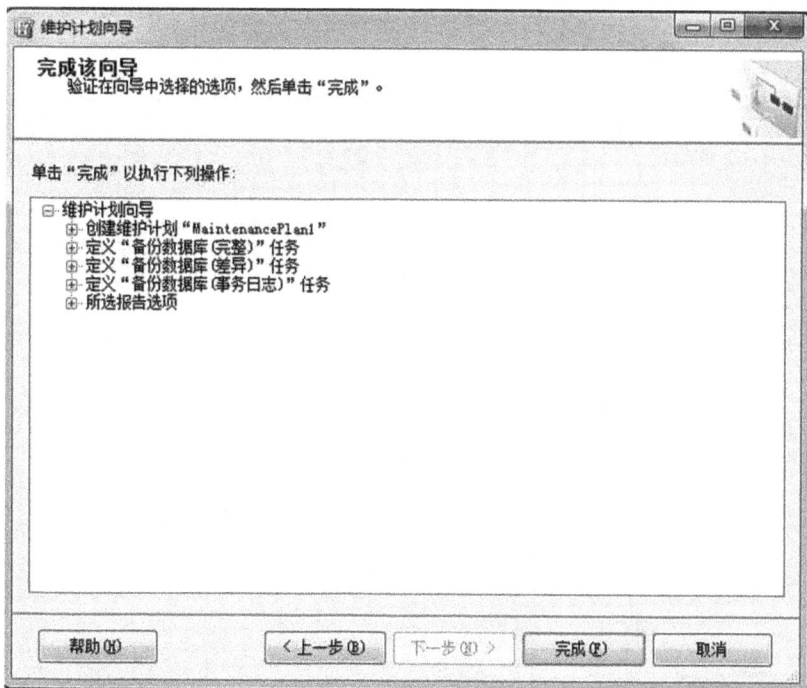

图 11-29　完成向导

（15）执行维护计划，如图 11-30 所示。

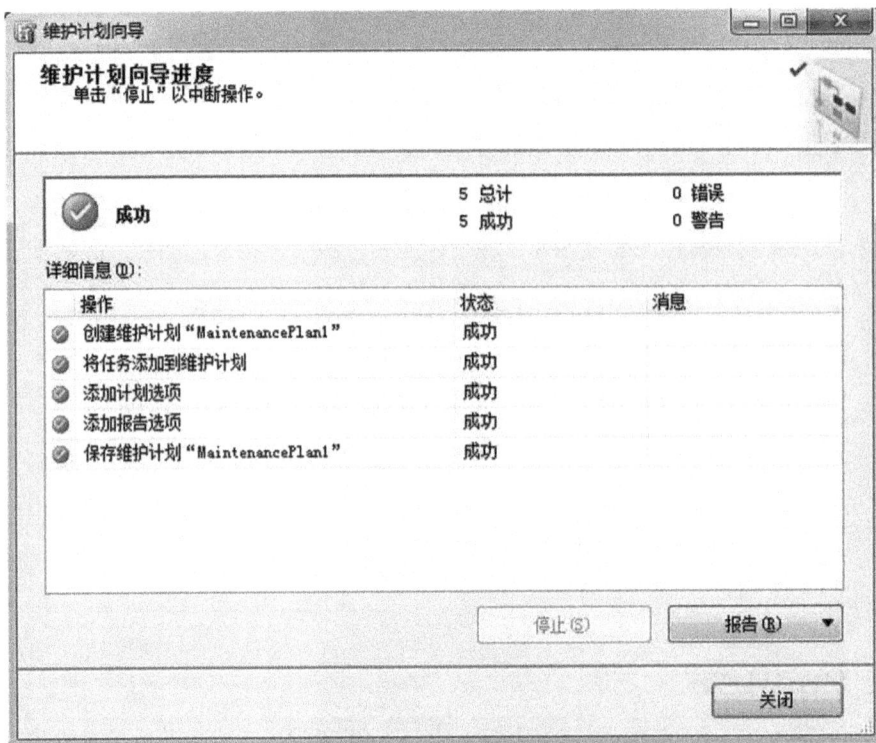

图 11-30　执行维护计划

（16）选择【SQL Server 代理】→【作业】，可以看到刚创建的维护计划，点击各维护计划后可以看到刚刚计划的所有内容，也可以进行修改，如图 11-31 所示。

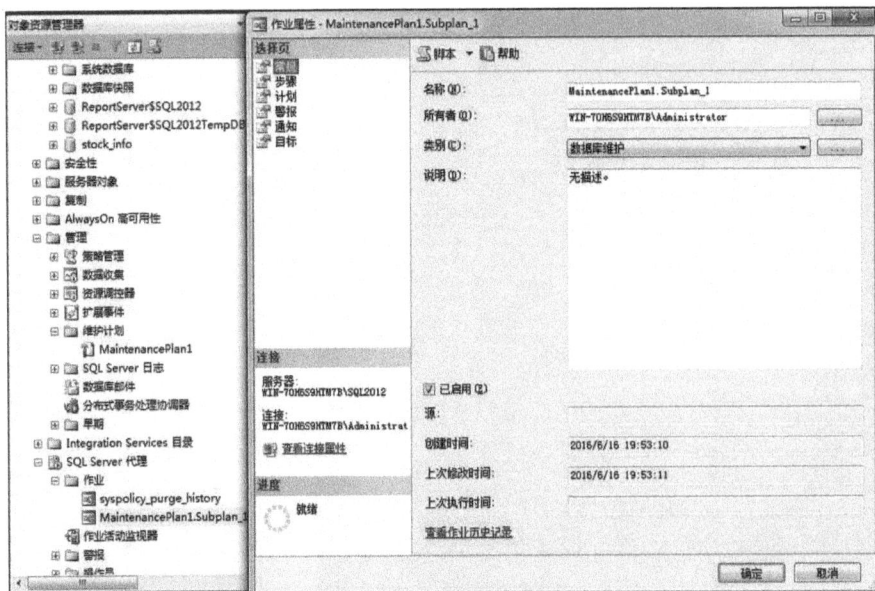

图 11-31　查看维护计划

任务 11.4　数据库的跟踪

利用数据库的跟踪可以方便地知道数据库用户的操作和数据库硬件的情况，以便于数据库维护。小王的岗位是数据库管理员（DBA），主要工作是管理公司的数据库，主管让他创建数据库的跟踪。

实现过程

（1）找到 SQL Server Profiler 并登录。单击【开始】→【程序】→【Microsoft SQL Server 2012】→【性能工具】→【SQL Server Profiler】，如图 11-32 所示。或者登录 SSMS 后在如图 11-33 所示的位置找到 SQL Server Profiler 并登录。

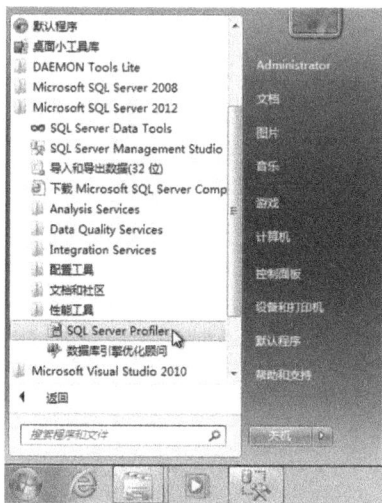

图 11-32　找到 SQL Server Profiler 并登录（一）

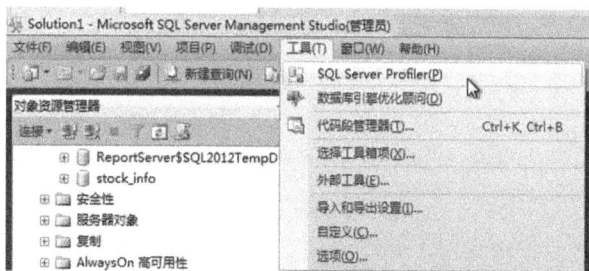

图 11-33　找到 SQL Server Profiler 并登录（二）

（2）进入如图 11-34 所示的界面。

（3）输入相关信息，单击"连接"进入【跟踪属性】窗口，如图 11-35 所示。

（4）关键点在"事件选择"部分，如图 11-36 所示。

（5）注意"列筛选器"的使用。

可以对统计的字段进行筛选，单击任意一个列标题可以查看列的说明，如图 11-37 所示。

图 11-34　登录界面

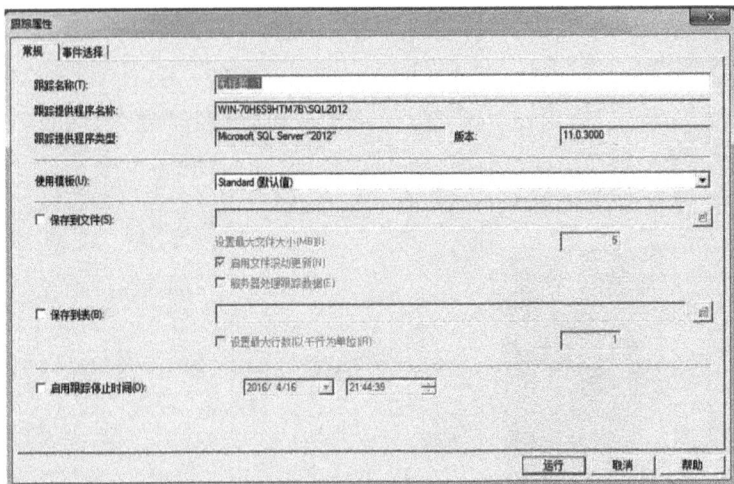

图 11-35　【跟踪属性】窗口

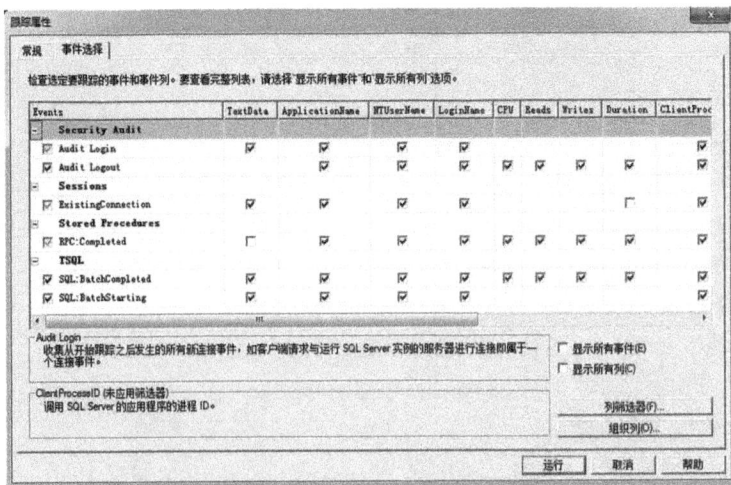

图 11-36　"事件选择"部分

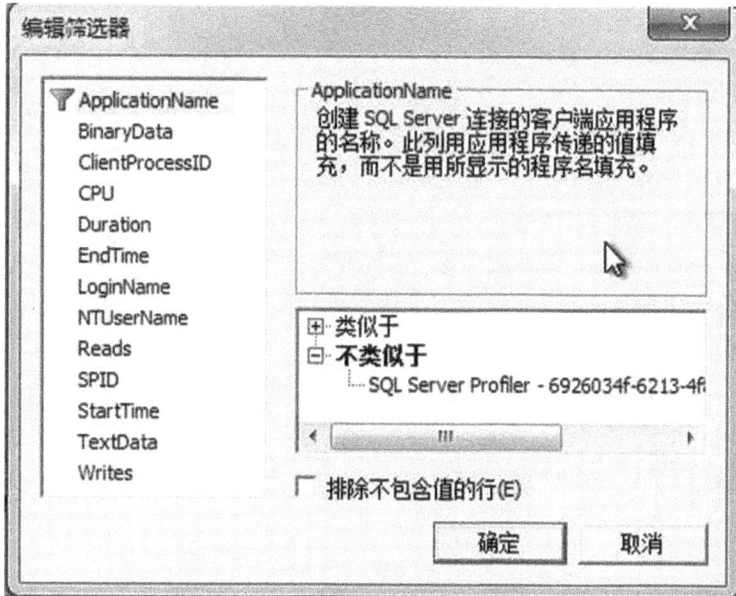

图 11-37　编辑筛选器

(6)需要过滤具体的列名值,则选择对应的列,在右边竖形框录入具体的值,并选择排除不包含值的行。

各个选项的具体含义如下。

① TextData:依赖于跟踪中捕获的事件类的文本值。

② ApplicationName:创建 SQL Server 连接的客户端应用程序的名称。此列由该应用程序传递的值填充,而不由所显示的程序名填充。

③ NTUserName:Windows 用户名。

④ LoginName:用户的登录名(SQL Server 安全登录或 Windows 登录凭据,格式为"域\用户名")。

⑤ CPU:事件使用的 CPU 时间(单位为毫秒)。

⑥ Reads:由服务器代表事件读取逻辑磁盘的次数。

⑦ Writes:由服务器代表事件写入物理磁盘的次数。

⑧ Duration:事件占用的时间。

尽管服务器以微秒计算持续时间,SQL Server Profiler 却能够以毫秒为单位显示该值,具体情况取决于【工具】→【选项】对话框中的设置。

⑨ ClientProcessID:调用 SQL Server 的应用程序的进程 ID。

⑩ SPID:SQL Server 为客户端的相关进程分配的服务器进程 ID。

⑪ StartTime:事件(如果可用)的启动时间。

⑫ EndTime:事件结束的时间。对指示事件开始的事件类(如 SQL:BatchStarting 或 SP:Starting)将不填充此列。

⑬ BinaryData:依赖于跟踪中捕获的事件类的二进制值。

(7)单击"运行"按钮即可实现对数据库的跟踪。

实训任务

(1)对数据库【STOCK_INFO】进行完整备份,然后删除一条数据记录,发现此删除属于无操作,决定对数据库进行恢复,恢复后验证误删的记录被"召回"。用图文记录整个过程。

(2)对数据库【STOCK_INFO】进行完整备份,然后增加一条记录,再做差异备份,然后增加两条记录,做事务日志备份,接着删除数据库,开始执行完整备份的恢复,执行差异备份的恢复,再执行事务日志备份的恢复,看备份恢复的效果。

(3)创建维护计划,在每周星期一的21:00:00执行完整数据库备份,维护开始时间为当前日期。修改维护计划的执行间隔为10分钟,等待维护计划的执行,说明维护计划的有效性。

(4)针对数据库【STOCK_INFO】创建跟踪,并将跟踪内容写入文件,从跟踪中发现对数据库的操作。用截屏图展现相关过程,并标注一定的文字说明。

拓展任务

建立数据库备份设备,将两个不同的数据库备份进去,看看是否可行?

项目小结

本项目介绍了数据库的几种备份方式和数据库的恢复,这是数据库管理员最基础也是最重要的工作。同时介绍了几种备份方式的差异和备份策略,数据库维护计划的创建和验证,以及对数据库系统运行时的跟踪。

课外练习

(1)本书创建的备份设备保存在哪里?

(2)在简单恢复模式下,可以做日志备份吗? 为什么?

(3)完整数据库备份、差异数据库备份和事务日志备份在恢复时,哪个用 WITH RECOVERY?

(4)完整数据库备份、差异数据库备份和事务日志备份一般是如何结合在一起使用的?

(5)创建数据库维护计划的好处是什么?

项目 12
小智慧证券交易信息系统的设计

一个信息系统,一定要有一个数据库为它存储信息。数据库的设计和管理过程,可以反映数据库的能力。为此,本项目设立的学习目标和对应任务如下。

◈ 知识目标

❑ 了解信息系统设计的一般流程;

❑ 掌握 E-R 图的设计原理;

❑ 掌握用户需求的调研和表达;

❑ 掌握一对多和多对多的关系;

❑ 了解第一范式、第二范式和第三范式。

◈ 技能目标

❀ 学会根据用户需求画 E-R 图;

❀ 学会根据 E-R 图设计表;

❀ 学会在项目中使用合适的约束;

❀ 学会用合适的数据验证系统的功能。

◈ 任务列表

任务 12.1 信息系统的需求分析

需求分析

数据库管理员小王要配合信息系统开发项目组一起对项目需求进行调研和分析。

实现过程

小智慧股票系统需求：

1. 管理员需求

(1) 为股民开户；

(2) 查询所有股民的各项信息；

(3) 为股民存款、取款；

(4) 为股民销户；

(5) 查询某股民的总资产；

…………

2. 股民需求

(1) 查询自己的信息；

(2) 查询自己的存取款信息；

(3) 查询自己的资金余额；

(4) 设置自己的密码；

(5) 查询自己的所有股票；

(6) 查询自己的某一编号的股票；

(7) 查询自己的总资产；

(8) 查询自己的可用资金；

(9) 查询自己的所有股票成交清单；

(10) 查询自己的某一编号的股票在某一阶段的成交清单；

…………

注意：

从成交清单、显示界面等需求中可以发现数据的最后呈现要求，以此为依据，可以倒推产生数据加工逻辑和原始数据的需求。

知识储备

信息系统的需求分析中，业务流程分析和数据需求分析是极其重要的。

数据分析应该从最后需要什么信息向前倒推，若最后不需要统计股民的高矮胖瘦，那就不必输入身高和体重。

任务 12.2　信息系统的项目设计

需求分析

针对小智慧证券交易信息系统的需求，从以操作者为中心的功能群，转向以数据为中心的增、删、改、查功能模块群，画出功能树，分块进行功能设计。

小王作为数据库管理员，要配合软件系统工程师整理数据需求，明确功能模块对数据的操作，为以后设计数据表、视图、存储过程、触发器以及设置用户权限等做好准备。

实现过程

1. 从业务流程分析数据处理逻辑和原始数据项

管理员需求：

(1) 为股民开户(需要提供姓名、身份证号、初始密码为"111111"、股东账号，资金账号自动编号，资金余额为零、冻结资金为零，写入开户时间)(建表设置默认值)；

(2) 查询所有股民的各项信息；

(3) 为股民存款(存取款表，自动增加资金余额)、取款(金额不得高于资金余额，自动减少资金余额)；

(4) 为股民销户(股民状态改为销户，资金余额不为零不得销户)；

(5) 汇总当日全部存款金额(可与实际收款核对)(汇总查询)；

(6) 汇总当日全部取款金额(可与实际取款核对)(汇总查询)。

股民需求：

(1)查询自己的开户信息、资金余额(查询功能、带资金账号参数的存储过程)；

(2)查询自己的所有存取款信息(查询功能、带资金账号参数的存储过程)；

(3)查询自己一段时间内的存取款信息(查询功能、where between and、带资金账号参数的存储过程)；

(4)查询自己的当日可用资金(查询功能、买股时通过资金余额和冻结资金产生计算列)；

(5)设置自己的密码(密码可能要加密)。

2.建立系统

根据数据分析，可以建立三大子系统。

(1)股民子系统：包含股民信息、资金存取信息等。

(2)股票子系统：包含股票信息(基本信息、股票行情等)。

(3)交易子系统：包含买卖委托、清算等。

3.划分功能模块

针对每一个子系统，划分功能模块，如图 12-1 所示。

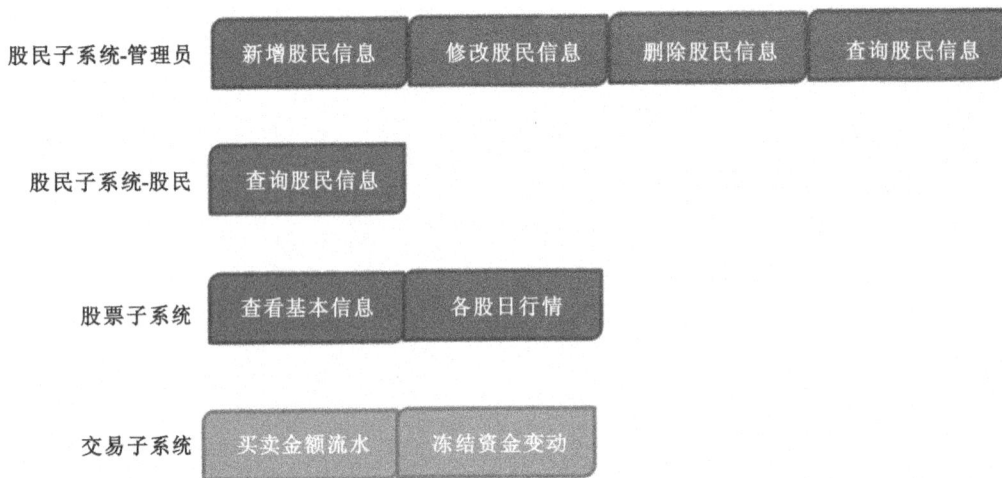

图 12-1　子系统功能模块图

知识储备

一般的数据表都有增、删、改、查四个方面的功能模块，针对某些信息，有查询项目必定有添加项目，有添加项目就应该也有修改项目，但是信息系统一般很少用删除项目，如果有也必须是非常谨慎的、有条件的，一般使用类似"注销"代替删除(实际是状态属性做了修改，而不是真的删除)。

任务 12.3 信息系统的数据库设计

需求分析

小王作为数据库管理员,要根据小智慧证券交易信息系统的功能树,找出各子系统对应的数据表,设计各表的字段,满足功能模块操作的需要。

根据分析,先做股民子系统相关的数据库对象设计。

实现过程

1.画 E-R 图

通过分析,画出简易 E-R 图(其中省略了许多属性),如图 12-2 所示,得到需要建表的信息。

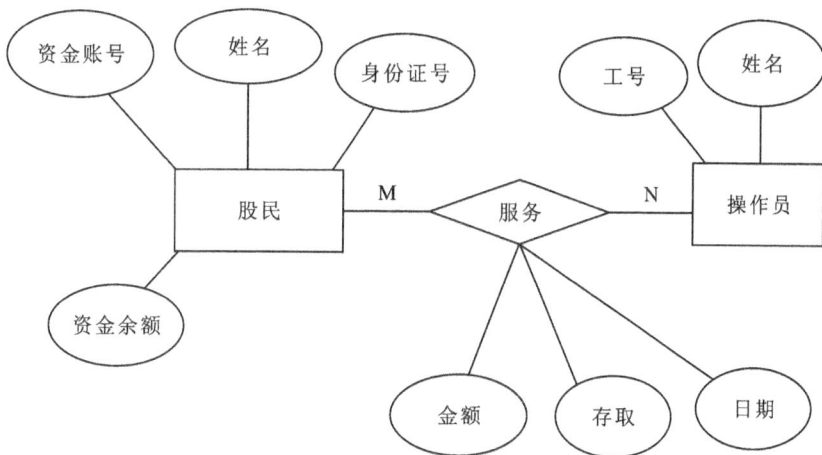

图 12-2　E-R 图

股民信息表、操作员表来自基本实体,而存取款信息表来自 E-R 图中的关系——服务,这是多对多的关系,需要产生第三张表。

2.设计各表的结构

(1)股民信息表(姓名、身份证号、密码、股东账号、资金账号、资金余额、冻结资金、开户时间、地址、联系电话、邮箱、状态)。

(2)存取款信息表(序号、资金账号、存取前余额、存取时间、存取标志、存取金额、存取后余额、操作员)。

(3)其他表的初步设计。

① 持股信息(序号、股东账号、股票编号、股票数量、可卖股数)。

② 股票行情(股票编号、昨收盘价、今开盘价、成交价格、成交数量、买入价、卖出价、最高价、最低价)。

③ 委托信息[委托编号、股东账号、委托时间、委托股数、委托价格、成交股数、成交金额、成交状态(未成交、成交、部分成交)]。

④ 成交信息(序号、委托编号、成交时间、成交股数、成交价格)。

⑤ 股票历史行情(日期、股票编号、昨收盘价、今开盘价、成交价格、成交数量、买入价、卖出价、最高价、最低价)。

⑥ 股票信息(股票名称、股票编号、总股数、行业、上市日期)。

3. 添加字段的约束

(1)股民信息表相关约束。

① 姓名:不能为空;

② 资金账号:自动编号、主键;

③ 身份证号:唯一;

④ 资金余额:默认值为 0,不能为负;

⑤ 冻结资金:默认值为 0;

⑥ 邮箱:可以为空;

⑦ 状态:正常(或暂停、销户)。

(2)资金存取表相关约束。

① 序号:自动编号、主键;

② 资金账号:股民信息表的外键;

③ 存取前余额:来自股民信息表的资金余额;

④ 存取时间:服务器时间;

⑤ 存取标志:存(或取);

⑥ 存取金额:发生额(存为正,取为负);

⑦ 存取后余额:存取前余额＋存取金额;

⑧ 操作员:该笔业务的操作员。

4. 估计各数据表占用的空间,建立数据库

估计数据库文件的初始大小和增长率等,设计建数据库的参数。

CREATE DATABASE XZH_STOCK_INFO_NEW

ON PRIMARY

(NAME＝N' ADOyanshi ',FILENAME＝N ' D:\ADOyanshi. mdf ',SIZE＝51200KB,MAXSIZE＝UNLIMITED,FILEGROWTH＝10240KB)

LOG ON

(NAME＝N ' ADOyanshi_log ',FILENAME＝N ' D:\ADOyanshi_log. ldf ',SIZE＝34560KB,MAXSIZE＝2048GB,FILEGROWTH＝10％)

GO

5.写出建表程序代码

(1)建立用户表：

```
Use XZH_STOCK_INFO_NEW
CREATE TABLE[dbo].[用户表](
    [编号]          [int]IDENTITY(1,1) NOT NULL,
    [用户名]        [varchar](50) NOT NULL,
    [密码]          [varchar](50) NOT NULL,
    [用户属性]      [varchar](20) NOT NULL
PRIMARY KEY CLUSTERED
(
    [编号]ASC
) WITH (PAD_INDEX = OFF, STATISTICS_NORECOMPUTE = OFF, IGNORE_
DUP_KEY = OFF, ALLOW_ROW_LOCKS = ON, ALLOW_PAGE_LOCKS = ON) ON
[PRIMARY]
    )ON[PRIMARY]
GO
SET ANSI_PADDING OFF
GO
```

(2)建立股民信息表：

```
CREATE TABLE[dbo].[股民信息表](
    [编号][int]IDENTITY(1,1) NOT NULL,
    [姓名][varchar](50) NOT NULL,
    [性别][char](2) NOT NULL
)ON[PRIMARY]TEXTIMAGE_ON[PRIMARY]
ALTER TABLE[dbo].[股民信息表]ADD[身份证号][char](18) NOT NULL
ALTER TABLE[dbo].[股民信息表]ADD[股东账号][char](10) NOT NULL
ALTER TABLE[dbo].[股民信息表]ADD[资金账号][char](8) NOT NULL
ALTER TABLE[dbo].[股民信息表]ADD[电话][varchar](50) NULL
ALTER TABLE[dbo].[股民信息表]ADD[地址][varchar](50) NULL
ALTER TABLE[dbo].[股民信息表]ADD[照片][image] NULL
ALTER TABLE[dbo].[股民信息表]ADD[邮箱][varchar](50) NULL
ALTER TABLE[dbo].[股民信息表]ADD[开户时间][date] NOT NULL
ALTER TABLE[dbo].[股民信息表]ADD[资金余额][numeric](19,2) NOT NULL
ALTER TABLE[dbo].[股民信息表]ADD[冻结资金][numeric](19,2) NOT NULL

/ * * * * * * Object：Index[PK_股民信息表]Script Date：06/12/2016 11:07:50 * *
* * * */
    CREATE TABLE[dbo].[股民信息表] ADD CONSTRAINT[PK_股民信息表]
PRIMARY KEY CLUSTERED
```

（

　　［姓名］ASC,［身份证号］ASC

）WITH（PAD_INDEX = OFF,STATISTICS_NORECOMPUTE = OFF,IGNORE_DUP_KEY = OFF,ALLOW_ROW_LOCKS = ON,ALLOW_PAGE_LOCKS = ON）ON［PRIMARY］

　　SET ANSI_PADDING OFF

　　GO

　　ALTER TABLE［dbo］.［股民信息表］ADD DEFAULT

（right（（100000000）+CONVERT（［bigint］,abs（checksum（newid（）））,0）,（10）））FOR［股东账号］

　　GO

　　ALTER TABLE［dbo］.［股民信息表］ADD DEFAULT

（right（（100000000）+CONVERT（［bigint］,abs（checksum（newid（）））,0）,（8）））FOR［资金账号］

　　GO

　　ALTER TABLE［dbo］.［股民信息表］ADD DEFAULT（getdate（））FOR［开户时间］

　　GO

　　ALTER TABLE［dbo］.［股民信息表］ADD DEFAULT（（0））FOR［资金余额］

　　GO

　　ALTER TABLE［dbo］.［股民信息表］ADD DEFAULT（（0））FOR［冻结资金］

　　GO

（3）建立存取款信息表：

CREATE TABLE［dbo］.［存取款信息表］(

　　［编号］［int］IDENTITY（1,1） NOT NULL,

　　［资金账号］［char］（8） NOT NULL,

　　［存取前余额］［numeric］（19,2） NULL,

　　［存取时间］［datetime］ NOT NULL,

　　［存取标志］［char］（4） NOT NULL,

　　［存取金额］［numeric］（19,2） NULL,

　　［存取后余额］［numeric］（19,2） NULL,

CONSTRAINT［PK_存取款信息表］PRIMARY KEY CLUSTERED

（

　　［编号］DESC,

　　［资金账号］ASC

）WITH（PAD_INDEX = OFF,STATISTICS_NORECOMPUTE = OFF,IGNORE_DUP_KEY=OFF,ALLOW_ROW_LOCKS=ON,ALLOW_PAGE_LOCKS=ON）ON［PRIMARY］

）ON［PRIMARY］

　　SET ANSI_PADDING OFF

　　GO

（4）建立证券日行情表：

```
CREATE TABLE[dbo].[证券日行情表](
    [交易日期][char](8)NOT NULL,
    [证券代码][varchar](6)NOT NULL,
    [证券简称][varchar](20)NOT NULL,
    [收盘价][numeric](19,2)NULL,
CONSTRAINT[PK_证券日行情表]PRIMARY KEY CLUSTERED
(
    [交易日期]DESC,
    [证券代码]ASC
) WITH (PAD_INDEX = OFF, STATISTICS_NORECOMPUTE = OFF, IGNORE_
DUP_KEY = OFF, ALLOW_ROW_LOCKS = ON, ALLOW_PAGE_LOCKS = ON) ON
[PRIMARY]
)ON[PRIMARY]
GO
SET ANSI_PADDING OFF
GO
```

6. 建立视图

（略）

7. 建立存储过程

（略）

8. 建立触发器

（1）在股民信息表下建立触发器。

作用：管理员新建股民信息时自动建立股东登入账号，默认密码888888。

```
CREATE trigger[dbo].[股民信息表_insert]
on[dbo].[股民信息表]——将要进行更改的表名
for insert——给表插入一条数据时触发
as
declare @姓名 varchar(50)——定义一个变量
select @姓名＝姓名 from inserted;
begin
    insert into 用户表(用户名,密码,用户属性)values(@姓名,'888888','用户')
end
```

（2）在存取款信息表下建立触发器。

```
create trigger[dbo].[存款余额_update]
on[dbo].[存取款信息表]
for insert
as
```

```
begin
declare @BH INT,
    @ZJZH VARCHAR(20),
    @CQQYE MONEY,
    @CQSJ DATETIME,
    --@CQBZ CHAR(2),
    @CQJE MONEY,
    @CQHYE MONEY,
    @RT INT
SELECT @BH=编号,@ZJZH=资金账号,@CQQYE=存取前余额,@CQSJ=存取时
间,@CQJE=存取金额,@CQHYE=存取后余额 from inserted;
select 1 from 存取款信息表 s where s.资金账号=@ZJZH;
SET @RT=@@ROWCOUNT;
IF @RT=1——第一条记录
BEGIN
    UPDATE 存取款信息表
    SET 存取前余额=0,
    存取后余额=0+@CQJE
    WHERE 编号=@BH;
END;
ELSE IF @RT>1——除新增记录外仍有一条以上的记录
BEGIN
DECLARE @CQHYE_OLD MONEY
SELECT @CQHYE_OLD=存取后余额 FROM 存取款信息表
WHERE S.资金账号=@ZJZH and S.编号<>@BH ORDER BY S.编号 desc;
UPDATE 存取款信息表
SET 存取前余额=@CQHYE_OLD,
存取后余额=@CQHYE_OLD+@CQJE
WHERE 编号=@BH;
END;
end;
GO
```

(3)为存取款信息表建立触发器。

```
CREATE trigger[dbo].[存取款信息表_update]
on[dbo].[存取款信息表]
for insert
as
declare    @资金账号 char(8),
           @存取金额 numeric(19,2),
```

```
                         @资金余额 numeric(19,2)
select    @资金账号＝资金账号 from inserted;
select    @资金余额＝sum(存取金额)from 存取款信息表 where 资金账号＝@资金账号
begin
update 股民信息表 set 资金余额＝@资金余额 where 资金账号＝@资金账号
end
GO
```

9. SQL 数据库账号的建立

使用管理员账户登入 SQL Server,依次点开左侧目录树:【服务器】→【安全性】→【登入名】,在登入名处单击鼠标右键(新建登入名)。

SQL 语句建立账号:

```
sp_addlogin @loginame＝'账号名称',
@passwd＝'密码',
@defdb＝'数据库',
@deflanguage＝'语言',/ * 可以输入 N ' Simplified Chinese ' * /
@sid＝NULL,
@encryptopt＝NULL
GO
```

假设对小智慧数据库建立了账号"xiaowang",密码为"888888",这个账号的作用是增加用户,删除用户,修改用户信息,连接查询数据(增、删、改、查)。对数据库账号权限的设置步骤如下:

```
/ * 建立账号 * /
sp_addlogin @loginame＝' xiaowang ',
@passwd＝' 888888 ',
@defdb＝' XZH_STOCK_INFO ',
@deflanguage＝N ' Simplified Chinese ',
@sid＝NULL,
@encryptopt＝NULL
GO
/ * 为数据添加用户 * /
exec sp_adduser ' xiaowang '
/ * 逐个表授权 * /
GRANT SELECT,INSERT,UPDATE,DELETE
ON 数据表名称
TO xiaowang
/ * 授予权限 * /
exec sp_addrolemember ' db_owner ',' xiaowang '
```

知识储备

1. 关系数据库设计

(1)为 E-R 图中的每个实体(E)建立一张表。

(2)为每张表定义一个主键(如果需要,可以向表中添加一个序号字段作为该表的主键)。

(3)在某两个表中的一个表增加一个外键,以建立两个表的一对多关系。

(4)在某两个表之间建立一个新表可以表示多对多关系。

(5)为字段选择合适的数据类型。

(6)定义约束条件(如果需要)。

2. 表间关系

(1)增加外键表示一对多关系:如果实体间的关系为一对多关系,则需要将"一"端实体的主键放到"多"端实体中,作为"多"端实体的外键,通过该外键即可表示实体间的一对多关系。

(2)实体间的一对一关系,可以看成一种特殊的一对多关系:将"一"端实体的主键放到另"一"端的实体中,作为另"一"端实体的外键,并将外键定义为唯一性约束。

(3)建立新表表示多对多关系:如果两个实体间的关系为多对多关系,则需要添加新表表示该多对多关系,然后将该关系涉及的实体的"主键"分别放入到新表中(作为新表的外键),并将关系自身的属性放入新表中作为新表的字段。

3. 数据库的基本范式

第一范式(1NF):元组中每一个分量都必须是不可分割的数据项;

第二范式(2NF):不仅满足第一范式,而且所有非主属性完全依赖于其主码(没有部分依赖);

第三范式(3NF):不仅满足第二范式,而且它的任何一个非主属性都不传递于任何主关键字。

任务 12.4　信息系统的模块实现与验证

需求分析

小王作为数据库管理员,要适当了解和参与项目的开发。

实现过程

1. 确定开发语言,安装易语言环境

(1)易语言软件的下载。

易语言的官方网址:http://www.dywt.com.cn/index.htm。

（2）易语言软件的安装。

打开网站首页，在栏目行中选择产品下载，获得易语言的最新安装程序。

易语言的安装很简单，安装过程中没有多余的选择项，双击安装程序，单击"下一步"按钮即可完成安装。

（3）易语言软件的基本应用。

首次运行易语言会弹出如图 12-3 所示界面。

图 12-3　易语言编程界面

针对 Windows 的程序有：

① Windows 窗口程序——Win32 下拥有可视化界面及相关组件的窗口（类似 VB）；

② Windows 控制台程序——Win32 无可视化界面的命令运行窗口（CMD 窗口）；

③ Windows 动态链接库——DLL 库文件生成（DLL 文件）；

④ Windows 易语言模块——可提供给其他易程序直接调用（可以理解为数据库中的函数）。

选择 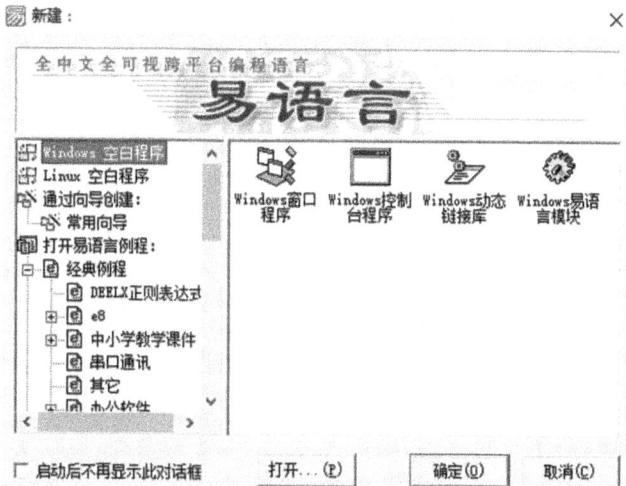，进入程序开发页面，如图 12-4 所示。

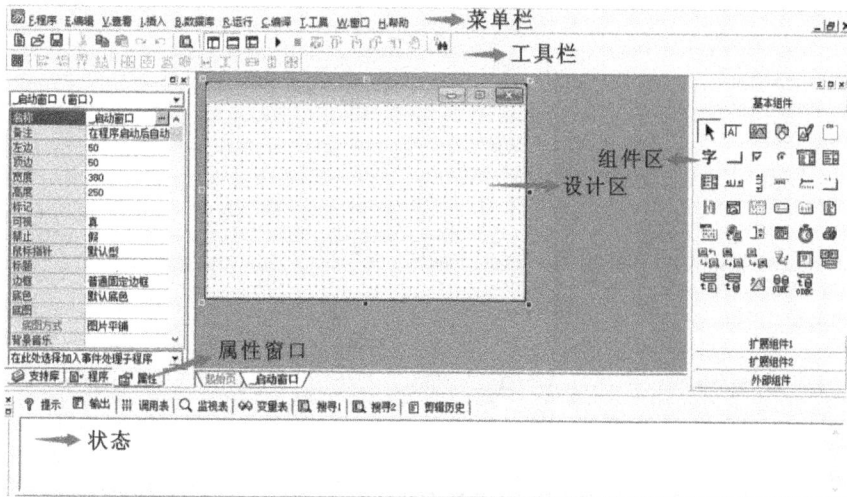

图 12-4　易语言程序开发页面

2. 易语言-连接数据库

这里需要用到 2 个组件,数据库连接和记录集。

数据库连接组件用于连接 MSSQL、MYSQL、Access 等。

记录集可以认为是连接数据库执行条件操作后返回结果集的一个容器。

新建一个 Windows 空白程序,拖动组件生成如图 12-5 所示的界面。

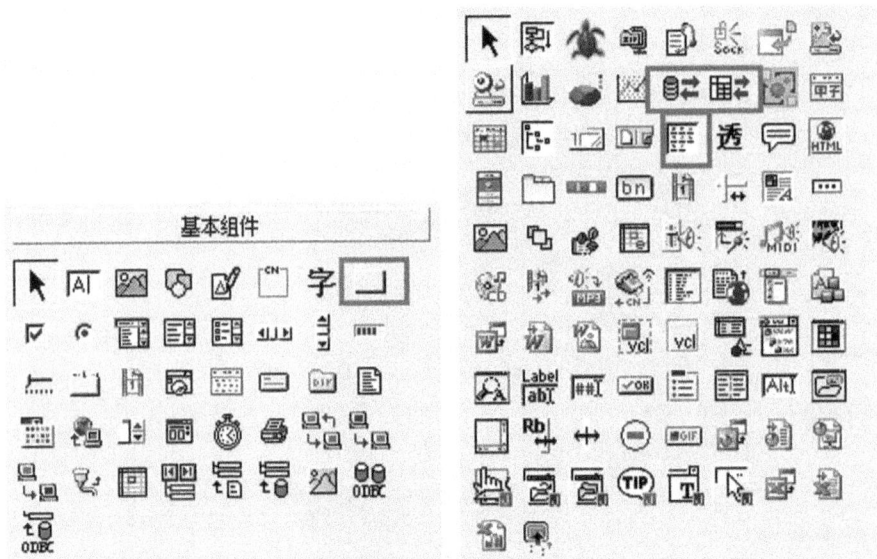

图 12-5 易语言组件

双击图 12-6 所示页面任意空白处,弹出代码设计页面,其初始部分如图 12-7 所示。

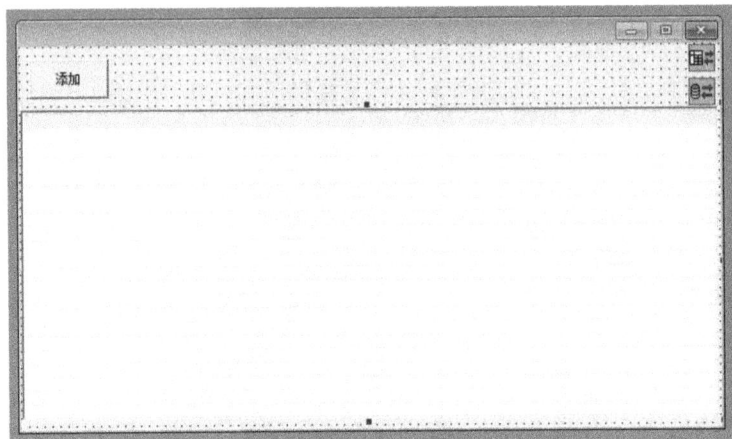

图 12-6 易语言组件组成页面

子程序名	返回值类型	公开	易包	备注
__启动窗口_创建完毕				

图 12-7 代码设计页面初始部分

3.易语言连接代码部分

(1)易语言连接数据库代码。

数据库连接 1.连接 SQLServer(,,,)

该命令需要 4 个参数，可以点击数据库连接命令前的"+"箭头查看，如图 12-8、图 12-9 所示。

+ 数据库连接1.连接SQLServer (, , ,)|

图 12-8 连接数据库命令

─ 数据库连接1.连接SQLServer (, , ,)
　　　├·※服务器名：
　　　├·※数据库名：
　　　├·※用户名：
　　　└·※密码：

图 12-9 连接数据库命令参数

由图 12-9 可知，连接数据库所需参数为服务器名、数据库名、用户名和密码，可以按以下方法直接编写命令：

数据库连接 1.连接 SQLServer("Local","master","sa","sa")。

但这一定不是最合适的方法，试想若该程序给多人单机使用，能确保所有人的数据库登入账号都为"sa"吗？

聪明的同学可能已经想到一些办法，如可以在程序界面建立多个 TEXT 文本框，待用户输入完毕，再连接数据库。这不乏是一个解决的办法。但更好的办法是使用配置文件（∗.ini）文件，此方法的好处在于，多人使用对应的账号密码，数据库信息也只需要输入一次。

(2)建立一个后缀为.ini 的文本文件，如图 12-10(txt 文件修改后缀为.ini)所示。

配置中添加了连接数据库所需的所有信息。

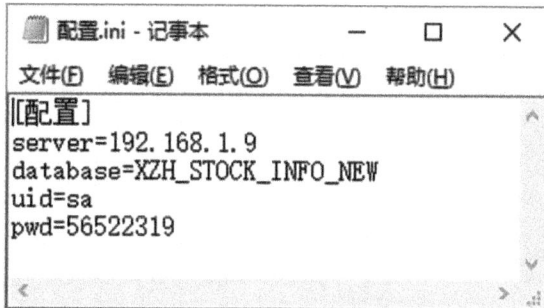

```
配置.ini - 记事本                    —    □    ×
文件(F)  编辑(E)  格式(O)  查看(V)  帮助(H)
[配置]
server=192.168.1.9
database=XZH_STOCK_INFO_NEW
uid=sa
pwd=56522319
```

图 12-10 .ini 文件内容

(3)易语言连接 SQL Server，调用 ini 文件内容，如图 12-11 所示。

```
' 定义配置连接数据库所需参数
服务器名 = 读配置项（取运行目录 () + "\配置.ini", "配置", "server", )
数据库名 = 读配置项（取运行目录 () + "\配置.ini", "配置", "database", )
用户名 = 读配置项（取运行目录 () + "\配置.ini", "配置", "uid", )
密码 = 读配置项（取运行目录 () + "\配置.ini", "配置", "pwd", )
```

图 12-11 易语言读取参数项

(4)易语言连接 SQL Server 代码。

数据库连接 1.连接 SQLServer(服务器名,数据库名,用户名,密码)

说明：通过上述代码，程序已经成功连接了数据库。

(5)易语言连接 SQL Server 完整代码（调用字段列显示），如图 12-12 所示。

```
┌── 如果 (数据库连接1.连接SQLServer (服务器名, 数据库名, 用户名, 密码) = 真)
│    记录集1.置连接 (数据库连接1)
│    记录集1.打开 ("select 编号, 资金账号, 存取前余额, 存取时间, 存取标志, 存取金额, 存取后余额 from 存取款信息表 with(nolock) ", #SQL语句, )
│    记录集1.到首记录 ()
│  ┌▶ 计次循环首 (记录集1.记录数量, n)
│  │    记录集1.读整数 ("编号", 局部_整数)
│  │    记录集1.读文本 ("资金账号", 局部_文本)
│  │    局部_索引 = 超级列表框1.插入表项 (, 局部_文本, , , , 局部_整数)
│  │    记录集1.读文本 ("资金账号", 局部_文本)
│  │    超级列表框1.置标题 (局部_索引, 0, 局部_文本)
│  │    记录集1.读文本 ("存取前余额", 局部_文本)
│  │    超级列表框1.置标题 (局部_索引, 1, 局部_文本)
│  │    记录集1.读文本 ("存取时间", 局部_文本)
│  │    超级列表框1.置标题 (局部_索引, 2, 局部_文本)
│  │    记录集1.读文本 ("存取标志", 局部_文本)
│  │    超级列表框1.置标题 (局部_索引, 3, 局部_文本)
│  │    记录集1.读文本 ("存取金额", 局部_文本)
│  │    超级列表框1.置标题 (局部_索引, 4, 局部_文本)
│  │    记录集1.读文本 ("存取后余额", 局部_文本)
│  │    超级列表框1.置标题 (局部_索引, 5, 局部_文本)
│  │    记录集1.到下一条 ()
│  └─ 计次循环尾 ()
├▶ 信息框 ("连接数据库失败请核对！！！", #错误图标, , )
└ 结束 ()
```

图 12-12　连接 SQL Server 完整代码

说明：通过上述代码，将 select ＊ from table 内容展示在程序上。

4. 易语言数据添加

(1)程序窗口右击，新增窗口，如图 12-13 所示。

(2)双击上述新增窗口进入页面，通过组件生成图 12-14 所示的界面（定义新建窗口名称为"添加_窗口"）。

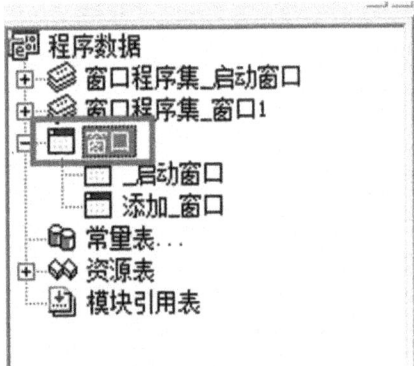

图 12-13　新增窗口

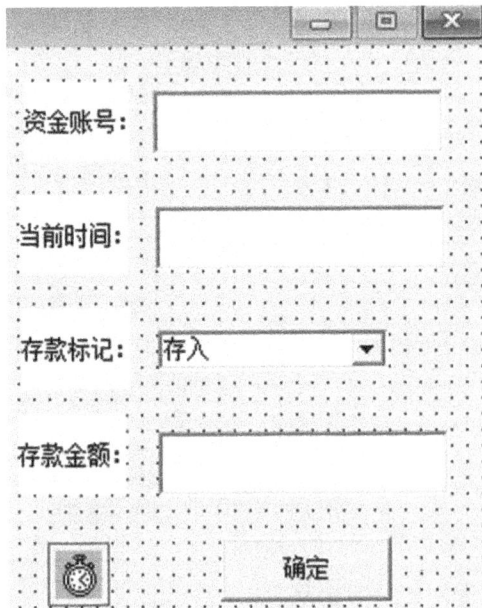

图 12-14　添加_窗口组件内容

(3)点击图 12-14 中的"确定"按钮,输入如图 12-15 所示的代码:

```
局部_语句 = "insert into 存取款信息表 (资金账号,存取时间,存取标志,存取金额) values (" + "'" + 编辑框_资金账号.内容 + "'" + "," + "getdate()" + "," + 存款标记_组合框.内容 + "," + "'" + 编辑框_存取金额.内容 + "'" + ")"
    如果真 (_启动窗口.记录集1.打开 (局部_语句, #SQL语句, ))
  +    信息框 ("添加完成", 0, )
```

图 12-15　插入数据的代码

说明:输入上述代码后,可以通过程序页面将数据插入数据库。

(4)单击图 12-16 中的"添加"按钮,如图 12-16 所示。

(5)生成编码编辑页面,填写代码如图 12-17 所示。

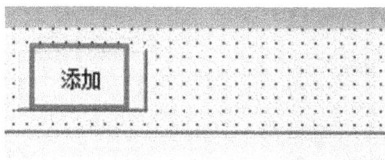

子程序名	返回值类型	公开	易包	备注
_按钮1_被单击				

载入 (添加_窗口, , 真)

图 12-16　易语言组件组成页面局部　　　　　图 12-17　编码编辑页面

说明:通过上述代码,点击"添加"按钮关联到图 12-14 所示的页面。

5. 程序测试部分

(1)程序登录页面(图 12-18)。

添加

资金帐号	存取前余额	存取时间	存取标志	存取金额	存取后余额
58136662	0.00000000	2016-04-23 16:39:44	存入	15000.52000000	15000.52000000
58136662	15000.52000000	2016-04-23 16:40:05	存入	3000.00000000	18000.52000000
55430936	0.00000000	2016-04-23 16:40:41	存入	5888.10000000	5888.10000000
55430936	5888.10000000	2016-04-23 16:49:26	存入	200.00000000	6088.10000000
59081125	0.00000000	2016-04-23 17:05:43	存入	88523.25000000	88523.25000000
46424381	0.00000000	2016-04-23 17:07:17	存入	56874.23000000	56874.23000000
01048893	0.00000000	2016-04-23 17:08:24	存入	7742.00000000	7742.00000000
01048893	7742.00000000	2016-04-23 17:08:58	存入	3000.00000000	10742.00000000
27054353	0.00000000	2016-04-23 17:09:56	存入	100000.0000...	100000.0000...
27054353	100000.00000000	2016-04-23 17:10:21	存入	5000.00000000	105000.0000...
27054353	100000.00000000	2016-04-23 17:10:34	存入	20000.00000000	120000.0000...
82367963	0.00000000	2016-04-23 17:12:30	存入	6884.25000000	6884.25000000
82367963	6884.25000000	2016-04-23 17:12:38	存入	3045.00000000	9929.25000000
44264094	0.00000000	2016-04-23 17:14:13	存入	85324.88000000	85324.88000000
68831317	0.00000000	2016-04-23 17:15:39	存入	568745.2000...	568745.2000...
44264094	85324.88000000	2016-04-23 17:23:54	取出	-2000.00000000	83324.88000000
68831317	568745.20000000	2016-04-23 17:28:57	取出	-50000.0000...	518745.2000...
58136662	15000.52000000	2016-04-23 17:31:23	取出	-8000.00000000	7000.52000000
82367963	6884.25000000	2016-04-23 17:32:19	取出	-2000.00000000	4884.25000000
58136662	15000.52000000	2016-04-23 17:32:51	取出	-5000.00000000	10000.52000000
82367963	6884.25000000	2016-05-03 19:36:18	存入	5000.00000000	11884.25000000
92090243	0.00000000	2016-05-03 20:51:46	存入	5000.00000000	5000.00000000
92090243	5000.00000000	2016-05-03 20:58:00	取出	-2000.00000000	3000.00000000
92090243	5000.00000000	2016-05-03 20:58:57	取出	-2000.00000000	3000.00000000

图 12-18　显示数据

（2）点击左上角的"添加"按钮，弹出输入窗口（图 12-19）。

（3）输入数据内容（图 12-20）。

图 12-19　输入窗口	图 12-20　输入内容

（4）点击图 12-20 中的"确定"按钮，显示如图 12-21 所示的界面。

资金账号	存取前余额	存取时间	存取标志	存取金额	存取后余额
58136662	0.00000000	2016-04-23 16:39:44	存入	15000.52000000	15000.52000000
58136662	15000.52000000	2016-04-23 16:40:05	存入	3000.00000000	18000.52000000
55430936	0.00000000	2016-04-23 16:40:41	存入	5888.10000000	5888.10000000
55430936	5888.10000000	2016-04-23 16:49:26	存入	200.00000000	6088.10000000
59081125	0.00000000	2016-04-23 17:05:43	存入	88523.25000000	88523.25000000
46424381	0.00000000	2016-04-23 17:07:17	存入	56874.23000000	56874.23000000
01048893	0.00000000	2016-04-23 17:08:24	存入	7742.00000000	7742.00000000
01048893	7742.00000000	2016-04-23 17:08:58	存入	3000.00000000	10742.00000000
27054353	0.00000000	2016-04-23 17:09:56	存入	100000.0000...	100000.0000...
27054353	100000.00000000	2016-04-23 17:10:21	存入	5000.00000000	105000.0000...
27054353	100000.00000000	2016-04-23 17:10:34	存入	20000.00000000	120000.0000...
82367963	0.00000000	2016-04-23 17:12:30	存入	6884.25000000	6884.25000000
82367963	6884.25000000	2016-04-23 17:12:38	存入	3045.00000000	9929.25000000
44264094	0.00000000	2016-04-23 17:14:13	存入	85324.88000000	85324.88000000
68831317	0.00000000	2016-04-23 17:15:39	存入	568745.2000...	568745.2000...
44264094	85324.88000000	2016-04-23 17:23:54	取出	-2000.00000000	83324.88000000
68831317	568745.20000000	2016-04-23 17:28:57	取出	-50000.0000...	518745.200...
58136662	15000.52000000	2016-04-23 17:31:23	取出	-6000.00000000	7000.52000000
82367963	6884.25000000	2016-04-23 17:32:19	取出	-2000.00000000	4884.25000000
58136662	15000.52000000	2016-04-23 17:32:51	取出	-5000.00000000	10000.52000000
82367963	6884.25000000	2016-05-03 19:36:18	存入	5000.00000000	11884.25000000
92090243	0.00000000	2016-05-03 20:51:46	存入	5000.00000000	5000.00000000
92090243	5000.00000000	2016-05-03 20:58:00	取出	-2000.00000000	3000.00000000
92090243	5000.00000000	2016-05-03 20:58:57	取出	-2000.00000000	3000.00000000
58136662	15000.52000000	2016-06-04 14:54:08	存入	5000.00000000	20000.52000000

图 12-21　界面内容到达数据表

实训任务

（1）模仿小智慧证券交易信息系统的需求调研过程，写出企业进销存信息系统的需求；

（2）针对企业进销存信息系统的需求，划分子系统和功能模块；

（3）设计企业进销存信息系统的数据库和数据表，备份数据库；

（4）试用易语言或其他软件环境开发企业进销存信息系统的功能模块。

拓展任务

（1）完善小智慧证券交易信息系统的视图、存储过程、触发器；

（2）开发小智慧证券交易信息系统的更多功能模块；

（3）完善企业进销存信息系统的视图、存储过程、触发器；

（4）开发企业进销存信息系统的更多功能模块。

项目小结

本项目基本反映了一个数据库信息系统的开发过程，为简化操作，选用了易语言进行程序的开发。项目任务循序渐进，演示并点明了信息系统中的关键问题，也应用了数据库技术的重点理论。

参 考 文 献

［1］ 朱景德. SQL Server 数据库系统基础［M］. 西安:西安电子科技大学出版社,2008.

［2］ 徐人凤,曾建华. SQL Server 2008 数据库及应用［M］.4 版.北京:高等教育出版社, 2014.

［3］ ［美］Robert Vieria. SQL Server 2008 编程入门经典［M］.3 版.马煜,孙皓,杨大川,译.北京:清华大学出版社,2010.

［4］ 王英英,张少军,刘增杰. SQL Server 2012 从零开始学［M］. 北京:清华大学出版社,2012.

［5］ 吕凤顺,宋传玲. SQL Server 数据库基础与实训教程［M］.2 版.北京:清华大学出版社,2011.